黄河河口监测及分析研究

田　慧　武广军　吴文娟　张　亮　刘梦琳　著

U0253247

黄河水利出版社
·郑　州·

图书在版编目(CIP)数据

黄河河口监测及分析研究/田慧等著. —郑州:黄河水利出版社,2022.11

ISBN 978-7-5509-3467-2

Ⅰ.①黄… Ⅱ.①田… Ⅲ.①黄河-河口-监测 Ⅳ.①TV882.1

中国版本图书馆 CIP 数据核字(2022)第 230603 号

组稿编辑:岳晓娟　　电话:0371-66020903　　E-mail:2250150882@qq.com

出 版 社:黄河水利出版社　　网址:www.yrcp.com

地址:河南省郑州市顺河路黄委会综合楼 14 层　　邮政编码:450003

发行单位:黄河水利出版社

发行部电话:0371-66026940、66020550、66028024、66022620(传真)

E-mail:hhslcbs@126.com

承印单位:河南新华印刷集团有限公司

开本:787 mm×1 092 mm　1/16

印张:15.75

字数:364 千字

版次:2022 年 11 月第 1 版　　印次:2022 年 11 月第 1 次印刷

定价:89.00 元

前　言

黄河自西向东流经我国青海、四川、甘肃、宁夏、内蒙古、陕西、山西、河南、山东九省(区),于山东半岛北部注入渤海,干流长 5 464 km。

黄河河口位于渤海湾和莱州湾之间,其范围为东经 118°10′~119°15′,北纬 37°15′~38°10′,一般分为近口段河道、黄河三角洲和黄河三角洲附近海区三部分。

近口段河道为宁海至入海口口门,现行近口段河道长度约为 150 km,两岸堤距为 0. 6~10 km,自上而下堤距逐渐展宽,近海无堤,主槽宽度在 500~1 500 m,自上而下河道纵比降逐渐减小。

黄河三角洲是以宁海为顶点,北到洼拉沟口、南到小清河口的扇形陆地区域,面积约 5 400 km^2,它的形态似扇面,大致是以东北方向为轴线,中间高、两侧低,西南高、东北低,向海倾斜,凸出于渤海;由于黄河每年都挟带巨量泥沙进入河口地区,并且在三角洲面上决口、分汊、改道频繁,使三角洲演变剧烈,海岸线变化复杂。

黄河三角洲附近海区是黄河三角洲毗连的弧形海域,包括渤海湾南缘及莱州湾西部。根据水深的变化将该海域分为三个区域,神仙沟以西海区(渤海湾)水深为 0~20 m,神仙沟以南至小清河海区(莱州湾)水深为 0~16 m,神仙沟岬角处东北方向海区水深较深,最大水深达 27 m 左右。

本书共分为两篇,第 1 篇主要介绍了黄河河口监测,包括黄河河口概述,黄河三角洲附近海区监测、黄河河口河道监测、刁口河备用流路监测、河口其他监测、黄河河口测验技术的发展等;第 2 篇主要介绍了黄河河口的相关分析研究,包括黄河河口流路分析、黄河三角洲海岸分析、黄河三角洲附近海区演变分析及黄河河口拦门沙演变分析等。

本书编写分工如下:田慧撰写前言、第 1 章、第 5 章、第 8 章、第 9 章 9. 3 节及第 9 章的 9. 4. 1~9. 4. 3;武广军撰写第 9 章的 9. 4. 4~9. 4. 5;吴文娟撰写第 2 章、第 4 章、第 9 章的 9. 1、9. 2 节和参考文献;张亮撰写第 3 章、第 6 章、第 9 章 9. 5 和 9. 6 节;刘梦琳撰写第 7 章和第 10 章。田慧负责全书的组织和统稿工作。

在本书编写过程中,得到了姜明星、霍瑞敬、徐丛亮等人的关心和帮助,在提供了大量的编写及素材内容的同时，提出了很多宝贵的意见，在此一并表示感谢。

本书的作者长期在水利系统从事相关技术工作，具有较深厚的理论研究水平和丰富的实践经验。撰写本书的宗旨，力求全面、简洁、实用、新颖，是从事黄河口研究技术人员的专业书籍，也可作为大专院校和科研单位的参考书。限于作者水平，书中缺点、错误在所难免，恳请读者批评指正。

作　者

2022 年 2 月

目　录

第2篇 黄河河口分析研究

第 1 篇　黄河河口监测

第 1 章 黄河河口概述

黄河自西向东流经我国青海、四川、甘肃、宁夏、内蒙古、陕西、山西、河南、山东九省(区),于山东半岛北部注入渤海,干流长 5 464 km。在黄河三角洲北面有马颊河、海河、蓟运河、滦河等河流注入渤海湾,黄河三角洲南面有小清河、弥河、潍河等注入莱州湾。黄河河口是陆相、弱潮、多沙善徙的河口。在暴雨洪水冲蚀下,黄河上、中游黄土高原的泥沙通过干支流带入下游河道,并不断送至河口,使黄河三角洲演变剧烈,尾闾处于不断淤积—延伸—摆动改道的演变过程之中。

黄河河口位于渤海湾和莱州湾之间,其范围为东经 118°10′~119°15′,北纬 37°15′~38°10′,一般分为进口段河段、黄河三角洲和黄河三角洲附近海区三部分。

黄河三角洲以宁海为顶点,北到洼拉沟口、南到小清河口的扇形陆地区域,面积约 5 400 km^2。它的形态似扇面,大致是以东北方向为轴线,中间高、两侧低,西南高、东北低,向海倾斜,凸出于渤海。

近口段河道为宁海至入海口口门,该河段长度约为 94 km,两岸堤距为 0.6~10 km,自上而下堤距逐渐展宽,近海无堤,主槽宽度在 500~1 500 km,自上而下河道纵比降逐渐减小。现河口是 1976 年 5 月西河口人工改道清水沟流路后,经 1996 年清 8 人工出汊后形成的,其流路经历了清水沟老河道、清水沟清 8 出汊河道及入海口门附近的小范围流路摆动,较大的出汊有 4 次。

黄河三角洲湿地资源丰富,既有近海及海岸湿地、河流湿地、沼泽和沼泽化草甸湿地,又有以稻田、芦苇、库塘等为主的人工湿地,是全世界增长最快,中国暖温带最完整、最广阔的新生湿地生态系统。1992 年被国家确定为黄河三角洲国家自然保护区。

在定义黄河三角洲范围时,考虑到不同历史时期三角洲的变化及经济、社会发展要求,可以有三种理解。黄河自河南孟津出峡谷进入平原,从三国时期演变迄今的 2 500 多年中,有多次大的改道,北抵天津,南达江淮,纵横 25 万 km^2。它虽然是华北大平原的塑造者,但也给该地区人民造成巨大灾害,这个大三角洲习称黄河古三角洲。本书所述的以宁海为顶点,北至徒骇河以东,南至南旺河(支脉沟河口)以北约 6 000 km^2 的扇面是指 1855 年黄河在河南兰考铜瓦厢决口后从徐淮故道改行清济泛道后形成的现代三角洲,它是根据 1954 年总参测绘局实测的 1:50 000 地形图,以宁海为顶点用直线联结徒骇河口和南旺河口,量算出来的弧形面积,当时面积为 5 400 km^2,称近代三角洲,现已为社会普遍采用。若考虑到历史沿革和行政区划因素,为了有利于经济和社会发展,黄河三角洲也可包括东营市和滨州市两市现辖范围,总面积约 1.7 万 km^2。

水少沙多是黄河河道多淤善变的主要因素,黄河入海泥沙造成河口向海延伸和河床抬高,这一进程发展到一定程度,在不能适应泄洪排沙要求时,水流冲破自然堤和人工堤的约束,通过三角洲的低洼地寻求新的路径入海。黄河自1855年夺大清河道入渤海的一百多年来,在三角洲上决口、分汊、改道频繁。三角洲的演变过程就是若干新老套迭的河道发育的历史。

1.1 河口水文特征

黄河的上、中游流经我国干旱、半干旱地区,径流量匮乏,而含沙量特高,居世界各大河之首。下游无大的支流加入,花园口以下河道经多年淤积抬高,形成地上河。河口段水、沙过程基本与下游河道相似。

1.1.1 水情

河口段有桃、伏、秋、凌四汛。全年内,春季4月桃汛过后至6月伏汛之前,是全年的稳定期,水位变幅小。近20年来,由于宁蒙河套及豫、鲁两省大量发展引黄灌溉,春季常出现断流现象。7—10月是伏秋大汛季节,汛水主要来源于黄河中游地区的暴雨洪水,常出现年内最高水位。伏秋大汛过后的10月至凌汛前的一段时期,黄河流域的天气系统往往为高压所控制,天气多晴朗,也是冰情和河床比较稳定的时期。12月下旬至翌年2月底或3月初为封冻期;在结冰期与解冻期,常由于冰凌堵塞造成水位急剧上涨而漫滩,特别是"武开河"时,由于槽蓄水量逐步释放出来并沿程累积,形成向下游越来越大的凌峰,局部河段可出现年内最高水位。

20世纪五六十年代水量较丰,20世纪70年代显著减少,20世纪八九十年代进一步减少。黄河口水沙控制站利津水文站的平均年径流量逐年减少。一方面是由于20世纪七八十年代流域雨量略有减少,20世纪90年代流域气候干旱,降雨偏少;另一方面是由于主要还是上中游水利水保工程的作用及中下游大量发展引黄灌溉等造成的。利津站不同年代的平均径流情况见图1-1、图1-2。

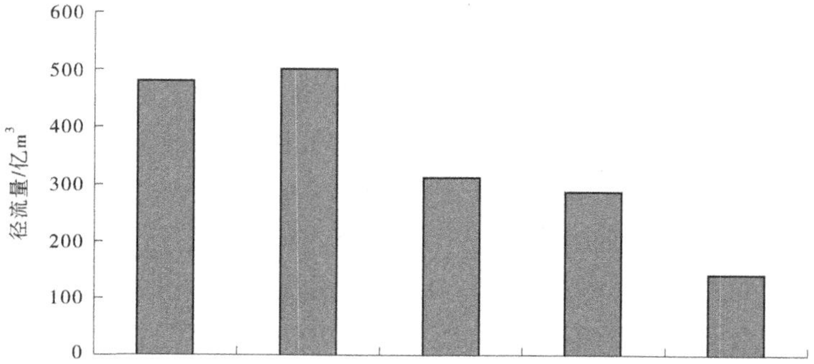

图1-1 利津站不同年代的平均径流量

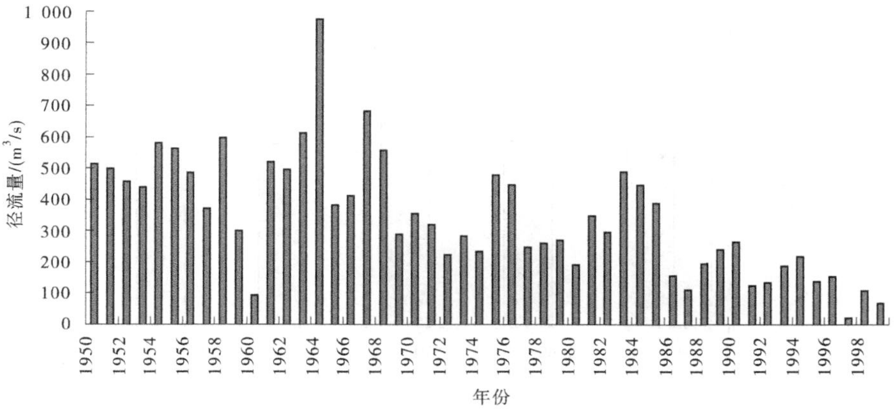

图 1-2　**利津站逐年径流量**

1.1.2　沙情

输沙量在年内各月分配的不均衡性超过水量。利津站进入河口的沙量自 20 世纪 50—90 年代逐年代递减十分明显。沙量及含沙量变化见图 1-3～图 1-5。

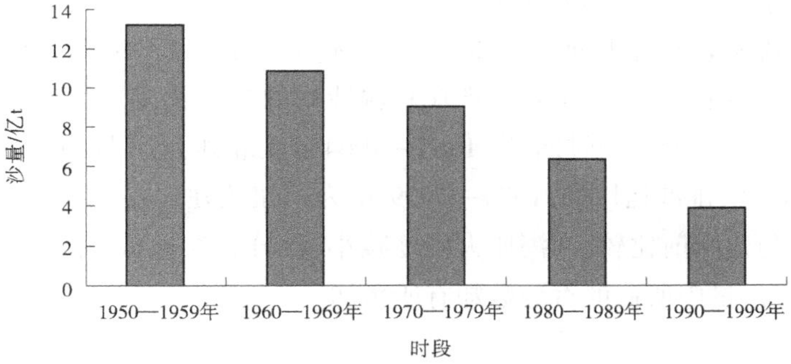

图 1-3　**利津站不同年代的沙量情况**

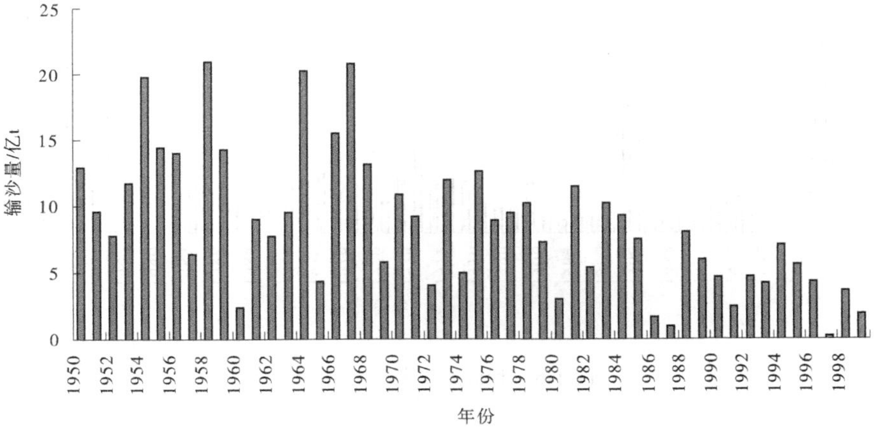

图 1-4　**利津站逐年输沙量**

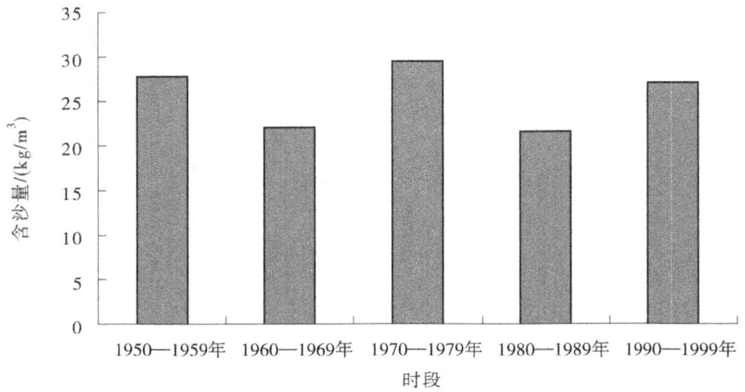

图 1-5　利津站不同年代的平均含沙量

另外,20 世纪 50—90 年代进入河口的沙量虽然递减十分明显,但衡量河口水沙条件的来沙系数反而增大,且增大趋势非常明显,见图 1-6、图 1-7。黄河泥沙经过中下游漫长距离的移运、沉积和分选,至河口时其悬移质比中上游有明显的细化。河口段悬移质组成的季节性变化也十分明显,汛期泥沙比较细,非汛期泥沙比较粗。这是因为汛期的泥沙主要通过降雨侵蚀流域表面带来,而非汛期的泥沙则多来自河床的冲刷和塌岸。三门峡水库的运用对河口产生明显影响,主要表现在总输沙量的减少及泥沙组成的粗化。三门峡枢纽建成后大体分为三个运用时期,即 1961—1964 年为蓄水运用期,也就是蓄水拦沙期;1965—1973 年为滞洪排沙运用期;1974—1999 年为枢纽改建后蓄清排浑、调水调沙运用期。这三个阶段与建库前比较,冲泻质大幅度减小,百分数在递减;床沙质的绝对数量虽有所减小,但在输沙量中所占的百分数却有所增加。

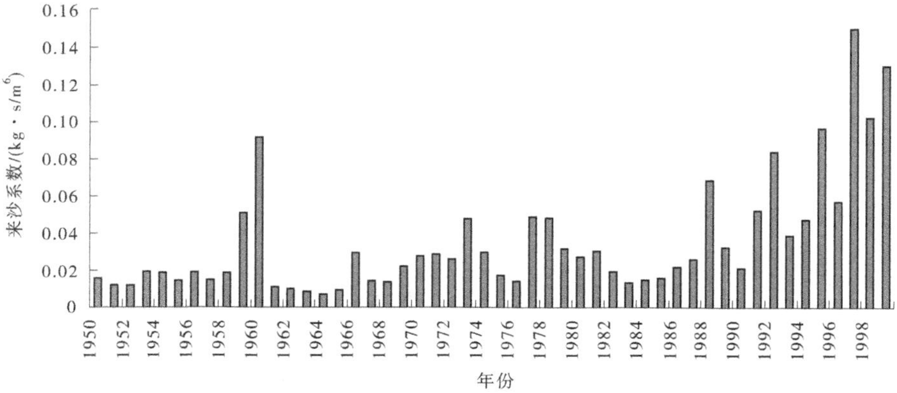

图 1-6　利津站逐年来沙系数

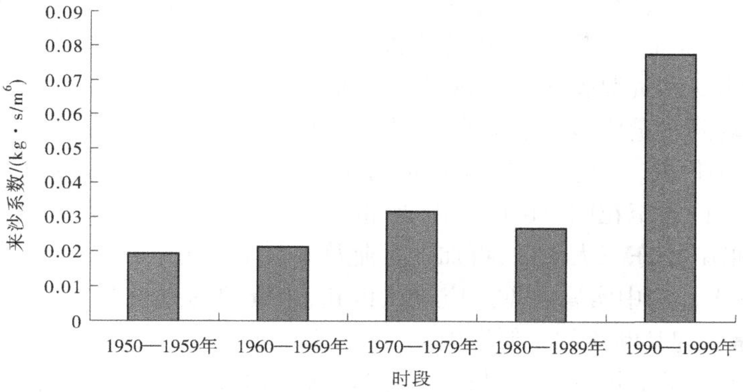

图 1-7　利津站不同年代的来沙系数

1.1.3　离子径流量

黄河自 1958 年开始进行营养离子流量的监测，所说离子总量包括钾(K^+)、钠(Na^+)、钙(Ca^{2+})、镁(Mg^{2+})、氯离子(Cl^-)、硫酸根(SO_4^{2-})、碳酸根(CO_3^{2-})、重碳酸根(HCO_3^-)8 项离子的总和。年离子径流量是由年平均离子含量(mg/L)乘以年径流量(亿 m^3)，从而算得年离子径流量(万 t)。从监测成果看，年平均离子含量多年来基本稳定，而年离子径流量变化的总趋势随径流的减小而减小。从柱状图过程看，进入 20 世纪 90 年代基本上都在六七百万 t 左右。营养盐类的逐步减少，对河口地区鱼类和其他水生生物的生殖繁衍带来很大的影响。

1.1.4　潮汐与强风对河口段水位的影响

黄河口是弱潮河口，观测资料表明，无论神仙沟、刁口河和清水沟，其感潮河段均极短。洪水期间其影响范围更短。非汛期潮汐影响上溯稍远一些。潮汐影响的距离随潮汛大小、口门状况及流量大小而有所变动，随着河口延伸、河床抬高，影响范围也向下推移。在强劲而持续的偏北风作用下，河口形成较大增水。潮流界只是枯水季节发生在口门以上 1~3 km 区域，断流期间略长一些，洪水季节则看不出这种影响。

1.1.5　河口断流问题(兼论“二级悬河”)

1972 年以来，黄河出现断流现象日益突出；20 多年来，断流出现的频次增大，断流的时段逐步增长，断流开始发生日期逐年提前，断流河段范围由河口向上延伸。

断流对黄河下游防洪减灾、工农业生产及居民生活用水造成很大困难及危害，由于连年发生断流，其间的泥沙都淤积在断流断面以上的主河槽内。而黄河下游主槽的过洪能力占全断面排洪能力的 70%~90%，由于多年来非汛期断流，主槽淤积严重，行同浅碟，排洪通道几近丧失，形成近些年来“小流量，高水位”的严峻局面，洪水威胁正在加重。由于断流，黄河沿岸排入黄河污物得不到稀释和降解，生态环境受到损害，滩区及河口三角洲沙漠化趋重。长期断流对水生生物会产生重大影响，著名的黄河刀鱼、鲤鱼面临灭绝危险。由黄河淡水供应饵料之“百鱼之乡”的渤海和有“东方对虾故乡”之称的黄河口，一旦失去重要饵料来源，会极大影响海洋生物的繁衍，造成无法估量的损失。同时，断流给东营市、滨州市工农业生产和胜利油田造成很大损失，且造成沿海居民饮水十分困难。

黄河流域本身水资源匮乏。近 20 年来，流域内降水略为偏少，20 世纪 80 年代黄河兰州以上的平均降水量比多年平均值低；中游地区 20 世纪 70 年代的年降水量平均值比 20 世纪五六十年代低。20 世纪 90 年代黄河流域降水偏少，年降水量减少最显著的为龙门至三门峡和三门峡至花园口区间。而 20 世纪 90 年代沿黄灌溉耗水量接近 300 亿 m^3。主要是宁蒙、河南、山东三大灌区，再加上工业及城市生活用水，水资源开发利用率超过了 50%，在世界各大江河中实属罕见。应该认识到，水资源的过量开发，超过了黄河水资源的承受能力，是引起其断流的主要原因。

缓解黄河断流的对策，需节流与开发并举，从长远看，当以节流为主。尽管黄河流域水资源十分匮乏，但在水资源的开发利用上又存在严重的浪费现象，即水资源匮乏和水资源严重浪费同时存在。如用水大户的农业灌溉，用水效率仅有 30%～40%。工业用水二次回用率低，居民用水中使用中水的比例很小。因此建议：①统一调度和管理全河水资源。实行“量水而行，以供定需”的政策。自 1999 年国家授权黄河水利委员会统一调度与管理全河水资源以来，已初见成效：1999 年利津断流减至 42 d，2000—2002 年连续三年利津断面未出现断流。②制定《黄河法》，依法实施统一管理与调度。③在黄河流域各省（区）倡导建立节水型社会。加强宣传教育，使节水意识深入人心。用经济杠杆制定合理水价和水费政策。大力推广节水农业，逐步淘汰大水漫灌的粗放方式，积极推广渠道衬砌，管道灌溉、喷灌、滴灌、微灌等现代节水灌溉方式。压缩耗水大的作物面积，多植耐旱作物。建立节水工业，提高工业用水的二次回收率。在城市积极实施污水净化，使用中水进行绿化及家居冲洗等。

黄河下游是世界上著名的“地上河”，如同通过黄淮海大平原上的一根鱼脊骨，造成的大洪水威胁北抵天津，南达江淮。近些年来，甚至出现了“二级悬河”，即主槽平均河底高程高于滩地平均高程，而滩地平均高程又高于大堤背河的地面高程。20 世纪五六十年代，下游河道出现“小流量，高水位”的严峻局面。近 20 多年来，径流量急剧减少，洪峰次数减少，洪峰流量减小，逐年发生断流，在断流期间泥沙全部淤积在断流断面以上的主槽内，有的年份汛期无汛，形同枯水季节，泥沙连续加重主槽淤积，使得下游用于排洪的主槽几乎淤积怠尽；滩区生产堤等阻水建筑，防碍漫滩淤滩，滩唇与大堤之间的滩地长期得不到淤高，滩槽高差锐减；一旦发生大洪水，极易在串沟和堤河处形成过流，造成河势大变，产生横河、斜河特别是滚河问题，严重威胁大堤安全。

“二级悬河”的成因与断流同出一辙。过量引用黄河水，使引黄总水量超过黄河的承受能力，生产与社会用水长期大量挤占冲沙用水，是“二级悬河”形成的主要原因。几十年来，引黄工程从无到有，从小到大，宁蒙、河南、山东三大灌区发展引黄灌溉总数达到 5 000 多万亩，解决了几千万人口的粮食问题，这是引黄灌溉成就的主流。但与此同时，粗放的灌溉方式（如漫灌），存在巨大的水资源浪费，在引黄总水量中大量的水被浪费。如果改粗放灌溉为科学灌溉（如管道、喷灌、滴灌、微灌），则将灌溉水的利用系数提高到 60%，甚至 70%，灌溉同样面积的农田，可以大量节水。经过长期努力，沿黄各省（区）的引黄灌溉逐步做到科学的节水灌溉，压缩引黄水量，以供定需。这部分水可以显著增加河槽生态用水,用以冲沙减淤,缓解“二级悬河”的威胁。1950—1958 年山东艾山至利津河段 400 km 基本没有出现淤高,是因为 20 世纪 50 年代年年有较大洪水,而且河南、山东引黄水量极少,河槽虽在非汛期有所淤高,但汛期又冲刷降低。再者,1953 年小口子并汊改道,溯源冲刷向上影响至泺口,时效为两年半。这几个因素,再加上强大的人防,1958 年发生中华人民共和国成立后最大洪水,花园口洪峰流量 22 300 m^3/s,在不分洪的情况下洪水从主河道通过。当时,济南以上大漫滩,形势紧张,而济南以下并未漫滩,利津洪峰流量 10 400 m^3/s,顺利入海,神仙沟口门有迅急的出河溜,直冲入海达 20 km 以上,海上过往船只必须绕开浪高溜急的出河溜而航行。因此,缓解“二级悬河”问题,势必在节水上长期下大工夫,精细调度引黄水量,降低引黄总水量。

除精心调度水资源大力节水以增加生态用水外,诚然,疏浚主槽将弃土填垫堤河及串沟,破除阻水的生产堤等障碍物以期洪水时增加淤滩机遇,亦为治理“二级悬河”的对策。

1.1.6　温、盐度分布

整个渤海湾长年受海岸注入的河川径流低盐水及中外海进入的高盐水两大水团所控制。河川径流由于受陆地气候影响在冬、夏两季温差表现变化大,因而沿岸水在冬季半年(10 月至翌年 3 月)表现为低温低盐,而夏季半年(4—9 月)则表现为高温低盐。进入渤海的外海水在年内温差较小,在冬季半年表现为高温高盐,而夏季半年则表现为低温高盐。渤海内各个时期温度、盐度分布的特点是两种水团相互消长的结果。在冬季半年整个渤海中部及渤海湾东部为外海进入的高盐水所控制,夏季半年特别是黄河大汛期,黄河低盐水势力增强,呈淡水舌状伸至渤海中部,大大压缩了外海高盐水团的控制范围。20 世纪五六十年代黄河低盐水的影响范围在水平方向上夏季半年明显大于冬季半年,在垂直方向上主要影响到上层。黄河河口滨海区夏季盐度(‰)分布情况(表层)见图 1-8。

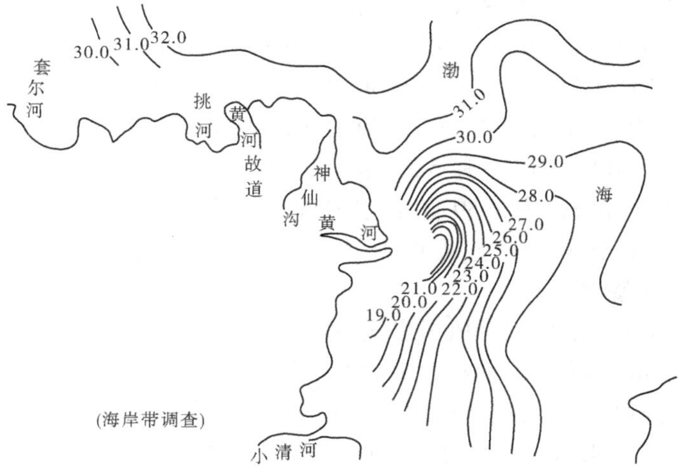

图 1-8　黄河河口滨海区夏季盐度(‰)分布情况(表层)

1.1.7 风暴潮

风暴潮又名风暴海啸，是一种灾害性的自然现象，它是剧烈的大气扰动，如强风和气压骤变(通常指台风和温带气旋等灾害性天气系统)导致海水异常升降，同时和天文潮(通常指潮汐)叠加时的情况，如果这种叠加恰好是强烈的低气压风暴涌浪形成的高涌浪与天文高潮叠加，则会形成更强的破坏力。

黄河三角洲沿岸是风暴潮易发地区，风暴潮在三角洲沿岸造成特大增水及大浪，对农田、盐田、油田及渔业生产产生巨大危害。风暴潮多发生在春季及秋末，发生之前一连数日刮强劲的东南风，涨潮现象少，海面比较平静，老百姓说潮被“摔煞了”。实际上，由于吹程长的偏南风连刮数日，使莱州湾和黄河三角洲沿岸以及渤海中部的海水通过风吹流大量积聚在塘沽以北沿岸直至辽东湾内，渤海海平面呈北高南低，形成大的落差，然后当西伯利亚至蒙古的高压天气系统南下时，突然转偏北大风，强度往往达到8~10级，持续历时都在1昼夜以上，此时渤海北部积聚的大量海水，被吹程长而强劲的偏北大风推动南下，形成风暴潮，侵袭三角洲沿岸及莱州湾地区。风暴潮的侵蚀范围可达15~30 km，风暴潮引起的高潮位比一般潮位高出2~3 m，并伴随着巨大海浪。据历史文献记载，1366—1948年的582年中，发生潮灾52次，累计受灾县138县次。以无棣、沾化受灾次数最多，昌邑、潍县受灾次数较少。中华人民共和国成立前百年内，河口地区出现淹没高程5 m以上的风暴潮有3次，分别是1845年、1890年和1938年；中华人民共和国成立后出现淹没高程4 m以上的风暴潮有5次，分别是1957年4月9日、1960年11月22日、1964年4月5日、1969年4月23日和1980年4月5日。1991—2015年发生较大风暴潮3次，分别是1992年、1997年和2003年。

1.1.7.1 1992年风暴潮

1992年9月风暴潮是特大台风风暴潮，据东营市志记载，9月1日，东营沿海遭受特大风暴潮袭击，最高潮位3.50 m，海水入侵内陆10~20 km，地方和油田直接经济损失5亿多元。1992年中国海洋灾害公报记载，东营市遭受了1938年以来的最大风暴潮袭击，海水冲垮海堤入侵内陆，最大距离25 km，淹没面积从高潮线算起为960 km^2，冲毁防潮堤50 km、水工建筑物350座，倒塌房屋5 388间，损坏船只1 000多艘，淹没盐田1.5万hm^2，全市死亡12人，直接经济损失3.59亿元；胜利油田淹没油井105眼，钻井、采油、供电、通信、交通、生产、生活设施损失严重，死亡21人，直接经济损失1.5亿元。

1.1.7.2 1997年风暴潮

1997年8月风暴潮是特大台风风暴潮，据东营市水利局统计，8月19日，9711号台风风暴潮袭击东营市，沿海淹没面积达1 417 km^2，垦利县和利津县61个村庄的1.2万户农户进水，冲坏防潮堤60 km，损坏房屋32 450间，倒塌房屋9 436间，刮倒通信、供电线杆3 575根，冲坏公路145 km，冲毁盐田1.09万hm^2，直接经济损失达7亿元，其中油田工业损失5.2亿元。

1.1.7.3 2003年风暴潮

2003年1月风暴潮是特大温带气旋风暴潮，据2003年中国海洋灾害公报记载，1月11日夜至12日，黄河口出现“三潮叠加”现象，羊角沟潮位站潮位最大涨幅3.00 m。东营市 5 个区、县受灾,受灾人口 0.56 万,水产受灾面积 3.5 万 hm^2,损毁房屋 180 间,冲毁海堤 40 km、路基 38 km、桥梁 1 座,损坏船只 36 艘,直接经济损失 1.4 亿元。

1.1.8　拦门沙与盐水楔

黄河水沙入海后遭遇底层潮流发生强劲切变,致使流速迅速降低,导致泥沙由近到远、由粗到细透过切变面迅速向下落淤,从而在口门生成泥沙堆积体,这就是拦门沙,是黄河来水来沙和海洋动力共同作用的产物,随着黄河来水来沙的不断变化和海洋要素的变化,拦门沙也在不断发育变化。同时,由于河口拦门沙对黄河入海水流起到阻水和使水流分汊的作用,因此它的变化对河口的演变起着至关重要的作用。

河口地区长年处于泥沙堆积的环境。上游泥沙经水流挟带至河口,由于河宽增大,比降减小,流速减缓和泥沙絮凝,团聚而下沉落淤,此外盐水楔及风浪等也都促进河口淤积。

根据多次同步水文观测研究,黄河口拦门沙有如下特点:

(1)从纵剖面看,拦门沙的长度为 3~7 km,宽度大体与河宽相同,横亘于黄河尾闾与海水连接的末端,河床越过拦门沙的最高点,迅急以陡坡形式过渡到滨海区深水部位。黄河口拦门沙纵剖面见图 1-9。

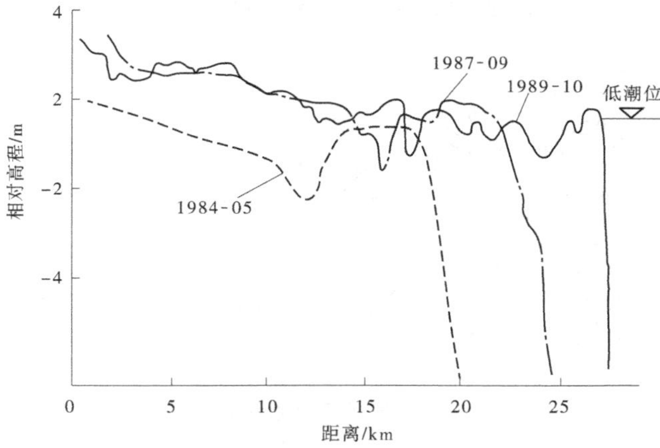

图 1-9　黄河口拦门沙纵剖面

(2)随着河口延伸,拦门沙的位置也向海推移,拦门沙高程也随之增高。淤积最多的部位是拦门沙顶端向下游靠海的一侧以及陡坡区。

(3)在拦门沙顶端,由于径流挟带的下泄泥沙和潮流引起的底沙再悬浮,使高含沙中心(浑浊带)上下移动,即洪水时向下移动,枯水时向上后退。高含沙区在这 3~7 km 范围内往返移动,泥沙也就在这上下范围 3~7 km 内区段来回大量落淤,拦门沙也就在这往复过程中发育扩展,成长为 3~7 km 的拦门沙浅滩,并且不断向海推进。

(4)黄河口的盐水楔,在枯水季节混合强烈,呈强混合型;在洪水季节有层化现象,属缓混合型,即含沙浓度大的淡水漂浮在盐度大、比重大的海水上,向外流动。黄河口盐水入侵范围小,在大潮及急涨阶段,盐水楔前端向上游发展,在小潮及急落阶段,盐水楔的尖端向下推移。盐水楔尖端上下移动的范围大体就是拦门沙的长度。图 1-10 所示为水文观测站的分布情况。拦门沙的生成与盐水楔有密切关系。黄河口含盐度纵剖面情况如图 1-11 所示。也可以说,黄河口拦门沙是过量泥沙来源与盐水楔合成的产物。

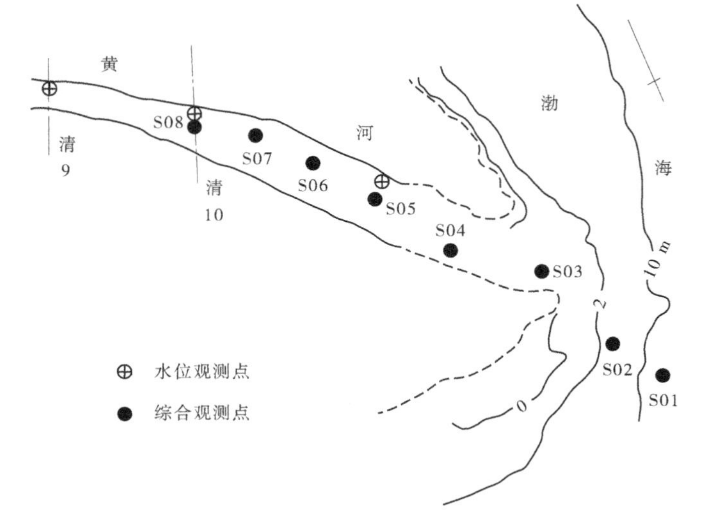

图 1-10　同步水文观测测站分布

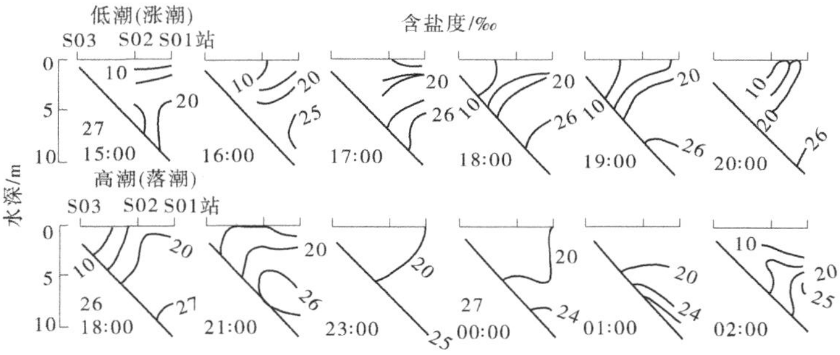

图 1-11　黄河口含盐度纵剖面

1.2　河口变化情况

河口变化主要包括河口段河道冲淤变化、口门流路摆动情况、黄河三角洲附近海区冲淤变化情况和海岸线延伸蚀退及拦门沙变化情况。

1.2.1　河口段河道冲淤变化

利津至口门河段河道为河口段河道,全长 110 km,随着流路摆动其长度有所变化。根据历年河道大断面测验资料计算,1985—2015 年,利津至河口河段主槽处于淤积的状态。其中,1985—2001 年整个河段主槽呈现淤积的状态;2001—2015 年该河段主槽呈现冲刷的状态。

1.2.2　黄河河口拦门沙变化

拦门沙是横亘在河口的泥沙淤积体，它是河流上游来水来沙与河口海洋要素之间共同作用的产物，黄河河口清水沟汊河流路拦门沙具有以下变化特征：

（1）清水沟汊河流路河口拦门沙经历了三个阶段，1996—2001 年为拦门沙初步形成期，由于没有持续的水源、沙源，该阶段在口门外普遍淤积，拦门沙特征不明显；2001—2002 年由于水沙偏枯，拦门沙没有得到发育，个别部位还在蚀退；2002 年以后，由于连续的调水调沙，使口门拦门沙得到了充分发育，其范围增大，中心淤积厚度增加，前沿纵比降增大。

（2）拦门沙的发育与口门的摆动有着密切的关系，口门的输水输沙使拦门沙得到充分发育，而发育的拦门沙又使口门流水不畅，流路延长，纵比降减小，从而使口门出汊摆动，新的口门形成新的拦门沙。

因此，拦门沙的发育需要具备三个条件，一是口门外合适的地形条件为基础；二是具备充足的沙源供给；三是有合适的水量将泥沙输送至口门附近。

第2章　黄河三角洲附近海区监测

2.1　海区自然状况

黄河三角洲海域是指与黄河河口淤积延伸、摆动改道演变直接有关的海域，即北至徒骇河以东，南至南旺河以北的弧形浅海区域，包括渤海湾南缘及莱州湾西部。黄河三角洲海域水深较浅，坡度较缓，但各个岸段有较大的差别，西部渤海湾次之，南部莱州湾最浅。目前的黄河入海口位于南部莱州湾的中部西岸区域，是整个渤海水深最浅的海域，受黄河入海泥沙影响较大。滨海区靠近海岸部分多发育水下岸坡，在行河河口附近则发育着水下三角洲，水下岸坡或水下三角洲附近水下地形变化剧烈，在水下岸坡或水下三角洲以外的水下地形则较为平缓。

2.1.1　地形地貌

黄河三角洲是鲁北平原的重要组成部分。地势总体平缓，西高东低，南高北低。顺黄河方向西南高、东北低，背黄河方向近河高、远河低。西南部最高高程为28 m(黄海基面，下同)，东北部最低高程不足1 m；西部最高高程为11 m，东部最低高程为0；背河自然横坡降为1/7 000，河滩高出地面3～5 m。除小清河以南地区为山前冲积平原外，其余均为黄河冲积而成的典型的三角洲地貌。由于历史上黄河改道和决口频繁，形成了岗、坡、洼地相间排列的复杂微地貌。在纵向上，呈指状交错；在横向上，呈波浪状起伏。主要地貌类型有缓岗、河滩高地、微斜平地、浅平地和海滩地。

2.1.2　地质情况

黄河三角洲位于华北邢台新生坳陷的东南部，济阳坳陷东端。自新生代以来，地表以沉降运动为主，区内广为第三系和第四系沉积物覆盖。地层由老至新有太古界泰山岩群，古生界寒武系、奥陶系、石灰系和二叠系，中生界侏罗系、白垩系，新生界第三系及其上覆的第四系。根据地层构造、成因类型、地层岩性和沉积物来源，可分为山前平原和黄泛平原。山前平原位于山东省东营市广饶县境内小清河以南，面积为636 km^2。其沉积物主要来源于泰沂山区，由淄河等河流搬运而来，地层自南向北缓倾，地下水埋深由深变浅，水力性质由淡水过渡为微咸水、咸水。黄泛平原位于小清河以北，面积7 414 km^2。沉积物为粉砂、细砂、黏土、亚黏土，并在沿海地带常见有海相贝壳，上部存在巨厚的咸水体，咸水底界面埋深由小清河沿岸100 m过渡到东北沿海大于400 m。浅层地下水矿化度大于5 g/L，为咸水区。

2.1.3　气候、降水

黄河三角洲地处中纬度,位于暖温带,背陆面海,受欧亚大陆和太平洋的共同影响,属于暖温带季风型大陆性气候。冬寒夏热,四季分明。春季,干旱多风,早春冷暖无常,常有倒春寒出现,晚春回暖迅速,常发生春旱;夏季,炎热多雨,温高湿大,有时受台风侵袭;秋季,气温下降,雨水骤减,天高气爽;冬季,天气干冷,寒风频吹,雨雪稀少,多刮北风、西北风。

多年平均气温 12.8 ℃,1 月最冷,月平均气温为-2.8 ℃,7 月最热,月平均气温为 26.7 ℃。春季升温迅速,秋季降温幅度大。年内温差为 29.5 ℃。极端最高气温多出现在6—7 月,极端高温为41.9 ℃(广饶县 1968 年6 月 11 日);极端最低气温多出现在 1—2 月,极端低温为-23.3 ℃(广饶县 1972 年 1 月 27 日)。

黄河三角洲在山东省属少雨地区。据 1966—2001 年降水实测资料,东营市多年平均降水量为 537.4 mm。降水量小,蒸发量大,据 1971—2001 年蒸发资料,全市多年平均陆上水面蒸发量为 1 885.0 mm,年蒸发降水比为 3.5。

2.1.4　植被

黄河三角洲属暖温带落叶林区,植被受水分、土壤含盐量、潜水位与矿化度和地貌类型的制约,类型少、结构简单、组成单纯。区内无地带性植被类型,木本植物较少,以草甸景观为主体。天然植被以滨海盐生植被为主,主要分布黄须菜、柽柳、马绊草、芦苇、白茅等。黄河自境内川流入海,淤地造陆,在黄河入海口两侧新淤地带,形成了黄河三角洲地区独特的河口湿地生态系统。1992 年 10 月,国务院批准成立"山东省黄河三角洲国家级自然保护区",区内分布各种野生动物 1 524 种,植物 393 种,是全国最大的河口三角洲自然保护区。

2.1.5　海域

黄河三角洲海岸线自潮河东岸起经黄河口至小清河北岸止,全长 350 km,呈弧形曲线状。滩涂面积 1 154 km^2,属泥质平原海岸类型。-10 m 等深线以内的浅海面积约 4 800 km^2,海水透明度为 32~55 cm,水温平均 14.2 ℃,盐度 30.6‰,淡水注入径流量多年平均为 450 亿 m^3/a。海域为半封闭型,大部分靠近岸段海域潮汐为不正规半日潮,平均潮差为 0.8~1.2 m。

2.1.6　潮汐

黄河河口潮汐较弱,其感潮河段的潮流界比较短,而且随黄河口径流的大小而变动,根据实测资料,当入海流量在 300~500 m^3/s 时,潮波可达口门以上 17 km;当入海流量达到 3 000 m^3/s 时的汛期,潮波仅影响到口门以上 10 km 附近。由此可见,现黄河口的感潮河段为 10~17 km。

潮汐类型按 $(H_{O1}+H_{K1})/H_{M2}$ 比值的大小来判别,当 $(H_{O1}+H_{K1})/H_{M2} \leq 0.5$ 时为正规半日潮,$0.5<(H_{O1}+H_{K1})/H_{M2} \leq 2$ 时为不正规半日潮,$2<(H_{O1}+H_{K1})/H_{M2}<4$ 时为不正规全日潮,$(H_{O1}+H_{K1})/H_{M2} \geq 4$ 时为正规全日潮。根据实测资料分析计算的潮型指数列入表 2-1。

可以看出,黄河三角洲海域大部分靠近海岸的海区为不正规半日潮,仅神仙沟口附近岸段海区表现为不正规日潮。现行黄河在清水沟入海,河口具有不规则半日潮性质。根据对渤海内 M_2(主太阴半日分潮)、S_2(主太阳半日分潮)、K_1(太阴太阳合成日分潮)、O_1(太阴日分潮)4 个主要分潮的分析结果,可知黄河口外海域以 M_2 分潮的量值最大。神仙沟老黄河口处于渤海湾的湾口,接近潮波节点处,神仙沟口附近出现一个无潮点。三角洲海域高潮的发生是自西向东随时间先后依次出现的,神仙沟以北潮波节点附近潮差最小,仅有 0.4 m,由此沿三角洲北部岸线向西和沿三角洲东部岸线向南,潮差均逐渐增大,湾湾沟口、小清河口潮差达 1.6~2.0 m,现黄河口潮差为 1.2 m 左右。

表 2-1　黄河三角洲海区潮汐特征值

项目	站名					
	湾湾沟 38°04′N, 118°24′E	刁口河东 38°09′N, 118°02′E	五号桩 38°01′N, 119°00′E	东营港 38°06′N, 118°58′E	广利河口 37°40′N, 119°06′E	羊角沟 37°06′N, 118°52′E
$(H_{01}+H_{K1})/H_{M2}$	0.74	2.26	22.39	12.7	1.15	0.88
潮汐类型	不正规半日潮	不正规半日潮	全日潮	全日潮	不正规半日潮	不正规半日潮

由于黄河口海域分布着广大的浅滩,水深一般在 0~5 m,海底摩擦对潮汐活动有很大影响,当潮波进入浅滩后,由于水深变浅,底摩擦加大,使潮波前坡变陡,后坡变缓,表现出涨落潮历时不等现象,现黄河口一般涨潮历时均小于落潮历时,即涨 5 h 落 7 h。

2.1.7　潮流

潮流类型判别因子是以两个主要日分潮流 W_{01}、W_{K1} 之和除以 M_2 分潮流 W_{M2} 来判别的,即:$(W_{01}+W_{K1})/W_{M2}\leqslant 0.5$ 属规则半日潮流型,$0.5<(W_{01}+W_{K1})/W_{M2}\leqslant 2.0$ 属不规则半日潮流型,$2.0<(W_{01}+W_{K1})/W_{M2}\leqslant 4.0$ 属不规则日潮流型,$(W_{01}+W_{K1})/W_{M2}>4.0$ 属规则日潮流型,表 2-2 统计了黄河三角洲海域的潮流类型指数,可以看出,三角洲海域的潮流表现为明显的半日潮型,在套尔河口、神仙沟口及小清河口附近属于规则半日潮流,现黄河口附近为不规则半日潮流。

表 2-2　黄河三角洲海域潮流类型

站名	$(W_{01}+W_{K1})/W_{M2}$			流类型
	表层	5 m 层	底层	
套尔河 1	0.20		0.30	半日潮流
套尔河 2	0.30		0.30	半日潮流
刁口河 1	1.12		0.91	不规则半日潮流

续表 2-2

站名	$(W_{O1}+W_{K1})/W_{M2}$			流类型
	表层	5 m 层	底层	
刁口河 3	0.79	1.01	1.09	不规则半日潮流
神仙沟口 1	0.40		0.42	半日潮流
神仙沟口 2	0.76	0.66	0.63	不规则半日潮流
神仙沟口 3	0.77	0.73		不规则半日潮流
黄河口南 2	0.75	0.47	0.53	不规则半日潮流
黄河口南 3	1.02	0.72	0.73	不规则半日潮流
支脉沟口 2	1.60	0.83	0.84	不规则半日潮流
支脉沟口 3	1.22	0.42	0.50	不规则半日潮流
小清河口 1	0.40		0.40	半日潮流
小清河口 2	0.30		0.30	半日潮流

三角洲北部海区的神仙沟口至刁口河岸段海域，潮流旋转椭圆率很小，具有往复流性质，旋转方向为反时针，最大涨潮流速指向西偏北，最大落潮流速指向东略偏南。钓口河以西海域，涨落潮流与岸线基本平行。现黄河口海域，其最大涨潮流向指向南，落潮流向指向北，旋转方向为顺时针。

1984 年国家组织的全国海岸带及海涂资源综合调查的实测结果显示，在黄河口海域有两个强流区，一个在神仙沟口外 15 m 左右水深处，即 M_2 分潮无潮区；另一个在现黄河口（清水沟）外附近，但其影响范围较小。必须指出，清水沟口外的强流区是在黄河改道清水沟入海后，由于沙嘴迅速延伸，突入海中，海岸底坡变陡，海流受到挤压，使流线加密而形成的高流速区，诸如历史上黄河故道口各沙嘴如甜水沟口、神仙沟口、刁口河口行水时，均因同样原因形成过局部的高流速区；而当黄河改道，故道口不再行水时，沙嘴便大幅度蚀退，底坡变缓，等流速线变得稀疏，局部的高速区变缓甚至趋于消失。这是与 M_2 分潮无潮点处的高流速区不同机制形成的两种高流速区。M_2 分潮无潮点形成的高流速区历时久远，而后者历时较短，见图 2-1。

M_2 分潮潮流椭圆的长轴方向大都与海岸线或等深线平行，这一特征有利于泥沙沿着岸线方向输送。

现黄河口（清水沟）口外的强流区，涨潮最大流速指向南，落潮最大流速指向北，呈顺时针的往复流，与河流轴线大体垂直，黄河水沙在潮流挟带下，移运至河口两侧。海域水深较浅，海底摩擦的影响使涨落潮表现出历时不等现象，即落潮流历时大于涨潮流历时。

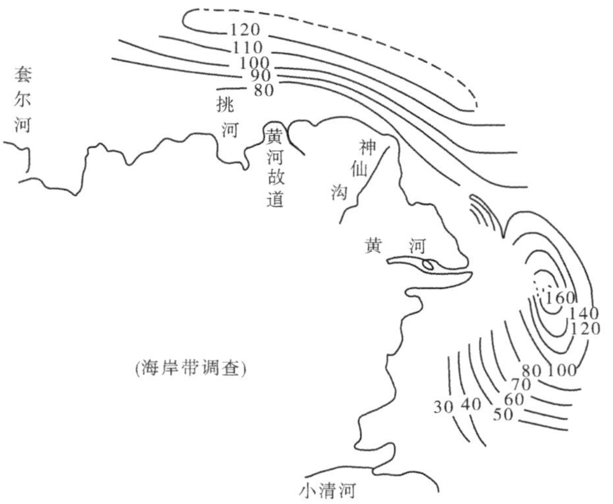

图 2-1　黄河河口海域夏季最大流速

不难理解，在一个潮流周期内，某一地区进出水量应该是相等的，由于落潮流历时大于涨潮流历时的原因，必然导致涨潮流流速大于落潮流流速。涨落潮流速之比从渤海湾顶向湾口逐渐减小，在湾顶附近的塘沽其比值为 1.3，在湾口（神仙沟口外海域）则为 1.1，这样就会引起涨落潮过程中带进和带出海湾泥沙的不等量变换，由涨潮流作用带入海湾的泥沙在落潮流时有一部分沉积下来。

另根据实测资料分析结果，现黄河口的潮流界非常短，盐水入侵在非汛期可达 6 km，汛期仅为 4 km 左右，所以潮流界一般为 3~7 km。

2.1.8　余流

从海流观测资料中除去周期性运动的潮流外，海水还有一定的剩余流动部分，这一部分称为余流。余流形成的机制在浅海中是比较复杂的。由风的切应力导致的海水流动称为风海流，入海径流与海水交会后造成海水密度非均匀分布所引起的海水流动为密度流，这些统称为余流。不管余流是什么原因形成的，它都有一个共同特点，即虽然量值不大，但相对比较稳定。如风成余流，只要风向一定，余流的方向就不会改变，在南风作用下，余流流向指向北，在北风作用下，余流流向指向南，也有人把它说成是一种“定场流动”。正因为有相对稳定的一面，所以余流对长距离泥沙输送是不容忽视的一个动力因素。

黄河口附近海区存在三个环流系统，即：

（1）黄河口以南顺时针环流系统：这个环流系统从黄河口南缘一直到小清河口附近，最大余流流速为 0.25 m/s，这一环流系统中，底层与表层的特征基本相似，都是顺时针的涡旋运动，只是底层流速略小一点。它的表层余流流速一般为 0.17~0.25 m/s，而底层余流流速一般为 0.07~0.10 m/s。

（2）黄河口以北逆时针环流系统：这一环流系统的范围比黄河口以南环流系统小得多，也不像黄河口以南顺时针环流系统那样有规律。资料表明，春季表层余流流速最大，可以达到 0.10~0.29 m/s,流向西南;而底层流速仅为 0.10 m/s 左右,流向与表层相反,流向指向东北。这里还存在着强烈的上升流区,这一环流系统的另一特点是环流系统表层不明显,到底层才清晰。

(3)五号桩海域顺时针环流系统:这是一个范围比较大的环流系统,它的特点是在距岸边 15 km 范围内,余流流向指向北西,与海岸平行,余流流速 0.1 m/s,但到了水深 20 m 处,余流流向又转向东北。这个环流系统季节性比较稳定。

2.1.9　潮流、余流与黄河口泥沙运动的关系

三角洲海区的潮流、余流与该区泥沙运动有密切的关系,主要表现在:①该区内 M_2 分潮流的椭圆长轴方向大都与岸线或等深线平行,这对泥沙沿岸输送是十分有利的。②潮流输沙具有往复性,它的流速比较大,所以挟沙能力比余流大的多,特别是两个高流速区的流速达到 1.4~1.8 m/s,因此河口泥沙沿这两个高流速区向西北方向输送,其输沙能力是相当大的。③余流虽然流速量值不大,一般为 0.1~0.25 m/s,但它的作用时间长,而且在一定条件下(如风向一定)对泥沙的输送方向也是一定的。因此,余流有定向输送泥沙的特点,对泥沙长距离搬运的作用非常明显。

2.2　海区监测主要内容

黄河三角洲附近海区测验开始于 1959 年,当时在测验海区布设了 7 个垂直于海岸的测深断面,大体了解了水的深度和海底的坡度。1969 年开始进行水下地形测量,每年的测深断面还不尽一致,至 1976 年后海区测深断面才基本固定。

自 1976 年,黄河三角洲附近海区测区范围为西起湾沟口、南至小清河口的海域。海区岸线长约 320 km。

2.2.1　测深断面布设

自河口改走清水沟以来,常规测深断面 36 个,其中 1~8 为南北方向布设,9~13 为神仙沟故道尖岬处放射状布设,14~36 为东西方向布设。

2.2.2　潮位站分布及设置

潮位站分布:

为了对测验资料进行潮位改正,在黄河三角洲海岸设立 13 个潮位站,其中短期潮位站 1 个,临时潮位站 12 个。

(1)潮位站设置:潮位观测采用木桩直立式水尺,需要进行水尺设置和水尺零点高程的引测。

(2)潮位站水尺设置:潮位站水尺应设置在前方无沙滩阻隔,海水可自由流通,能充分反映当地海区潮汐情况的地方,且水尺能牢固设立,受风浪、急流冲击和船只碰撞等影响较小。每个潮位站设置的水尺不得少于 3 个,木桩直径不低于 0.1 m,入泥深度以保证

水尺稳固为原则，且要求垂直于水面，高潮不淹没、低潮保证读数不低于 0.3 m，两根水尺的衔接部分至少有 0.3 m 的重叠。

(3) 水尺零点高程引测：潮位站水尺零点高程采用四等水准引测，也可以采用 GPS-RTK 测定其高程，对没有水准和 GPS 引测条件的潮位站，可以用潮面水准推求，但同比观测的潮位站必须有连续 3 d 及以上的同步观测资料。

2.3　固定测深断面监测

黄河三角洲附近海区常规测验除河口改道清水沟前后的 1975—1978 年每年进行两次测验外，其余每年均在汛后进行一次，每年监测的断面也不完全一致。

据统计，1968—2015 年共施测黄河三角洲附近海区固定断面测验 49 次，计 1 932 断面次（包括黄河三角洲附近海区水下地形测绘）。

黄河三角洲附近海区测验一般采用深水船和浅滩船分别进行深、浅水的测验，在测验时间内进行该区域临时潮位站的潮位观测，目前潮位观测采用人工连续观测。海区测点数据采集采用 GPS 信标机+测深仪+计算机三机联测数据采集系统进行，测点平面位置采用 GPS 信标机测定；水深为测深仪测定，采取固定间距采集，浅滩测点间距按照 250 m 采集一个测点；深水测点间距按照 500 m 采集一个测点，由计算机导航软件自动完成。作业人员在现场值班，观察测验情况，发现异常立即处理。

海区测验外业工作结束后，将进行内业资料的计算整理，资料整理的主要方式是人工辅助计算机完成，其主要内容包括测深仪热敏水深记录纸的水深摘录及录入、潮位站水尺零点高程的推求、潮位站考证簿编制、潮位观测资料的计算及成果录入、潮汐改正曲线的点绘、测点水深的改正计算、断面实测成果表的编制、测深断面剖面图的绘制以及海区冲淤的计算等。

1985 年以来，除 1992 年、2000 年、2007 年和 2015 年进行了黄河三角洲附近海区水下地形测绘外，其余年份均进行常规固定测深断面测验工作。

2.4　黄河三角洲附近海区水下地形测绘

黄河三角洲附近海区水下地形测绘是通过在 14 000 km^2 的海区内布设 130 个测深断面，进行水深测量；对 350 km 的高潮岸线进行测量，获得能够代表黄河三角洲附近水下地形变化和海岸变化资料的水深图；通过对分布在测验海域的海底质的取样分析，获得代表该海域海底质变化的沉积物类型图，分别在 1992 年、2000 年、2007 年和 2015 年进行了该项工作，为黄河河口治理提供了准确的基础资料及必需的边界条件和参数。

2.4.1　测区范围及测图比例尺

测区范围为西起洼拉沟口、南至小清河口的海域，海区范围约 14 000 km^2，岸线长约 320 km。

2.4.2　项目工作内容

2.4.2.1　控制点的造埋及平高控制测量

对黄河三角洲沿岸的平高控制点进行造埋，严格按照规范要求埋设，埋石前用混凝土进行基座浇筑，以增加稳定程度。平高控制点的制作和埋设应符合相应规范的有关技术要求，保证所造埋的桩点尺寸合格、字迹清晰、编号合理，并现场绘制。

平高控制测量：对于造埋的控制点进行平高控制测量，平面控制测量等级按照D级要求进行整网平差，高程按照国家三等水准要求。

2.4.2.2　测定GPS信标机固定偏差参数

GPS信标机固定偏差参数的测定，应严格按照《全球定位系统（GPS）测量规范》（GB/T 18314—2009）的有关要求进行操作和计算，保证固定偏差参数的成果精度满足黄河三角洲附近海区测深定位的需要。

2.4.2.3　潮水位站设置及观测

根据测区的潮汐变化规律和测区的实际情况，在进行本项工作时，一般在项目实施前对该测区进行查勘，并根据查勘确定潮位站的具体位置，历年来，其潮位站的大体位置基本固定，只是具体位置有小范围的变动，每次项目潮位站基本都在18~19个。

按照有关要求设置潮位站并联测水尺零点高程后，应该填写潮位站考证簿，在海上测验期间相关潮位站进行连续的潮位观测。

潮水位观测使用直立式水尺直接观测读数并记至厘米级，同时测记（目测）风向、风力及海面情况。观测应与水深测量同步进行，并满足水尺零点高程推求要求，每半小时观测一次，高低潮前后各1 h内每10 min观测一次，以能准确测定出高低潮水位为原则。

2.4.2.4　水深测量

1. 测深垂线布设

一般情况下，测深垂线应垂直海岸，在岬角区（神仙沟口附近）可布设成放射状，整个测区共布设130条测线，为了资料的连续性，测线基本都是固定的。

2. 测线间距

神仙沟以西海区每2 km布设一条测深线；神仙沟沙嘴区为放射状测线；神仙沟沙嘴以南至广利河口以北海区（临近现河口附近海区）每1 km布设一条测线，广利河口以南至小清河口海区每2 km布设一条测线，总测线130条。

水深测验期间，应布设检查线以检验水深测验的精度，北部海区沿24测线布设一条检查线，垂直各测线布设一条检查线；南部海区沿94测线布设一条检查线，垂直各测线布设一条检查线。

3. 测深点间距

在深水区应控制间隔在500 m左右布设一测点，在河口附近和水下地形前缘急坡地形变化急剧的区域测深点间距控制在200~500 m。

4. 测验方法

测深点定位及水深测量：测深点位置由GPS信标机测定；水深测量使用测深仪测深，

测量时要根据实际情况进行水深比测，并做好记录。记录纸水深要随时与计算机打印水深进行比较，以减小读数误差。

2.4.2.5　高潮岸线测定

按照要求，进行本测区沿岸的高潮岸线测定。测定时使用 GPS 沿高潮痕迹测定高潮岸线（可视为平均高潮岸线）。一般顺直高潮岸线可每 1 km 测一点，当岸线发生转折及遇到潮沟时应加密测点，以测出转折变化及潮沟为原则。

2.4.2.6　底质取样

为了了解该海区泥沙输移及沉积情况，在水深测量的同时，在部分水深测线上采集底质泥沙样品，进行颗粒分析。取样测线每 10 km 布设一条。每个取样断面上采集 8～9 个泥沙样品，其分布为浅滩区 2～3 个，前缘急坡区 3 个，缓坡区 3 个。所有泥沙样品按照《泥沙颗粒分析规范》要求进行分析。

2.4.2.7　资料整理

对外业测验资料进行整理，完成水深摘录及录入、推求潮位站水尺零点高程、编制潮位站考证簿、计算及摘录潮水位、绘制潮汐改正曲线、改正水深潮汐、绘制测深断面剖面图、编制测验断面实测成果表、制作海底质颗粒分析及颗粒级配成果表、编制海区冲淤体积计算表、制作高潮线成果表、编绘水深图、编绘沉积物类型图等工作，并完成初作、校核、复核三遍校算手续，经过整理的资料须达到方法正确、数字无误、说明完备、字迹清晰、表面整洁，一般错误率小于 1/2 000 的基本要求。

2.4.2.8　水深图及沉积物类型图编绘印刷

根据海区实测成果及最新黄河三角洲陆地情况，按照 1∶100 000 比例尺编绘黄河三角洲附近海区水深图；根据海区海底质测验成果按照 1∶200 000 比例尺编绘黄河三角洲附近海区沉积物类型分布图。

2.4.2.9　分析研究

2000 年、2007 年黄河三角洲附近海区水下地形测绘后，利用本次测验成果及以往历次海区测验成果进行了专项分析研究。2000 年，专项分析研究题目是“黄河三角洲演变及其河口流路、水沙变化的关系”，有三个子课题，分别是黄河三角洲附近海区水下地形演变分析、黄河三角洲海岸线演变分析及三角洲海岸线、附近海区水下地形变化与河口水沙量变化、河口流路演变关系，最后形成了《黄河三角洲海岸线演变及其与刁口河流路、入海水沙变化的关系》分析报告 2007 年专项分析研究主要对黄河来水来沙、黄河三角洲附近海区冲淤分布、海岸线蚀退延伸、口门的摆动、拦门沙的变化、河口河道冲淤变化等方面进行了系统的分析计算，形成了《黄河河口近期演变》分析报告。

2.5　海区测验的主要成果

（1）断面实测成果表。

（2）海底质泥沙颗粒级配成果表。

（3）高潮岸线实测成果表。

(4)黄河河道及汊沟实测成果表。
(5)实测潮沟成果表。
(6)潮水位摘录表。
(7)潮位站考证薄。
(8)三、四等水准点高程成果表。
(9)GPS D 级网成果表。
(10)断面冲淤计算成果表。
(11)断面冲淤比较图。
(12)水深测量成果图。
(13)泥沙沉积类型图。
(14)分析报告。

第3章　黄河河口河道监测

3.1　黄河河口河道概况

黄河河口包括黄河河口河道、汊河河口和清水沟老河口，黄河河口河道为利津至汊3河道，河道长度为97 km。黄河现行河口(清水沟汊河流路)为1996年清水沟清8出汊至今的行水河道，该流路河口流路覆盖测线068至测线088间的海区，海域南北宽度为20 km左右；清水沟老河口为1976—1996年行水的河口，该河口海域涵盖了测线88至测线103线，海域南北宽度在15 km左右。

3.2　黄河河口河道淤积监测

河道淤积测验的目的是通过对河道各种地形地貌元素的观测，如实地反映近期河道地形、地貌的特征；反映河道水流、水道河岸以及各种测验布置、地物的正确位置；反映河道河床各种泥沙的分布。并通过计算，得出所测河段的冲淤变化分布、河底高程的变化、河势水流的变化及河床冲淤泥沙的粒径的变化，为黄河防汛、黄河治理、黄河规律分析研究以及黄河的开发提供准确、连续、翔实的资料和成果。

3.2.1　河道测验断面布设及测次布置

黄河山东河道观测河段为高村至河口。黄河下游河道测验的目的是通过对黄河固定河道断面的观测，研究黄河下游河道的冲淤变化规律，并通过对黄河下游河道边界条件的分析，推算河道过洪能力，及时指导黄河防汛的各项工作。

3.2.1.1　河道测验断面变化情况

河道测验断面是河道测验的基本设施，1951年布设测验断面13个，随着河道测验的不断发展，河道测验断面数量不断增加，至1965年河道测验断面增加至77个，至1990年河道断面达到82个。

清4、清6断面自1991年第一次统测起，断面左岸延长至6号公路，两断面分别延长5 031 m和4 208 m。

道旭断面左岸起点距0~2 145 m为滨洲市修建水库，已经成为永久性工程，为此，自1992年第一次统测开始，以后各测次断面测量及计算均从2 145 m开始，左滩地界由起点距17 m变为2 194 m，滩地宽度由4 669 m变为2 492 m，1991年进行了该断面的对比计算。

1996年由于清水沟改道汊河，原清水沟清8以下断流，清8、清9两断面停测，当年汛后在汊河新流路设置汊 1、汊 2 两个河道观测断面，到 2001 年 10 月参加冲淤计算。

1998 年为了研究小浪底水库的运用方式，及时了解掌握小浪底水库投入运用后对下游河道的影响，黄河水利委员会在黄河山东河段布设了 18 个河道监测断面，当年汛后投入运用。

2003 年 10 月，为了提高黄河下游河道测验精度，黄河水利委员会进行了黄河下游河道测验体系建设项目，在黄河高村以下河段新增河道断面 118 个，对原有 8 个河道断面进行了调整，断面平均间距 2.6 km，断面加密后，断面总数为 218 个，2004 年汛前这些断面全部参加了冲淤计算。

3.2.1.2　河道测验测次布置

黄河下游河道断面测验开始于 1951 年，1962 年起全河执行黄河水利委员会“统测”的要求，即整个黄河下游按照黄河水利委员会的统一要求，根据水沙情况，按照水流的传播时间自上而下一次布置测次，并按照一定的期限完成，一般每年汛前、汛后分别进行一次统一性测验（简称统测），特殊洪水在洪峰过后增加测次。1985—2015 年 30 年间，共进行断面测验 66 次，共计测验断面 8 938 次。除 1999 年、2002 年及 2004 年由于水沙变化进行汛期加测外，其余年份均按照每年汛前、汛后两次统测进行；同时为了了解调水调沙对山东河段河道影响过程的变化，在 2002 年 7 月 8—18 日，在潘庄断面进行为期 11 d 的连续监测，共施测 22 断面次。测量范围为主槽水下部分及水上部分的滩地。统测期间，测验河段内的水文站进行输沙率测验。每次测验有 23 个断面采取河床质进行颗粒分析，统测时渔洼至河口段进行河势图测绘。

3.2.1.3　河道断面布设

河道断面布设主要包括平高控制测量、河道断面的位置与方向确定、断面布设方法的确定以及断面设施的埋设等。

1. 河道断面布设原则

（1）河道断面应以尽可能地代表本河段的河道演变特性为原则，在观测河段内尽可能均匀布设。

（2）布设的断面方向应与中等洪水主流流向相垂直。顺直河段，其地形等高线走向对于平均流向具有代表性时，断面线垂直于等高线的平均走向；游荡型河段，可使断面线垂直于主流经常游荡范围的总走向；两股叉河的流向不平行时，可根据较大一股的流向确定断面方向。相邻断面应尽量保持平行或趋势一致。

（3）在进行河道断面布设时，应按照弯曲河段和游荡河段密、稳定顺直河段稀的原则。对于较大的弯道，应在弯道顶部和过渡的地方分别布设断面，在河道卡口段、扩散段、收缩段、弯曲河道弧顶和过渡段、稳定的沙洲或夹心滩上下游、引水口上下游和河道最宽、最浅处均应布设断面。根据姚传江、龙毓骞《黄河下游断面法冲淤量计算与评价》（黄委治黄科研专项 98Z05 号）研究结论，游荡性河段断面平均间距应控制在 1.84~2.79 km，弯曲性河段断面平均间距应控制在 2.43 km。

（4）断面设置以后，一般不得变动。如由于河势流向的变迁，以致断面线不与经常的（指绝大部分的测次而言）平均流向垂直时，可以按以下情况处理：

①断面线虽不与平均流向垂直，但流向偏角不超过45°时，一般不予变动。

②流向偏角虽超过45°，但河势流向摆动频繁，目前流向偏角虽大，但还有恢复原河势的可能者，也不宜变动。

③流向偏角超过45°，并估计今后河势能稳定或能肯定在一段较长的时间内稳定的，若由于流向偏角较大，施测断面困难时，可由勘测局提出意见，报请黄河水利委员会水文局批准后处理。

2. 断面的布设方法和断面设施

在任一河段内布设断面时，应搜集该河段以往的河势资料，并进行现场查勘，在深刻了解其演变情况及规律后，在河道地形图上进行断面布设，并根据图上的断面位置和方向，再到实地查勘，确定后在合适位置埋设断面起终点桩和其他断面设施。

断面布设的平高控制测量随测绘技术的不同而不同。1998年以前河道断面补设的平面控制测量采用国家五等三角测量、经纬仪量距导线和经纬仪视距导线测量进行，采用1954北京坐标作为平面基准；高程控制采用国家三等水准，为首级高程控制网，国家四等水准为加密高程控制网，测定滩地、滩唇桩的高程，滩地测点由五等水准测定，采用大沽高程作为高程基准。1998年以后由于GPS等先进测绘仪器的应用，平面控制采用国家GPS D级网作为首级平面控制网，国家E级GPS控制网作为测区的加密控制网，采用1954北京坐标和2000国家大地坐标基准，高程控制基准由1956黄海高程基面进行测设，联测到断面后再根据该断面的大沽—黄海差换算成大沽高程。

随着测绘技术和测绘仪器的发展，断面布设和断面设施的方法也随着测绘技术的不同而不同。

1）1990年以前断面测验

1990年以前的断面测设主要由光学测绘仪器采用传统的三角锁和经纬仪导线方法测定断面起终点的平面位置，用经纬仪标定断面方向、钢尺测定起点距来确定断面上各断面桩的位置，用经纬仪测角和钢尺量距设置基线。

断面设施主要有端点桩、滩地桩、滩唇桩、断面标志杆和基线标志杆。

端点桩是标示断面的设施，并兼作水准点，该设施采用混凝土预制，一般埋设在背河断面起终点位置，断面端点一般埋设在桩点下，都带有混凝土基座，基座现场浇筑，桩点高出地面10 cm左右，三等水准测定其高程，作为本断面的高程起算点。

滩地桩埋设在滩地的断面线上，作为滩地测量时的断面方向标志依据，并作为滩地点测量时四、五等水准测量的高程起算点。

滩唇桩是埋设在主槽滩唇附近的桩点，混凝土预制，每断面每岸最少有1组（3座），四等水准测定其高程，作为滩地测点和水道水位观测的高程起算点，一般每年汛前校测一次。

断面标志杆和基线标志杆是水道测量时测船标定断面和测点定位的断面设施，以8～12 m水泥杆加木质觇标组成，断面标志杆分前杆和后杆，一般前杆觇标为三角形，后杆觇标为四边形，基线觇标为五角形，后来标志杆觇标均统一简化为四边形、基线杆觇标为三角形；断面标志杆采用经纬仪瞄线、钢尺测距确定位置，基线标志杆采用经纬仪测角、钢尺量距测定基线长。这些标志杆均红、白相间刷漆,间隔为 1 m。

2)1996 年汉河断面布设

1996 年 5 月清水沟截流黄河由规划北汊入海,为监测北汊流路变化和河口疏浚工程的效果,黄河口水文水资源勘测局会同当时的河口疏浚指挥部在 7 月经过查勘、8 月在分叉点及下游 2 km 处布设汊 1、汊 2 两断面,由于当时现场条件比较困难,只利用信标机对断面起终点进行定位,摆设简易混凝土桩,并设置铁质断面标志杆和基线杆,本底断面测量采用测绳和水准仪进行测量,测量成果直接交河口疏浚指挥部。2001 年对该两个断面进行调整后进行了相关设施的测设,测量资料纳入统测成果。

3)1998 年小浪底运用方式研究黄河下游河道监测断面布设

1998 年 9 月,小浪底水库运用方式研究黄河下游河道监测项目在高村以下河段布设 18 个加密河道测验断面。本次断面布设,每个断面左右岸各设一组 GPS 点(1 个主基点,2 个辅助基点),平面采用国家 GPS E 级网标准测定,高程采用三等水准测定,断面测量采用 GPS 等先进的仪器进行测量。从 1999 年汛前统测开始,济南勘测局 16 个加密断面的滩地地形全部使用 GPS、全站仪,水道测验采用 GPS、全站仪测定起点距,测深杆(锤)施测水深。黄河口水文水资源勘测局 2 个加密断面仍然采用传统的测量方法施测。

4)黄河下游河道测验体系建设和断面布设

2003 年黄河下游河道测验体系建设是对河段进行查勘并对设计书进行修改,布设 118 个加密断面,调整 8 个原有河道观测断面(包括断面位置的测定、断面控制桩的造埋等内容)、对断面端点和控制桩进行 GPS D 级和 E 级控制测量,对控制点进行三、四等水准测量,造埋断面标志杆,测量本底断面,整顿原有断面设施和处理数据。

进行断面布设时,在新加密的 118 个河道断面左右岸分别埋设了两种类型的 GPS 基点,一种类型的 GPS 基点埋设在断面端点兼作断面端点桩,也称 GPS 主基点,以国家 GPS D 级标准测定其平面位置;另一种类型的 GPS 基点埋设在断面线及附近的黄河大堤的临江或背河堤肩上兼作断面的控制点,也称 GPS 辅助基点,以国家 GPS E 级标准测定平面位置。这两种类型的 GPS 基点按照不低于三等水准点的规格制作,以混凝土预制标石、现场浇筑基座的方法埋设,并以三等水准测量方法施测其高程,作为河道观测断面的首级高程控制点。

(1)标石制作规格:GPS 主基点(端点桩)尺寸为 1 m×0.25 m×0.25 m 柱体,柱体内配置 10 mm 钢筋笼架,中心标志采用不锈钢圆柱,标志中心制成清晰、精细的十字,柱体四棱垂直弯度不大于 5 mm,顶面相邻边长误差不大于 5 mm,表面光滑整洁,标识的顶面上印制“黄河水文”、埋设日期等;GPS 辅助基点(断面桩)的尺寸为 1 m×0.2 m×0.2 m 柱体,柱体内配置 10 mm 钢筋笼架,质量要求同 GPS 基点(端点桩)。

(2)标石埋设规格:标石埋设位置遵循以下原则:环境稳定、视野开阔、便于各种方法施测利用。GPS 基点埋设:在确定好的点位上开挖一个上口 1.2 m×1.2 m、下口 1.0 m×1.0 m、深 0.8 m 的基坑,对基坑进行整平和夯实处理,保证基点稳定,在基坑底部浇筑 1.0 m×1.0 m×0.1 m 的混凝土底盘,将标石放入基坑内正中,对中后,继续浇筑基台至 0.2 m 厚,夯实后填土并浇水 20 kg。

(3)断面基线杆规格:断面标志杆采用10～12 m水泥杆加木质觇标,觇标为1.0 m×1.0 m木质正方形,固定在水泥杆上端。

(4)断面标志杆的定位与埋设:用GPS-RTK确定断面杆的位置进行埋设断面杆,红、白相间刷漆,两种漆间隔为1 m。

(5)GPS控制网的测设:平面控制测量采用北京54坐标系,测量观测内容为高村至汊3河段中测验体系建设新加密的118个断面、调整的9个原有断面及18个小浪底水库运用方式黄河下游河道监测专用断面的所有GPS基点,每隔40 km左右联测一个原有断面的主基点作为校核。黄河下游河道测量断面GPS控制网的布设采用两级布设,首级网为D级,加密网为E级。

D级网中各点主要选用各断面的端点,在河道两岸分布均匀,因此在构网时主要以三角形和四边形为主,以边连接方式构成整网。

E级网中各点主要是辅助基点,采用主动插入网,用双参考站作业方法进行观测。

本次GPS控制测量在2003年实施,D级网和E级网同时观测,分高村至张山、张山至新街口、新街口至宋家集、宋家集至河口4个网进行平差。一共联测358个GPS主基点和268个辅助基点,起算点均为国家C级GPS控制点。

(6)高程控制网的测设:本次高程控制测量的高程起算点为2003年黄河下游二、三等水准网改造后的最新测量平差成果,全部具有1956黄海高程和1985国家高程基准。本次高程控制测量,采用1956黄海高程基准和1985国家高程基准分别进行平差。调整断面的大沽与黄海高程差采用原断面左岸高程差值,新设断面黄海—大沽差采用相邻断面的高程差值。

高程控制网在高村至河口河段共布设25条水准附合路线(左岸13条,右岸12条),用国家三等水准测量标准施测各水准点高程,共施测三等水准1 353.46 km。并对山东河段的所有断面水准点均进行了三等联测。

(7)加密断面本底断面测量:2004年3月6日至4月15日实施了加密断面的本底断面测量工作,测量范围为高村至汊3,共计118个加密断面和8个调整断面。

本底断面测验的主要工作内容为水上部分和水下部分的横断面测量。本次本底断面测量水上大部分采用GPS-RTK和全站仪方法进行,个别断面采用水准测量进行;河道部分测量采用GPS-RTK或全站仪确定水道水位和测点起点距,测深杆或测深锤进行水深测量,采用"河道数据处理系统"进行河道断面数据处理。

3.2.1.4 河道断面设施整顿

河道断面设施是河道测验顺利进行和测验成果精度的重要保证,根据河道断面设施的运行使用情况和国家规范的有关规定,需要对其进行整顿。

河道断面设施整顿的主要内容包括河道测验基本水准点的校测,滩地桩、滩唇桩的校测,对损坏的桩点的补设、整饰、修复等工作。

断面基本水准点包括断面端点、GPS主基点、GPS辅助基点等桩点,用三等水准进行高程校测,引据点为国家二等水准点,用国家D级GPS控制网、E级GPS控制网进行平面位置的校测,起算点为国家C级GPS控制点和国家D级GPS控制点;滩地桩和滩唇桩以四等水准校测其高程，经纬仪瞄线或花杆瞄线，钢尺或测绳量距校测其起点距。

一般年份的河道设施整顿工作在汛前进行。

3.2.2　河道测验方法

自河道测验工作开始以来，根据测绘仪器和测绘载体的发展，河道测验方法经历了人工密集型传统河道测验、新技术采用过渡期和全测区数字测验三个阶段。

3.2.2.1　人工密集型传统河道测验

人工密集型传统河道测验的测量仪器主要有光学经纬仪、光学水准仪、花杆、钢尺、测绳、测钎、测深杆、测深锤等，测量的运载依靠作业人员肩扛和木帆（钢板）船（后期使用机船）运输；滩地测量方法是经纬仪配合花杆、钢尺或测绳、水准仪进行。20 世纪 50 年代，河道断面观测以木帆船作为测验运载工具，水道测量采用人工拉船放锚定点的办法，即一锚一点法或一锚多点法，六分仪测定测点位置，测深杆或测深锤施测水深。内业资料处理依靠人工算盘、计算尺和手工画图，成果图为手工在硫酸纸上绘制底图，通过蓝晒制作断面成果图。

该方法主要使用在 20 世纪 50—80 年代前期，其特点就是劳动强度大、作业效率低，成果精度差。

3.2.2.2　新技术采用过渡期

随着测绘技术的发展，河道测验技术也在逐步改进，新技术采用过渡期自 20 世纪 80 年代初至 2001 年汛前。

一是河道测验运载工具的改进。1982 年开始，河道测验基本上实现了测船的机动化，孙口以上河段采用高村水文站的黄测 2 号测船，孙口至泺口河段采用孙口水文站的黄测 1 号测船，泺口至利津河段采用利津水文站的黄测 3 号测船，利津以下河段采用河口实验站的黄测 4 号测船。1995 年开始使用机船配合冲锋舟或单独冲锋舟进行河道测验。

外业数据采集手段改进不大，仍以传统的光学测绘仪器为主，直到 1998 年、1999 年才开始在部分断面应用了全站仪和 GPS 技术进行测量。

二是资料整理技术的改进。1982 年开始使用计算器进行测验资料的计算，1988 年汛前首次使用 PC-1500 计算机进行河道测验资料的计算，在一定程度上提高了测验资料整理的效率。

3.2.2.3　全测区数字测验

随着 2011 年数字测深仪在山东河段河道测验中的应用，山东河段河道测验进入数字测验阶段。河道测验中滩地测验和水道测验均为人工控制下的测绘仪器自动采集，并以数字形式进行传输和处理，以数字格式进行成果发布。

1. GPS、全站仪的应用

2001 年底至 2002 年高文永、霍瑞敬组织进行了黄河水利委员会科技项目《GPS、全站仪河道断面测量试验研究》项目，根据试验数据编写的《GPS、全站仪河道断面测量操作规程》，作为黄鲁水河〔2003〕8 号文在 2003 年 4 月 24 日颁布，从此，GPS、全站仪在山东测区的河道测验中被全面应用，利用 RTK 技术对断面上的滩地测点采集记录，并通过计算机处理得到断面成果，但水道部分的测量仍然是手工操作。

2. 数字测深技术的应用

2007 年由杨凤栋、陈纪涛等同志主持完成的黄河水利委员会水文局《黄河下游河道测深技术应用研究》项目，使用数字测深仪与常规测深方法进行了多测次对比测量，得出了“一般数字测深仪（频率 200 kHz 左右）适用于≤29 kg/m^3 含沙量的水体，且完全可以达到仪器的标称测深精度”的结论。2010 年杨凤栋等同志根据该试验数据编制了《黄河下游河道数字测深技术规程》，2011 年起数字测深技术在部分测验河段应用，2012 年所属济南勘测局的 162 个断面全部应用该技术，2014 年汛后山东河道 218 个断面全部应用该技术。

由于数字测深仪通过海洋测量软件与 GPS 相连接，可实时、准确、自动记录任意测点的水深及相应坐标，避免了传统测深方法在人工操作、读数、记载、计算等环节可能出现的错误。数字测深仪应用后，黄河河道断面全数字化测量的目标得以实现。

3. 数据处理计算机技术的应用

1999 年田中岳同志完成了黄河水利委员会水文局科技计划项目“河道数据库管理系统”，该系统包含河道技术档案管理系统、外业测验数据处理系统、内业测验数据处理系统三部分，有效地解决了外业测验资料的数据连接和处理、河道测验资料的内业计算以及成果数据库管理，提高了成果质量和工作效率，减轻了劳动强度，使河道测验的数据处理初步走上了程序化，随着该软件的多次升级，目前已经升级为“黄河下游河道数据处理平台”，功能更加强大，已经基本实现了和外业采集数据的无缝连接，其数据处理功能基本满足当前河道测验的需要。

4. 网络单基站 CORS 技术

传统 RTK 测量时，需要架设基准站，且电台数据链受地形、天气、障碍物等多种因素的影响较大，通信距离非常有限。GNSS 基点经常受工程和人为破坏，且易丢失；同时受树木遮挡严重，影响基准站架设和测验的正常开展。单基站 CORS 系统突破了现行测量方法基准站工作模式，可解决数据传输距离近、受客观因素影响大、工作效率低等弊端。

2012 年开始单基站 CORS 系统应用研究。2013 年 10 月，济南单基站 CORS 系统建成并开始投入生产运行；2014 年 4 月开始在济南勘测局河道观测中推广应用；2015 年起应用到泺口水文站水文测验中；2016 年建设了艾山单基站、泺口单基站；2017 年建设了孙口单基站、河口大汶流单基站；2018 年建设了高村单基站、利津单基站。

2016 年 9 月，在泺口基地建设了黄河水文多基站 CORS 系统管理中心，对全河水文已建和待建单基站实行统一管理。单基站 CORS 系统一般使用公网独立 IP，需要开通宽带专线，从而增大了运行费用。建设黄河水文多基站 CORS 系统，只需要建设一个管理中心，配置一台服务器，开通一处宽带专线，即可通过管理中心服务器软件，对所有单基站实行统一管理，为单基站的日常管理和正常运行提供保障，可极大地方便单基站的建设，缩短建设周期、简化建设程序、降低运行成本、提高其可靠性。

目前，山东测区单基站 CORS 河道断面覆盖率已达 70%、水文站实现了全覆盖。已建成的单基站 CORS 系统实现全天候 24 h 不间断开机、无人值守，有效作用半径 30～50

km。在覆盖区域内可随时进行 RTK 测量，且不受天气影响，有效解决了树木遮挡影响信号传输和长距离、大范围厘米级高精度实时测量定位问题，在河道观测、水文测验、工程测量中发挥了重要作用。

5. 数字水准仪的使用

2014 年起，水准测量全部采用数字水准仪施测、软件平差，河道测量现代化、数字化工作又向前迈出了坚实的一步。

现代化测量技术和数字化测量仪器的引进和应用，使黄河河道断面全数字化测量的目标得以实现，大大提高了河道观测的测量精度、成果质量和工作效率，为防洪决策提供了更加准确、可靠的资料依据。

3.3　黄河河口河势监测

黄河河口河段河势监测是通过对该河段的河势流向、行水现状和口门情势的监测，通过监测绘制河口河势图，并通过河势图对该河段河道的河势情况进行描述。

高村至陶城铺河段为游荡性河道向有工程控制的弯曲性河道转变的过渡性河段，为了监测该河段主流的变化，20 世纪七八十年代在高村至王坡河段进行了为期 9 年的河势监测工作。

河势监测的主要内容为水边线、主流线、老滩沿、鸡心滩、串沟、各特殊地物等，并根据这些河势要素的监测数据，绘制该河段的河势图，利用河势图对该河段的行水现状进行描述。

高村至王坡河段的河势图测绘采用人工目估法进行，测量人员在预先制定的河势图底图上，沿河流方向前进，根据水边距岸边特殊地物、断面上水边起点距以及汊沟等其他河势元素距有关地物的相对位置，在图上标出各河势元素的位置和趋势，进而清绘出河势图。

河势图底图为 1:50 000 的河道地形图，在聚酯薄膜上绘制。河势测绘时，根据现场情况目估各河势要素的位置和形状，并用铅笔勾绘在底图上，另用纸记录该河势要素的说明，在内业进行河势图的清绘，通过蓝晒得到河势图成果图。

1978 年 10 月至 1986 年 10 月，9 年间共施测该河段河势图 16 次 32 张。

3.3.1　河势监测测次布置

据资料记载，黄河河口河段河势监测从 1970 年开始有河势图资料，1970 年 10 月至 1976 年 3 月为刁口河流路渔洼至河口河势图，1976 年 6 月以后为清水沟流路渔洼至口门河势图。

3.3.2　河势监测方法

3.3.2.1　河势图外业测验

河口河段河势图的测绘于 1973 年开始使用无线电定位仪进行定位，1991—1996 年，河势图的测定一直采用美国 UHF-547 微波定位系统，岸台设置在三号排涝站和防潮闸，两处岸台覆盖渔洼至口门，从渔洼断面开始沿黄河左右两岸尽量靠近岸边每 250～300 m 测定一个点，UHF-547 定位仪打印出所测定点的坐标，同时目估出其至岸边的距离，将这些测点点绘在工作图上，通过内业点绘出相应的位置，然后勾绘出河势图。1997 年以后，河势图的测绘采用 GPS 信标机定位，利用信标机和计算机联机测定河势图。

3.3.2.2 河势图内业资料整理

1991 年之前，首先制作 1∶50 000 比例尺的聚酯底图，然后根据外业的工作图和测绘数据，在聚酯底图上描绘各河势元素符号，清绘成图，再通过蓝晒得到河势图成果；从 2002 年汛后开始至 2007 年汛前期间，河势图利用南方绘图软件 CASS 进行编制、整饰、图形显示及打印成图；从 2007 年汛后开始至今，采用黄河口河势图测绘软件进行编制、整饰、图形显示及打印成图。

3.3.3 河口河段河势变化

1976 年黄河清水沟流路人工改道由北汊入海以来，流路基本稳定顺畅，经历了改道初期水流泄散乱漫流入海到后来的单一归股，再逐渐发展到弯曲、出汊、口门摆动等过程。自 1976 年 5 月 27 日在罗家屋子人工截流，河道由刁口河改道清水沟流路入海以来，改道初期河水沿开挖的 6 km 引河下泄，清 2 断面以下基本上走清水沟自然河道，河面宽 3～7 km，形成上窄下宽的扩散漫流，主流散乱，口门摆动频繁，属于自然状态下的漫流入海，河口向海缓慢延伸。直到 1981 年汛后，清水沟才基本实现了自然状态下的单一归股入海，其入海方向逐渐向南偏移，口门延伸较快。到 1986 年以后，基本上为人工治理条件下的归股入海方式，1986 年的开挖北汊、1988 年的截支强干、1989 年的整修导流堤等措施，保持了清 9 断面以上河势稳定，河道单一顺直，无出汊现象，仅在清 9 以下 10 km 处发生小范围的摆动，形成人工控制下的单一归股入海情势。

20 世纪 90 年代后，由于黄河断流的影响，河口口门受海洋动力条件的影响，逐渐向右偏移，清水沟流路向东南方向的弓形更趋明显，流路延长较多。1996 年汛前，在清 8 断面以上 950 m 处实施改汊工程，新汊河沿东略偏北方向入海，1996 年清 8 出汊后，当年就在汊河形成了主流河道，口门逐渐顺畅，归股单一入海，只在口门附近有小范围的摆动。由于清 8 出汊新河距离五号桩 M_2 无潮点缩短了 20 km 左右，口外潮流急，有利于泥沙入海向两侧输移，河口沙嘴宽度上发育，减缓了沙嘴延伸速度，因此该流路二十几年来运行良好。

从 1996 年后黄河河口的河势演变看，1996—2002 年是该河道的稳定期，其特点是主流在原有河道内行河，口门摆动不大。2002 年以前，由于上游水沙偏枯，造成了口门发育缓慢并且有蚀退现象；2002—2004 年为口门的延伸期，其延伸主要集中在汛期和调水调沙的水沙相对集中时段，当口门延伸到一定程度，上游水沙持续充足时，口门将进行摆动，因此 2004 年以后为摆动期，由于黄河河口东北风盛行且海流流向一般为由东北向西南流向。因此，一般的口门摆动都是由北向南摆动。当口门右摆到一定程度，在上游水沙充足的情况下，主流将在河道地形相对薄弱的地方完成左向摆动，如此循环，摆动范围逐渐扩大，摆动顶点逐渐上移，如 2004 年、2005 年调水调沙结束后口门向右摆动，2006 年调水调沙后口门向左摆动，直到 2007 年调水调沙新汊河改道，汊河摆动的顶点也逐渐上移。

2009 年后，新北汊逐渐淤死，流路又回原河道，在北偏东入海，并在这一方向上在口门区域进行小范围的摆动。到 2012 年汛后河门流向与 2012 年汛前相比有较大调整，主河位于北偏东方向 35°附近，较低潮位时汊 3 以下河道宽度为 800~1 000 m，两股河道入海，主槽为右股（东北股），一般为宽度 300 m 左右，主流线略靠右岸；左股较浅，低潮时河道水深约为 0.5 m，两股河道之间有一较大鸡心滩，低潮时显现，目前该河门还在其附近摆动。

从其变化情况看，基本遵循了口门河道的顺直—弯曲—口门摆动—出汊—改道的规律，其每一阶段时间的长短是由上游来水来沙和口门附近海域的海洋动力条件的相互关系决定的，上游水沙是主要因素。

第 4 章　刁口河备用流路监测

刁口河流路是 1964—1976 年黄河的行水流路，1976 年黄河人工改道清水沟后没有行水。该备用流路南起黄河左岸罗家屋子闸，经河口区孤岛镇、仙河镇、刁口乡进入渤海，全长 54 km。从罗家屋子闸到九分场节制闸处为人工开挖河道，河宽 30～50 m；从九分场节制闸到入海口为原刁口河河道，河宽为 400～800 m。全河现有四个节制闸，三座拦河坝，两岸滩地主要生产玉米、棉花、豆类等经济作物。

4.1　刁口河流路河道测验体系建设背景

刁口河流路是国家规定的黄河近期备用流路和生态保护的重点区域，保护好这一流路非常紧迫且意义重大，但由于三十多年未启用，该流路河道多年没有行水而退化严重，一直没有详细的水文监测资料和研究成果，难以对该备用流路进行有效维护。为此，急需进行流路河道淤积测验体系建设，以配合黄河河口生态补水、黄河河口综合治理规划等工作的开展。

4.2　刁口河流路河道测验体系建设主要内容

4.2.1　基本控制点的布设

体系建设的主要内容是对刁口河流路左右岸均匀布设 GPS D 级点、GPS E 级点、三等水准点、四等水准点，即左岸布设 GPS D 级点、GPS E 级点；右岸布设 GPS D 级点、GPS E 级点。D 级点同时作为三等水准点使用，E 级点作为四等水准点使用。

控制点的埋设原则是桩点应稳固可靠、满足河道观测的需要。

4.2.2　控制点平高控制测量

2013 年 7 月对 GPS D 级点进行 D 级静态测量，对 GPS E 级点进行 E 级静态测量，静态测量仪器全部采用天宝 SPS882 和天宝 R8-3 施测；对三等水准点（D 级点）进行了三等水准联测，对四等水准点（E 级点）进行了四等水准联测，三等水准测量全部采用天宝电子水准仪施测，四等水准测量全部采用威尔特 NA2 施测，测定精度全部符合规范要求。

4.2.3　刁口河河道淤积监测断面布设

在刁口河罗家屋子闸至入海口 54 km 河段内，共布设了 25 个河道淤积监测断面，自上而下分别命名为刁 1～刁 25，平均断面间距 2.16 km。布设的断面以均匀分布为主，并兼顾了河道卡口处、扩散段、收缩段、弯曲河道弧顶等河道实际情况，断面方向与河道主流或河道等高线走向垂直，且相邻断面走向基本一致。

淤积监测断面没有埋设断面端点桩和断面标志杆，只进行了断面起终点坐标的确定。

4.2.4　刁口河断面本底测量

2013 年 8 月对刁 1～刁 25 共 25 个固定测验断面进行了本底测验，采用 GPS-RTK 方式进行测量，测量仪器采用天宝 SPS 和天宝 R8-3 施测，水道测量采用冲锋舟载人 GPS 定位、测深杆打深的方法施测，高程采用 1956 黄海高程，平面采用 1954 北京坐标系。

4.2.5　刁口河备用流路河势图测绘

在 2013 年调水调沙期间对刁口河流路的河势进行了测绘，测绘方式为 GPS 信标机测绘，测量河段长 54 km，主要施测了刁口河主河道的河势走向、水边线、汊沟、心滩、入海口门等内容。

4.2.6　刁口河流路口门附近海域水下地形测绘

2013 年 9 月开展了刁口河流路口门附近海域水下地形测绘工作。

刁口河流路口门地形测量包括：

(1)测区范围：刁口河老河口约 391 km^2 的范围及河口附近 24 km 左右的海岸演变监测。其中水下地形测绘约 391 km^2。

(2)测图比例尺：1∶10 000。

(3)水深测量：测线布设，垂直海岸线大约每 250 m 布设 1 条测线，共布设 81 条测线。测点间距为 50 m，前缘急坡区变化剧烈处适当加密测点。

(4)潮汐观测：为进行水深改正，测量期间设立 3 处验潮站，进行潮汐观测。

(5)控制测量：四等水准测定水尺零点高程。

(6)海底质取样：为了了解该海区泥沙输移及沉积情况，在水深测量的同时，于部分水深测线上采集底质泥沙样品，进行颗粒分析。取样测线每 1 km 布设 1 条，各取样断面采集 5～8 个泥沙样品，其分布为浅滩区 2～3 个，深水区 3～5 个。所有泥沙样品按照《泥沙颗粒分析规范》要求进行分析。

(7)海岸线监测：在水下地形测验期间，采用 GPS 信标机进行海岸蚀退监测。

4.3　刁口河流路河道测验体系建设实施情况

该项目自 2013 年 6 月 19 日开始进行 GPS 基点的制作，至 10 月 25 日完成项目的内业资料处理。共造埋并测设 D 级 GPS 基点 10 座、E 级 GPS 基点 20 座，施测三等水准 245.03 km、四等水准 177.13 km，测绘刁口河河段河势图 53 km，布设并施测河道监测断面 25 个共计 216.5 km，施测口门水下地形 391 km^2，共计施测测深断面 81 个，测线总长 1 774.1 km，施测高潮岸线 85 km。

4.4 主要成果

4.4.1 刁口河流路河道测验体系建设基点埋设

(1)GPS 网(基点)布设图。
(2)D 级 GPS 点点之记。
(3)E 级 GPS 点点之记。
(4)D、E 级 GPS 点成果表。
(5)三等水准路线图。
(6)四等水准路线图。
(7)三等水准点成果表。
(8)四等水准点成果表。

4.4.2 刁口河流路河道测验体系建设河势图测绘

刁口河流路河势图(1:50 000)。

4.4.3 刁口河流路河道测验体系建设本底断面测量

(1)刁口河流路淤积测验断面布设图。
(2)刁口河流路河道断面实测成果表。
(3)刁口河流路河道断面成果图。

4.4.4 刁口河流路河道淤积测验体系建设工程口门地形测量

(1)刁口河流路口门水下地形水深图。
(2)刁口河流路口门水下地形断面实测成果表。
(3)刁口河流路口门水下地形断面剖面图。
(4)刁口河流路口门水下地形海底质泥沙颗粒级配成果表。
(5)刁口河流路口门附近高潮岸线成果表。

第 5 章　河口其他监测

5.1　拦门沙监测

黄河水沙入海后遭遇底层潮流发生强劲切变,致使流速迅速降低,导致泥沙由近到外、由粗到细透过切变面迅速向下落淤,从而在口门生成泥沙堆积体,这就是拦门沙,它是黄河来水来沙和海洋动力共同作用的产物。随着黄河来水来沙的不断变化和海洋要素的变化,拦门沙也在不断发育变化。同时,由于河口拦门沙对黄河入海水流起到阻水和使水流分汊的作用,因此它的变化对河口的演变起着至关重要的作用。

据不完整资料统计,1984—2015 年共进行黄河河口拦门沙测验 24 次,其中较大规模的拦门沙测验有 6 次,分别是 1984 年 2 次,1987 年、1989 年、2002 年和 2004 年各 1 次,和有关单位合作进行的拦门沙测验有 18 次,在清水沟老河口进行的拦门沙测验 16 次,清水沟汊河新口门拦门沙测验 8 次。

5.1.1　测验范围

河口两侧各 10 km 范围内的浅水海区,自海岸向外延伸 15~25 km,河道内自拦门沙坡底开始,按河道中泓线、两侧水边 3 条线向上游测至清 7 断面,口外拦门沙中泓线测至 15 m 水深,测绘出河口两侧海岸形态。

5.1.2　测验内容

测深断面测量:在测区内垂直海岸线每 250 m 布设一条测线,共布设 81 个水下地形断面。断面测深点间距,附近海区每 250 m 一点,前缘急坡变化剧烈处适当加密测点;测量河道 3 条纵断面每 250 m 测量一点,地形转折变化处加密。

潮汐及水位观测:测量期间,在测验海区设立 3 个潮位站进行潮汐观测,在测量河道 3 条纵断面期间,在黄河河道内设立丁字路口、汊 1(清 8)及河口口门三处水位站并进行同步观测。

底质取样分析:在 1、11、…、81 等 9 个断面进行海底质取样,在河道主流线进行河床质取样,取样间隔 2.5 km,对海底质样品进行颗粒分析。

水深图编绘:根据拦门沙区水下地形测验资料,编绘拦门沙区水深图。

5.1.3　黄河口拦门沙形成机制和变化规律

为了探讨拦门沙的变化规律,分别在 2002 年和 2007 年进行了比较系统的分析研究,并得出各自的研究结论。

5.1.3.1　2002 年研究结论

（1）拦门沙是河口固有的一个地貌单元，黄河口拦门沙的消长受制于上游来水来沙及河口附近的海洋动力条件，拦门沙的位置随着河口的延伸不断外延，随着入海口门的变化不断形成新的拦门沙区。黄河口拦门沙的平面形态是形似蘑菇的成型堆积体，范围一般在 10~40 km^2，纵向长度为 3~7 km，横向宽度为 2~5 km。一般在汛期水沙充沛时发育充分，范围大，在非汛期或汛期水沙较小时，拦门沙发育较差，范围小。

（2）挟带大量泥沙的水流进入河口地区后，受到涨落潮和盐淡水混合的影响，入海水流的流速、流向、含沙量等水流结构都出现重要的变化，在河口拦门沙区，涨潮时因潮汐顶托流速减小，泥沙大量落淤，盐淡水混合对泥沙产生絮凝作用，使泥沙大量落淤。因此，水流结构的变化是形成河口拦门沙的重要原因，河口拦门沙对黄河入海水流起到阻水和使水流分汊的作用，对河口的稳定与否产生重要影响。

（3）黄河口盐水楔入侵的范围与黄河径流的大小有密切关系。黄河口径流大时，河口盐淡水混合属弱混合型，有明显层化现象，黄河口盐水楔入侵范围较小。黄河口径流较小时，盐淡水混合充分，盐水楔入侵距离远，河口断流时，海水入侵的范围还要加大。

（4）黄河入海泥沙的主要淤积部位位于河口拦门沙区及其以外的前缘急坡区，并且主要淤积区内存在一最大淤积中心，淤积强度沿淤积中心向四周依次递减，而且在河口附近，泥沙的横向淤积范围超过纵向淤积范围，不管入海水沙多少，拦门沙范围内都有一淤积中心，在入海水沙特别小的年份，淤积中心以外的范围可能发生冲刷。

5.1.3.2　2007 年研究结论

（1）现河口拦门沙经历了三个阶段，1996—2001 年为拦门沙初步形成期，由于没有持续的水源沙源，该阶段在口门外普遍淤积，拦门沙特征不明显；2001—2002 年由于水沙偏小，拦门沙没有得到发育，个别部位还在蚀退；2002 年以后，由于连续的调水调沙，使口门拦门沙得到了充分发育，其范围增大，中心淤积厚度增加，前沿纵比降增大。

（2）拦门沙的发育与口门的摆动有着密切的关系，口门的输水输沙使拦门沙得到充分发育，而发育的拦门沙又使口门流水不畅，流路延长，纵比降减小，从而使口门出汊摆动，新的口门就会形成新的拦门沙。

（3）拦门沙的发育需要具备三个条件，一是口门外合适的地形条件，这是基础；二是具备充足的沙源供给；三是合适的水量将泥沙输送至口门附近。

5.2　水沙因子监测

黄河河口变化，特别是河口拦门沙的变化，是黄河来水来沙和海洋动力要素共同作用的结果，其主要表现形式是流速、流向、水深、含沙量、含盐度、海底质组成以及各气象要素等水文泥沙因子的变化。进行水文泥沙因子同步观测的目的是通过对测验区域内各代表性测站各水文泥沙因子的同步观测，获取观测期间这些因子的同步变化数据，并根据这些数据的分析研究，获得整个测验区域的水文泥沙因子的变化规律，为研究黄河三角洲附近海区及黄河河口的变化，提供内在变化机制研究的数据。

此项工作开始于 1984 年，在“全国海岸带及滩涂调查”项目的资助下，首次对黄河口拦门沙区进行水文泥沙因子同步测验，该次观测在黄河清水沟流路清 7 以下以 2 km 间距布设了 8 个测站。拦门槛外垂直河流 2 个测站，分别于 5 月和 7 月进行了水深、流速、流向、含沙量、含盐度、河床质、透明度等泥沙因子的同步观测，5 月的同步观测时间为连续 3 昼夜，7 月的同步观测时间为连续 2 昼夜。工作结束后，河口水文实验站对测验数据进行了整理分析。

1987 年 9 月，黄河河口流路规划专项中，对黄河河口进行了水文泥沙因子同步观测，共设 10 个测站，分别在口门附近河道布设 8 个测站，口门外垂直河流布设 2 个测站，观测项目为水深、流速、流向、含沙量、含盐度、河床质、透明度等，观测时间为 9 月 10—13 日共 3 昼夜。本次测验测站位置采用 304-Ⅰ型无线电定位仪测定；流速流向采用水文绞车悬吊直读式流速流向仪施测；含沙量采用横式采样器取样，用置换法分析计算含沙量；泥沙颗分采用光电颗分仪；含盐度采用横式采样器取样，用盐度计分析含盐量。报告确认了河口拦门沙体的范围、在河流入海流量 1 000 m^3/s 下清水沟的潮流界和潮区界及含盐水流在河口的入侵范围等。

1989 年黄河水利委员会治黄基金项目"黄河河口拦门沙机制的研究"，于 1989 年 8 月 26—27 日进行了黄河河口区水文泥沙因子同步观测工作，布设 8 个观测站，其中清 10 断面至口门河道内布设 6 个测站，口门外垂直河流布设 2 个测站观测，测验历时 1 昼夜，观测项目为水深、流速、流向、含沙量、含盐度、河床质、透明度等。测验结束后，对测验资料进行了分析，最后编撰成《黄河口拦门沙区泥沙运动规律》。

1990 年以后，分别在 1992 年、1993 年、1994 年、1995 年和 2009 年进行了黄河河口地区的泥沙水沙因子同步观测，其观测站点的设置也因甲方的要求而有所变化，观测内容均为水深、流速、流向、含沙量、含盐度、河床质、透明度等。

水文泥沙因子同步观测提交的主要成果为：

(1)拦门沙区实测流速流向成果表。

(2)拦门沙区实测含沙量、含盐度成果表。

(3)拦门沙区泥沙颗粒级配成果表。

5.3　泥沙幺重监测

泥沙幺重是泥沙的重要参数，在黄河河口有完整资料记载，泥沙幺重测验有 2 次，分别在 1964 年和 2009 年。

2009 年 7 月，进行了黄河口附近泥沙幺重测验，测验范围为拦门沙区、入海沙嘴两侧的烂泥区，测验断面线布设在测区内，布设了 8 条断面线，每条线布置 8 个测验点，共布设 64 个测点。每测点要求测量泥沙容重，并取底层沙样。测验点使用 GPS 定位，泥沙容重使用 γ 射线仪现场测验，海底质沙样使用蚌式取样器采集，使用级配分析激光粒度仪。

提交测验成果如下：

(1)泥沙容重测验成果表。

(2)泥沙颗粒级配成果表。

5.4　瞬时水面线监测

为了进一步了解河口河段水面纵比降与河底纵比降的关系，为河口行洪推算提供分析数据，1990 年 10 月开始在河道统测的同时，进行利津以下河段的瞬时水面线观测，在利津水文站、一号坝水位站、西河口水位站、十八公里、丁字路、清 8 等位置设立临时水位站，同时观测水位，每次统测观测 3 次瞬时水位，点绘瞬时水面线。1996 年 5 月黄河调整规划北汊入海后，瞬时水面线的观测位置调整为利津水文站、一号坝水位站、西河口水位站、清 3、丁字路、汊 2 等位置（1995 年 9 月 1 日十八公里水位站停测）。

第 6 章　黄河河口测验技术的发展

黄河三角洲附近海区测验开始于 1959 年，根据黄河河口测验技术的发展情况，测点定位技术经历了传统测点定位技术、无线电微波定位技术和卫星定位技术，资料处理经历了手工计算、计算机辅助计算和计算机自动化处理三个阶段。

6.1　测深定位技术的发展

6.1.1　传统测点定位技术

传统的河口海区测验定位技术采用六分仪后方交会进行，1964 年进行设施整顿，在当时新河口附近 40 km 范围内布设测深断面，在岸边设立三角标和潮位站，以六分仪后方交会测定测点位置，使用测深仪测定水深。1973 年以前，除 1968 年和其他单位协作采用英制“哈菲克斯”无线电坐标仪定位，采用 LAZI17-CT3 型回声测深仪测深外，其余年份均采用高标，三标两角后方交会法定位，距海岸较远时以测船航速航向法粗定位置。

6.1.2　无线电微波定位技术

1968 年海区测验定位技术首次采用英制“哈菲克斯”无线电坐标仪定位，1973 年 8 月起，黄河海区测验测点定位开始采用无线电定位仪器，当时采用的是 CWCH-100D 型无线电定位仪。1982 年引进天津 304-Ⅰ型高精度无线电定位仪，该仪器需要在测区沿岸设置 5 m 定位精度，为了使用该定位仪，分别在沿岸的埕口、羊口、龙口设置岸台，在测验时船上需绘制专用双曲线，以实时确定测点位置。1989 年购进美国 UHF-547 三应答距离测量定位系统，测量误差最大 1 m，有效距离 120 km，该仪器只需要在岸上设置两个岸台，船上定位时不需要绘制专用双曲线图，仪器直接接收岸台发射的信号后，通过距离直接计算并显示测点坐标，而且随时显示偏航距，可以自动定时记录测点位置。

6.1.3　卫星定位技术的应用

海区测验在 1998 年开始采用卫星定位技术进行测点定位，当时采用的是 AG122GPS 信标机定位，该方法不需要设置岸台，直接接收国家沿海地区设立的 RBN/DGPS 基站发射的信标信号(单频发射制，播发差分修正信息)，通过计算机计算出测点位置并储存起来，实现了海上定位的全天候作业，并为计算机的应用提供了条件，该方法一直沿用至今。

6.1.4　测深技术的发展

在早期的黄河口海区测验中，水深测量采用的是测深杆、测深锤、测深仪(LAZI17-CT3 型回声测深仪)，后来随着测深技术的发展，逐渐废除了测深锤，直接采用测深仪进行水深测量,测深仪也逐渐换成了双频测深仪,测深精度也有一定的提高,但还一直停留在模拟测深时代,需要热敏纸打印水深过程线,并需要人工在其水深记录纸上摘录水深。

2012 年后逐渐采用数字测深技术进行海区测验,但由于海上作业环境恶劣,在风浪较大时数字测深的稳定性不好,所以目前生产上还是以模拟测深为主。

6.2　潮位观测技术的发展

潮位观测是海区测验中的一项重要内容,2012 年之前,一直采用直立水尺人工观读,潮位站一般设置在入海河流或潮沟的口门附近,打入木桩,钉上水尺板,引测水尺零点高程,租用渔船专人负责测验期间的潮位观测。2011 年水文水资源工程项目,在沿海岸一零六、东营港、孤东、截流沟 4 处建设自记潮水位遥测系统,采用 HW-1000 非接触式水位计探头和发射端机、无线 GSM 通信传输方式进行数据传输,在东营黄河口水文水资源勘测局设置接收终端。

6.3　数据处理技术的发展

受外业测验技术的限制,黄河河口海区测验的资料处理手段一直停留在手工计算上,手工计算劳动强度大,出错率高,成果格式不一致。

20 世纪 90 年代,尝试利用计算机技术参与海区资料的整理,到 1999 年基本实现了除潮位计算、水深摘录、潮汐改正曲线绘制外的所有资料整理计算的计算机处理,其成果也由计算机统一打印。

6.4　河口测验自动化测验技术的发展

随着测绘技术的进一步发展,特别是随着海洋测绘导航技术和数字测深的发展,2000 年开始使用信标机+数字化测深仪+计算机联机采集数据系统进行海区测验的外业测验,该技术利用信标机、测深仪,并通过海洋导航软件与计算机相连,实现了海区测验中测点数据自动采集,缩短了外业工作时间,提高了作业质量。

21 世纪进入信息化时代,测绘技术在其中起到了不可或缺的作用,随着 GNSS 的进一步发展和地理信息处理技术和管理技术的提升,以 GNSS 技术进行数据采集、以计算机技术进行数据处理和管理、以网络技术进行信息传输的测验模式,基本实现了数据采集、数据处理以及成果管理的自动化。对于海区测验来说,GNSS 数据采集的应用主要是利用 GNSS-RTK 和测深仪的联合应用来实时施测海底测点的三维坐标。该方法通过岸边的基准站与测船上的流动站之间的差分,可以不用观测潮水位而直接测得海底测点的三维坐标,称为无验潮测验技术,数据处理一般也利用 GNSS 的随机软件来进行处理。该技术由于需要进行基站与流动站之间的数据传输,受传输距离的限制,一般测验范围为距离海岸 15 km 以内。

黄河三角洲附近海区范围约为 14 000 km^2,距离海岸最远点在 90 km 处,用 GNSS-

RTK 模式的无验潮技术是无法满足要求的。如果以 GNSS 动态后处理和 EGM2008 地球重力模型为技术核心,配合数字测深进行海区测验测点三维坐标的测定,即直接通过 GNSS 测得测点天线高程,通过量测天线高和测深仪测得的水深直接确定测点的海底高程,从而取代利用潮位改正计算海底高程的传统办法,就可以满足测点三维坐标的测定,为了有别于传统的 GNSS-RTK 海区测验的无验潮测验技术,把这种方法叫大范围海区无验潮模式。继续利用此技术进行下垫面条件困难地区的高程传递研究,从而解决汊沟、稀泥滩及沼泽较多的潮间带地区的高程传递问题。通过编制数据处理系统进行海区测验数据处理,从而实现海区测验从外业数据采集到内业数据处理以及成果管理的现代化。

该项技术研究分三个阶段,即精度试验阶段、原型观测试验阶段、比测试验阶段,分别进行了外业数据采集、数据处理及数据分析,并对该方法的误差来源和减小误差的措施进行了分析。

6.4.1　外业数据采集

6.4.1.1　外业精度试验数据采集

精度试验数据采集的目的是通过对已知点和 GNSS-RTK 测点的 GNSS 静态数据的后处理和 EGM2008 地球重力模型的解算,获得三维坐标和已知数据进行比较,得出无验潮模式测验结果的精度,确定该方法在精度方面是否符合海区测验的要求。

本阶段试验包括三项内容:第一,通过对济南至滨州河段 126 km 距离内 21 个已知控制点的 EGM2008 地球重力模型解算,来分析该模型的实际解算精度;第二,在黄河河口附近选择控制点和试验区段,设置 1 个移动站和 5 个基准站,分别采取基站静态数据、Infill 模式数据和 RTK 数据,并进行数据处理;第三,对试验数据进行综合分析,以 GNSS-RTK 方式测得的测点位置和高程为标准值,计算不同基线长度下的成果精度,从而得出该测验模式的测验成果在黄河河口地区的误差。

1. 试验仪器

试验选取 5 台天宝 R8 GNSS 双星系统接收机作为静态观测基站,1 台天宝 R8 GNSS 双星系统接收机作为移动站进行观察。6 台接收机均由 TSC3 手簿启动,观测数据记录在接收机中。观测单个,时段长不低于 3 h。

2. 控制点的选择

选取的 5 台基站分别位于黄河下游左岸大堤上,选点原则为:基站点间隔 20 km 左右,大致呈直线分布,要求观测条件良好,基础稳定,无障碍物和高冠树木遮挡,卫星通信畅通,1 号基站电台通信条件良好,5 个控制点必须有同网平差的坐标数据,基站布设位置如图 6-1 所示。

基于这一选点原则,选取了黄河下游左岸大堤上的后张庄(HZZ10L0)、北河套(BHTL0)、张桥(ZQ10L1)、莫家(MJ10LBM1)、五甲杨(WUJY10L0)5 个控制点作为基站点,基站位置见表 6-1。其中,后张庄(HZZ10L0)作为 1 号基站点,每个基准站由专人值守。移动站设定在 1 号基准站附近。试验控制网如图 6-2 所示。

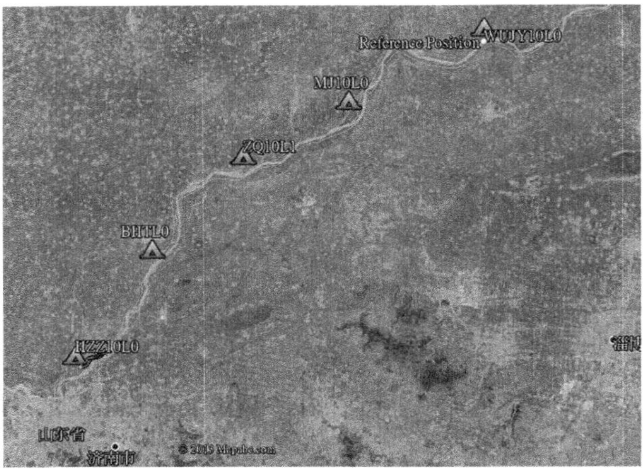

图 6-1　基站布设位置

表 6-1　基站位置

序号	断面名称	设站点	大堤桩号	距 1 号基站距离/km
1	后张庄	HZZ10L0	142 km+450 m	0
2	北河套	BHTL0	167 km+900 m	22. 36
3	张桥	ZQ10L1	194 km+650 m	44. 36
4	莫家	MJ10LBM1	218 km+690 m	63. 36
5	五甲杨	WUJY10L0	251 km+950 m	88. 76
6	移动站		后张庄附近	0~5

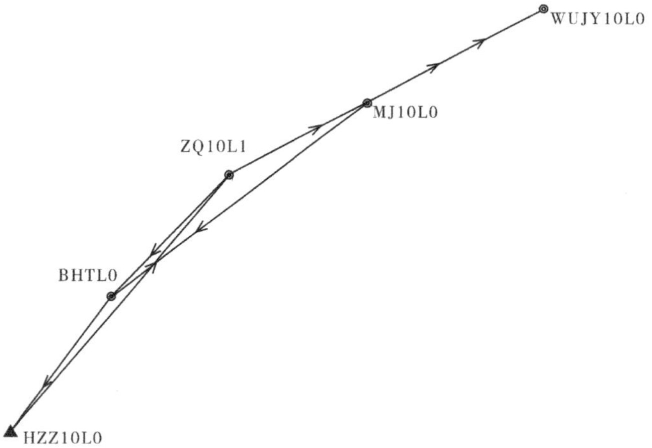

图 6-2　试验控制网

3. 外业试验

5 台基站到位后用三角架安置仪器,利用基座脚螺旋使圆水准气泡严格居中,天线与基点标示中心严格对中,对中误差小于3 mm。天线高应准确测量,观测前后应各测量一次天线高,两次量高之差不能大于3 mm,取平均值作为最终天线高,若前后互差超限应重新设置基站。天线类型统一采用天宝R8 GNSS,量高工具采用天宝折尺,量高位置至天线护圈中心。

测量数据要求统一记录存储至接收机,记录间隔设置为1 s,卫星截止高度角为15°,2、3、4、5号基站由手簿开机启动,采用普通静态模式测量,测量时段定为3 h,仪器电源由内置锂电池供电。1号基站由手簿开机启动,用RTK&infill模式测量,测量时段定为3 h,其中RTK模式在1954北京坐标系统下启动,利用外置电台发射无线电信号,由外置电源为电台供电。移动站安置在丰田汉兰达汽车上(代替测船),仪器高设定为2 m,在5台基准站静态观测2.5 h后启动,采用RTK&infill模式测量,在1号基站附近5 km范围内连续观测0.5 h,并在已知点上进行校桩。

6.4.1.2 原型观测试验数据采集

原型观测的目的是验证该方法在海区测验中连接测深仪后的适用性和精度。其主要内容为利用最新的GNSS控制点作为基站,在船上设置流动站,GNSS天线连接到测深仪探头,同时采集GNSS静态数据和测深仪水深数据,进而利用动态后处理技术和EGM2008地球重力模型对这些数据进行处理,从而获得试验结果,以验证无验潮模式测验技术可行性以及试验成果的稳定性。

1. 试验区域及基站的选择

为了证实在整个测区的适用性,分别在黄河口以南莱州湾海区、黄河口以北孤东海区以及刁口河河口三处布设试验断面,同时为了更好地利用历史资料进行试验数据的分析,在选取试验断面时选择与黄河三角洲附近海区水下地形测绘项目重合的测线,测线分别是位于莱州湾的108线、110线和112线,位于黄河口以北孤东海区的49线、51线以及位于刁口河河口附近的19线、20线。

根据试验断面的分布,选取国家D级GNSS控制点桩羊030、桩羊121、桩西12、桩西14、新桩068、新桩085为基准点,其中莱州湾的108线、110线和112线使用桩羊030、桩羊121作为基准站,孤东海区的49线、51线以桩西12、桩西14作为基准站,刁口河附近的19线、20线以新桩068和新桩085作为基准站。测线及基站准布设见图6-3。

2. 试验仪器选择

试验选用常规测验仪器,信标机选用美国Trimble公司的SPS351,测深仪选择美国SyQwest公司的Bathy-500MF多频回声测深仪,GNSS选择TrimbleR8,导航软件选择中海达Haida海洋导航软件和美国Trimble公司的Hydropro,姿态修正仪选择瑞典SMC公司研制的SMCS-108型船用姿态仪。

3. 测深仪改正数测定

测深仪改正数包括仪器转速改正数、声速改正数、吃水改正数(静态和动态吃水改正数的代数和)以及换能器基线改正数,总改正数等于这些改正数的总和。其中,动态吃水改正数需要通过专门检测来确定,其他的改正数可以通过校对法一并求得。动态吃水的测定方法为:高低平潮时,在测定海区抛一浮标,船停于浮标旁,用测深仪精确测定水深。然后船以各种速度通过浮标同一位置,再测量水深,两个水深的差就是测船在某一航速时

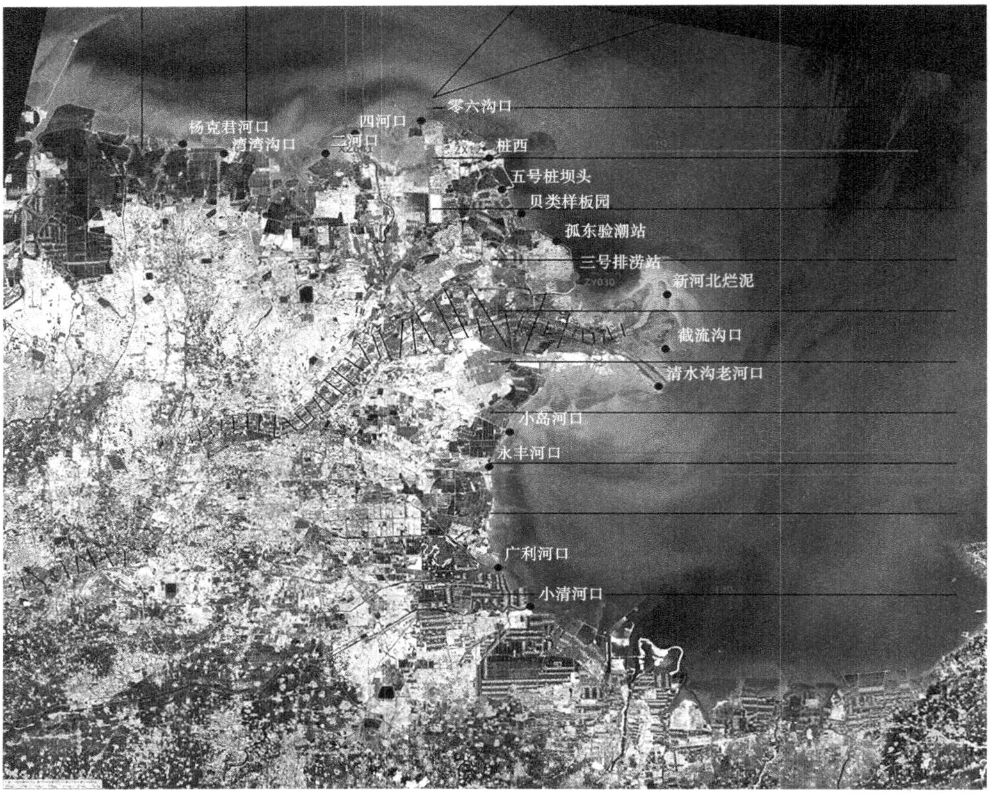

图 6-3　测线及基站准布设

的动态吃水改正数。

由于试验中测船基本为匀速行驶，经测定该测船的动态吃水为 0.10 m。

4. 外业试验

外业试验租用渔船作为试验船只，船长 35 m、船宽 7 m，在中小风时船只比较稳定，有利于海上的数据采集。

海上采集数据前，在选好的基准点上安置 GNSS 接收机，并设置按照静态模式进行数据采集接收，在测船移动站上安装 GNSS 天线架，并将信标机天线、GNSS R8 天线以及 GNSS R10 天线安装在天线放置盘上，将信标机、测深仪、GNSS 连接并开机试运行，半小时后上线同步采集数据，同时观测天气情况，记录风向、风速等气象指标。

6.4.1.3　比测试验数据采集

比测试验的目的是通过大范围无验潮测验模式和传统测验方法同步进行观测，将两种方法的观测结果进行比较，分析两种测验方法观测结果的关系，为历史资料与将来观测资料的一致性和连续性提供数据。

对比观测仍然采用原型观测试验的仪器设备、基站和试验范围。试验前，在试验断面附近设置岸边潮位站，采用水尺桩人工观测潮位，四等水准引测水尺高程，连续观测时间不少于 3 昼夜。对比观测试验潮位站、基站及测船流动站布置关系如图 6-4 所示。

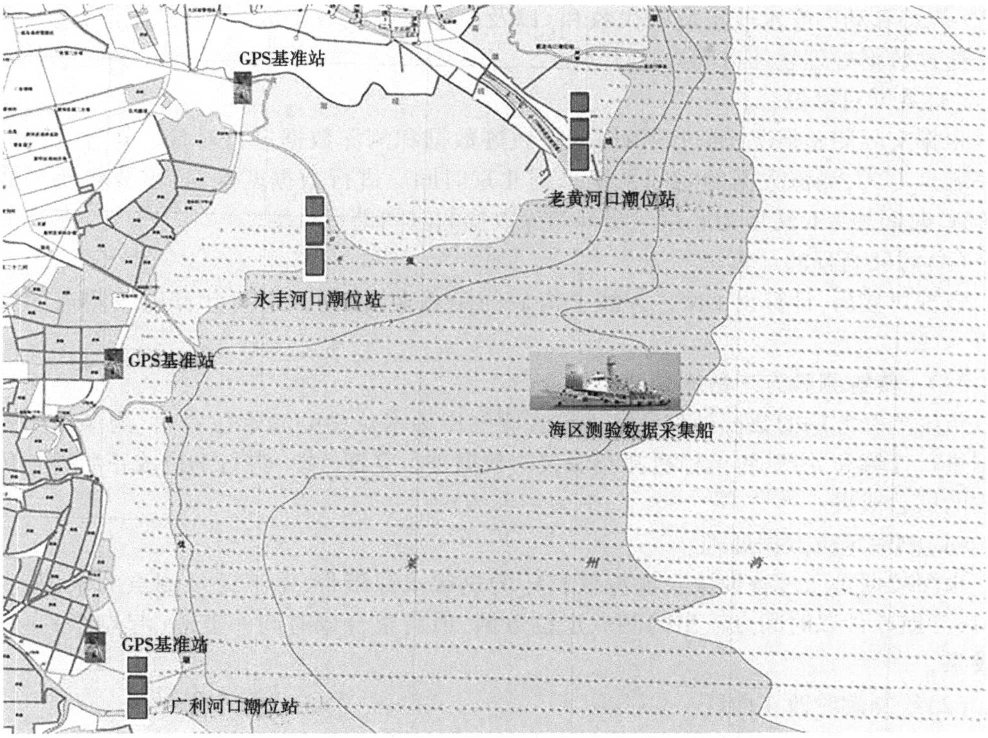

图 6-4　对比观测试验潮位站、基站及测船流动布置关系

6.4.2　数据处理

数据处理包括精度试验数据处理、大范围无验潮测验模式数据处理和传统方法数据处理。

6.4.2.1　精度试验数据处理

外业测验任务完成后，将接收机中的数据导出并转换为 Rinex 通用格式，对天线高进行改正并对原始数据检校无误后，导入 TBC 软件进行数据处理，在利用 TBC 软件进行处理过程中采用精密星历，分别利用 5 个参考站对车载移动站的 GNSS 数据进行动态差分后处理，并利用 EGM2008 地球重力模型对处理结果进行改正。

通过对试验数据的处理，得到相对于不同基线长度解算的 5 套车载流动站测点三维坐标数据和 1 套车载流动站的 GNSS-RTK 解算成果。

6.4.2.2　大范围海区无验潮测验模式数据处理

大范围海区无验潮测验模式数据处理包括 GNSS 数据的动态后处理、测深仪的水深数据处理、数据对接拟合和成果输出。

(1) GNSS 数据动态后处理。

处理方法同精度试验数据处理，从而得到测船移动站 GNSS 天线的运动轨迹数据。

(2) 测深仪的水深数据处理。

测深数据处理包括测深仪原始测深数据导出，测深仪水深改正[声速改正数、吃水改正数(静态和动态吃水改正数的代数和)以及换能器基线改正数]和姿态改正,这些改正都是通过数据处理软件自动进行计算的。

(3)数据对接拟合。

根据实际测验情况,通过观测时间将轨迹数据和测深数据进行对接。轨迹数据的时间系统是 UTC,测深数据的时间系统采用北京时间。进行数据匹配时,需要将轨迹数据的 UTC 时间加 8 h 转换为北京时间与测深数据的时间进行对接。

(4)海底高程的计算。

数据对接后,计算出 GNSS 天线至海底的距离,并根据该距离计算出该测点的海底高程。

6.4.2.3　传统测验方法数据处理

传统测验方法的数据处理是将人工观测的岸边水位站的潮水位资料、测深仪的测深数据进行计算和处理,将信标机和测深仪的数据进行整理,统一进行潮位改正后得到传统方法的试验成果。

(1)测深定位数据处理。

水深数据是通过查询摘录测深仪打印的热敏水深纸带、手工记录测点的水深、利用 Haida 导航软件以时间点输出的测点定位数据,最后整合成时间—坐标(起点距)—水深的成果。

(2)绘制潮汐改正曲线。

根据岸边潮位站观测的各时间点的水尺读数计算出潮位,按照时间—潮位关系绘制潮汐改正曲线。

(3)水深改正。

水深改正包括潮位改正和动态吃水改正。潮位改正按照潮汐改正曲线上不同时间的潮位改正值来查算该点的潮位改正数。传统方法只使用岸边潮位站的潮汐改正曲线来改算。动态吃水改正按照 0.10 m 计算。

(4)编制成果表、绘制试验断面图。

根据以上经过改正的数据,编制传统方法的试验成果表,并根据该成果表绘制试验断面图。

6.4.3　试验情况说明

大范围海区无验潮模式测验技术经过了精度试验、原型观测试验和对比试验三个阶段,分别使用了车载流动站、租用渔民小船、黄测 110 以及租用较大渔船,共获得试验数据约 12 万组,其中精度试验数据 3 万多组,原型观测试验 4 万多组,比测试验 4 万多组,取得了丰富的试验资料。

试验中,均选择天气情况较好的日期进行试验,但在孤东海域试验 49、51 测线时,试验进行 2 h 后,海上突然起风,风力达到 5 级以上,当时水深在 16 m 左右,又因为租用的渔船较小,致使测船姿态发生大幅度变化,测深仪换能器多次露出水面,从而造成试验数据稳定性较差,数据剔除率超过 50%。

6.4.4　试验资料分析

根据项目的外业试验数据情况,将从数据质量和对比观测精度两个方面进行数据分析。

6.4.4.1　试验数据质量分析

试验数据的质量将从试验数据的剔除率、试验数据的稳定性以及同测点或相同试验断面试验结果的对比来进行分析。

1. 试验数据剔除率

大范围海区无验潮模式测验精度受到各种因素的影响,如电离层、附近高压线发射塔对卫星信号的干扰、大面积水域的多路径效应、周围建筑物和高杆植被对卫星信号的遮挡、海浪及发动机噪声、水下气泡对测深仪的影响等,这些因素的存在,使试验数据存在一定的不确定性,从而使采集到的一部分试验数据出现异常。在进行数据处理时,需要把这些异常数据剔除,剔除数据量占整个试验数据的比率就是数据剔除率,这个指标在一定程度上反映了试验数据的质量。

从表 6-2 中可以看出,该剔除率是 GNSS 数据和测深仪数据合并后的剔除率。因此,在进行的 12 次试验中,一次试验数据剔除率超过 50%,三次试验数据剔除率超过了 10%,其余 8 次数据剔除率皆在 3.5%以内。

表 6-2　试验数据剔除率

试验时间(年-月-日)	试验地点	数据剔除率/%	风向	风力
2013-08	济南至滨州	0.5	南风	1
2015-06-03	49、51 线	55.6	西南风	2~8
2016-06-22	108 线	1.5	东南风	1~3
	110 线	3.0	东南风	2~4
2016-06-26	108 线	3.5	西南风	2~5
	110 线	11.4	西南风	2~6
2016-09-25	108 线	2.6	东风	2~3
	110 线	2.0	东风	2~3
2016-08-18	19 线	0.7	东南风	1~3
	20 线	2.4	东南风	2~4
2017-06-09	19 线	10.3	西南风	2~6
	20 线	12.8	西南风	2~6

通过对表 6-2 的分析可以看出，2015 年 6 月 3 日的试验由于风力较大，致使数据剔除率达到 55.6%，该测次试验数据应为不合格数据，其余测次试验的数据合格，特别是剔除率小于 3.5%的 8 次试验的数据质量非常高。同时也可以看出，海上风力对试验数据质量的影响很大，风力越大，剔除率越高。

2. 试验数据稳定性分析

利用陆地试验数据在 1954 北京坐标系以及 1956 黄海高程基准下进行数据稳定性分析，首先利用数理统计理论，计算同测点不同基线长度间点位数据互差的分布，分析试验数据的偶然性；再利用同测点不同基线长度间点位数据互差的中误差、平均误差、最大互差的变化，分析试验数据的稳定性。

1）精度试验阶段数据的稳定性分析

利用同测点不同基线长度测点的 H、X、Y 数据分别计算它们的互差，得到了 10 890×3 组互差数据，利用数理统计原理，对这些互差进行了分析。

图 6-5(a)、图 6-5(b)、图 6-5(c)分别是 1954 北京坐标系 H、X、Y 坐标误差分布图。

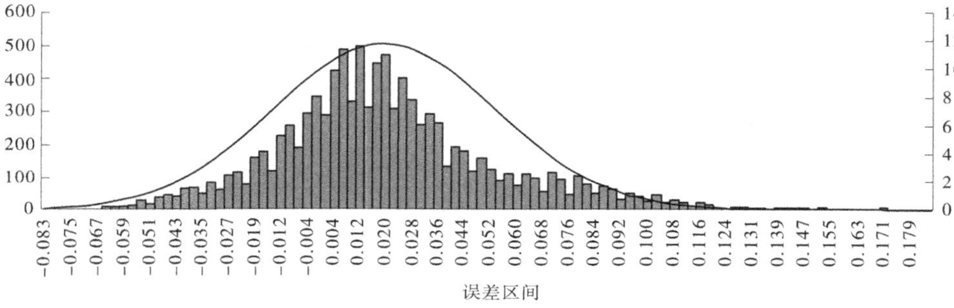

(a)1954北京坐标系 H 坐标误差分布

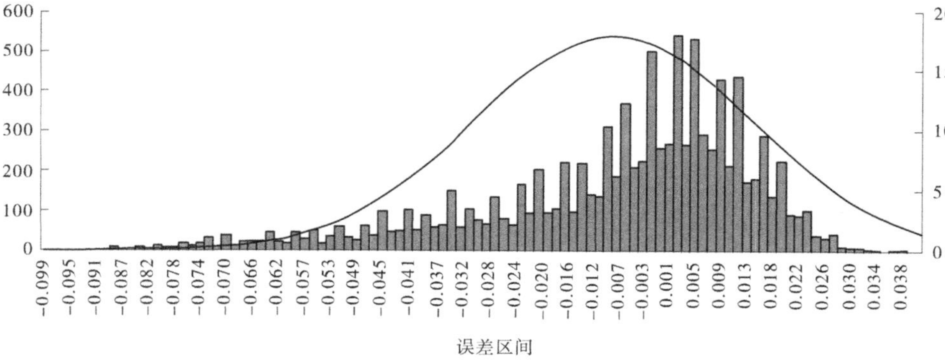

(b)1954北京坐标系 X 坐标误差分布

图 6-5　1954 北京坐标系下的坐标误差分布情况

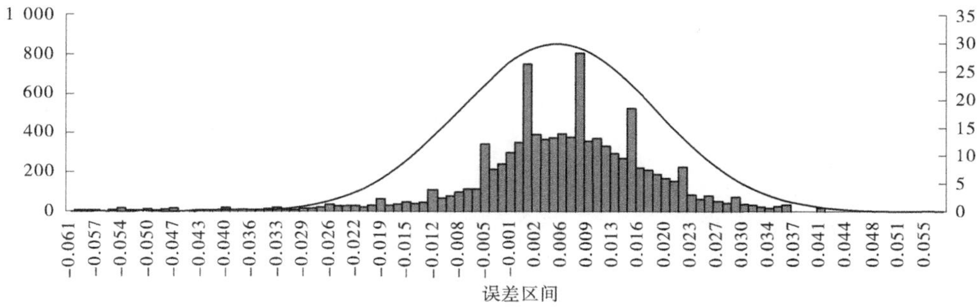

(c)1954北京坐标系 Y 坐标误差分布

续图 6-5

从图 6-5 可以看出，它们的误差分布也基本属于正态分布，属于偶然数据的范畴。H、X、Y 分布曲线的峰值分别为 0.012 m、0.002 m、0.008 m，偏态值较小。

表 6-3 计算了各组数据的误差参数，从表中可以看出，在 1954 北京坐标系下，高程 H、X、Y 坐标的中误差均在±0.026 m 以内，误差平均值在 0.029 m 以内，95%置信区间为 -0.059～0.094 m，该观测数据也是一组稳定的数据。

表 6-3　1954 北京坐标系数据解算误差参数

项目	1956 黄海高程 H			X 坐标			Y 坐标		
	平均	最大	中误差	平均	最大	中误差	平均	最大	中误差
互差值	0.029	0.184	±0.026	0.017	0.099	±0.017	0.010	0.061	±0.009
95%置信区间	-0.041～0.094			-0.059～0.023			-0.022～0.031		

通过以上分析可以看出，在陆地上进行试验时，经过转换的 1954 北京坐标系的平面数据以及经过 EGM2008 重力模型改正的 1956 黄海高程数据，都是一个稳定的数据序列，其 95%置信区间为-0.063～0.094 m，同时其误差具有偶然误差的特性。

2）原型观测数据稳定性分析

原型观测试验数据的稳定性分析是通过同断面同测次不同基站之间的数据差异、同断面同基站不同测次之间的数据差异进行分析的。

在南部莱州湾海域测深断面 108、110 线共试验了 3 次，岸边基准站分别是桩羊 030（ZY030）、桩羊 121（ZY121）；在刁口河海域测深断面 19、20 线共试验了 2 次，基站为新桩 068（XZ068）和新桩 085（XZ085）。

在黄河口北部孤东海域进行的 49、51 线因风大环境恶劣，数据剔除率太高，在此不进行分析。

（1）相同测次不同基站试验断面数据分析。

图 6-6 和图 6-7 为不同基准站解算的测线 108 线和 110 线的断面比较，图 6-8（a）、图 6-8（b）分别为 19 线、20 线的断面比较。

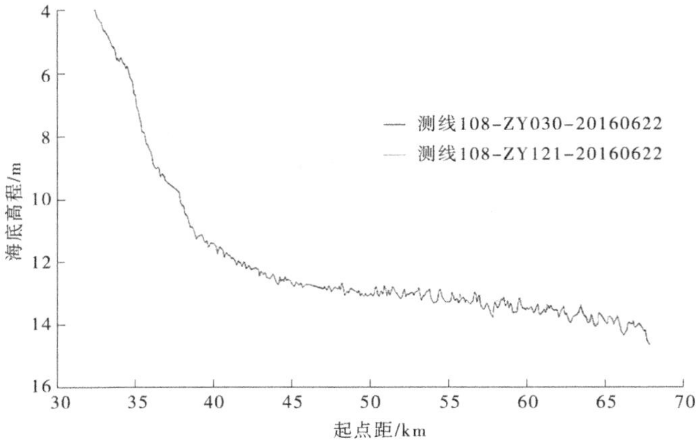

(a)2016年6月22日不同基站解算的测线108的断面比较

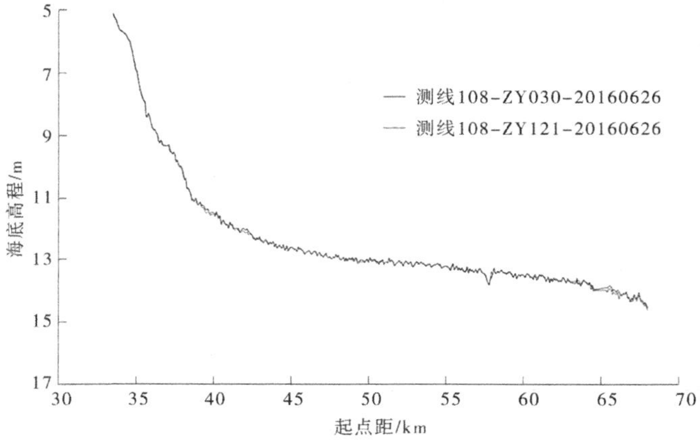

(b)2016年6月26日不同基站解算的测线108的断面比较

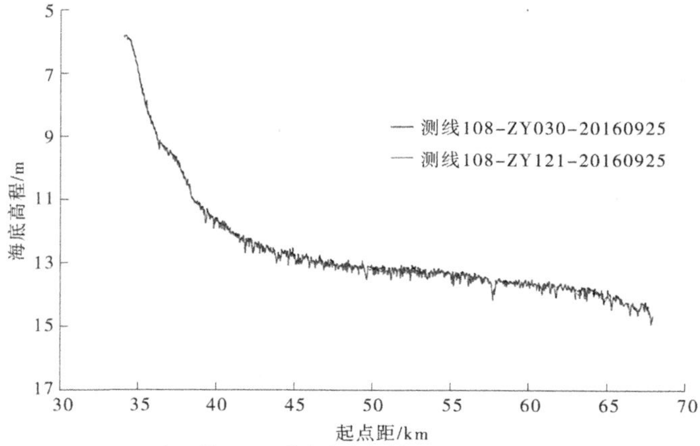

(c)2016年9月25日不同基站解算的测线108的断面比较

图 6-6　不同基站解算的测线 108 的断面比较

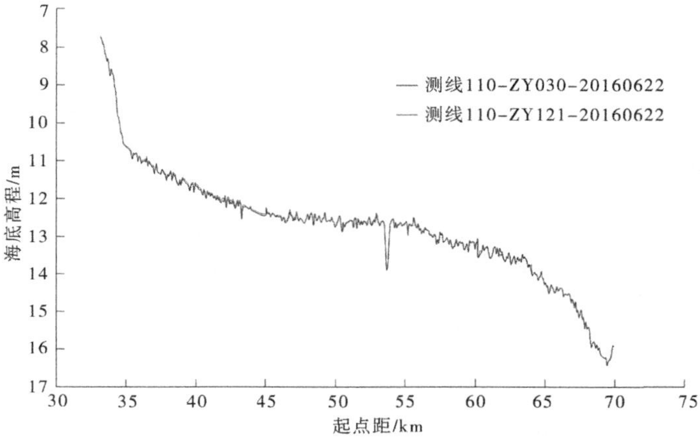

(a)2016年6月22日不同基站解算的测线110的断面比较

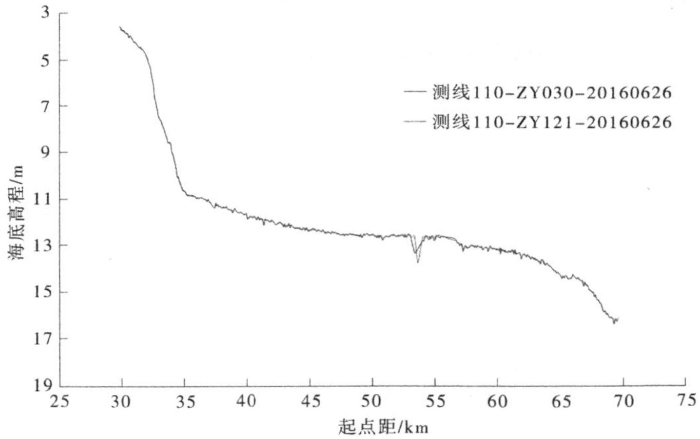

(b)2016年6月26日不同基站解算的测线110的断面比较

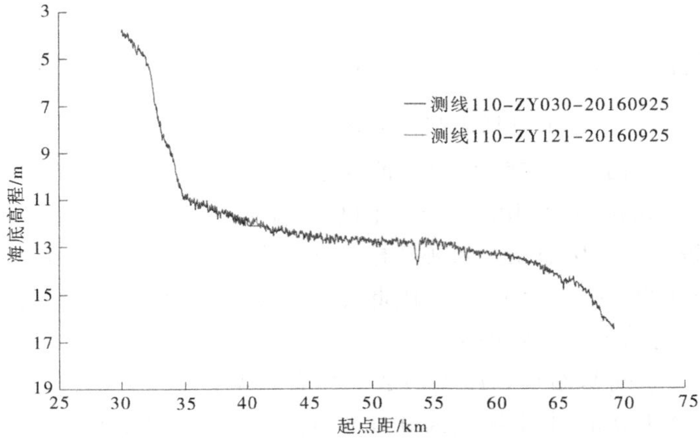

(c)2016年9月25日不同基站解算的测线110的断面比较

图 6-7　不同基站解算的测线 110 的断面比较

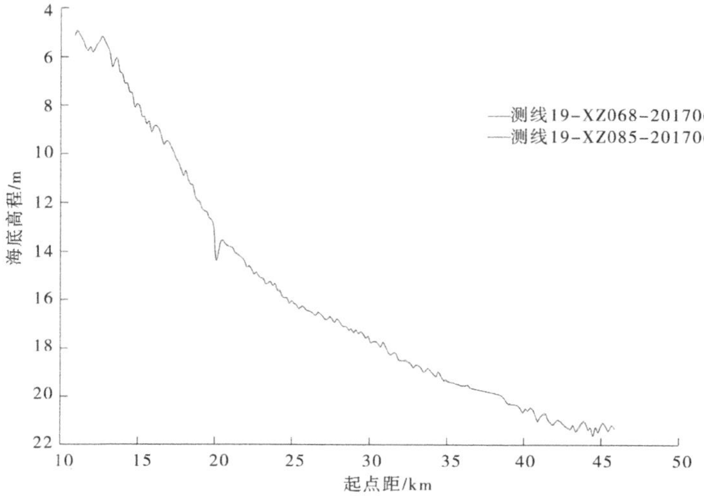

(a)不同基站解算的测线19的断面比较

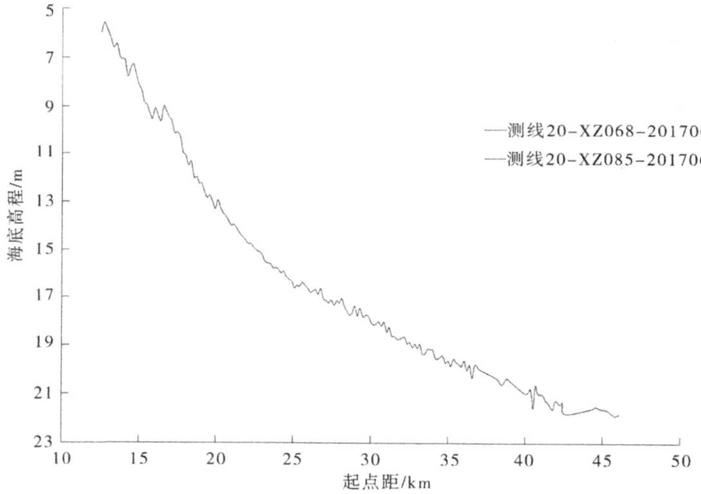

(b)不同基站解算的测线20的断面比较

图 6-8　不同基站解算的测线 19、20 的断面比较

从图 6-6~图 6-8 可以看出,相同测次不同基站解算的数据反应在测深断面图上趋势一致,数据吻合性较好。虽然流动站轨迹数据为同一套试验数据,但是由于基站同步独立接收卫星数据时受到的干扰因素不一致,因此在进行基线解算时也会出现不同的结果,但从它们的变化趋势看,结果的差异很小。

表 6-4 为同测次不同基站解算误差参数。从表 6-4 中可以看出,不同基站解算的相同测点误差最大为 0. 150 m,平均误差为 0. 026 m,中误差为±0. 020 m,其中 95%的数据误差集中在-0. 050~0. 050 m,与零水深线计算出的面积相对误差在 0. 12%左右。

表 6-4　相同测次不同基站数据解算误差参数

测线	时间（年-月-日）	基站	误差/m			95%置信区间	面积差/m²	面积相对误差/%
			最大值	平均值	中误差			
108	2016-06-22	ZY030 ZY121	0. 080	0. 017	±0. 015	-0. 040~0. 040	104. 1	0. 03
108	2016-06-26	ZY030 ZY121	0. 120	0. 028	±0. 025	-0. 080~0. 060	246. 2	0. 06
108	2016-09-25	ZY030 ZY121	0. 150	0. 045	±0. 024	-0. 090~0. 020	1 408. 5	0. 34
110	2016-06-22	ZY030 ZY121	0. 090	0. 023	±0. 018	-0. 020~0. 060	546. 6	0. 13
110	2016-06-26	ZY030 ZY121	0. 140	0. 024	±0. 019	-0. 040~0. 060	449. 1	0. 11
110	2016-09-25	ZY030 ZY121	0. 150	0. 029	±0. 025	-0. 050~0. 080	775. 2	0. 19
19	2017-06-09	XZ068 XZ085	0. 090	0. 022	±0. 017	-0. 040~0. 050	123. 0	0. 03
20	2017-06-09	XZ068 XZ085	0. 080	0. 021	±0. 015	-0. 040~0. 040	159. 2	0. 03
综合			0. 150	0. 026	±0. 020	-0. 050~0. 050		0. 12

从该误差分析说明，不同的基准站对试验结果有一定的影响，但其影响很小，进而说明该试验数据是稳定可靠的。

（2）相同基站不同测次的数据分析。

相同基站不同测次试验数据的分析是利用同一基站对同一试验断面进行多次观测，通过该基站的解算得到各测次的试验成果，在相隔不长的时间内进行同一断面的试验，其成果应该是一致的。

图 6-9 和图 6-10 分别是相同基准站不同测次的测线 108、110 的断面比较，图 6-11 和图 6-12 分别是相同基准站不同测次的测线 19、20 的断面比较。

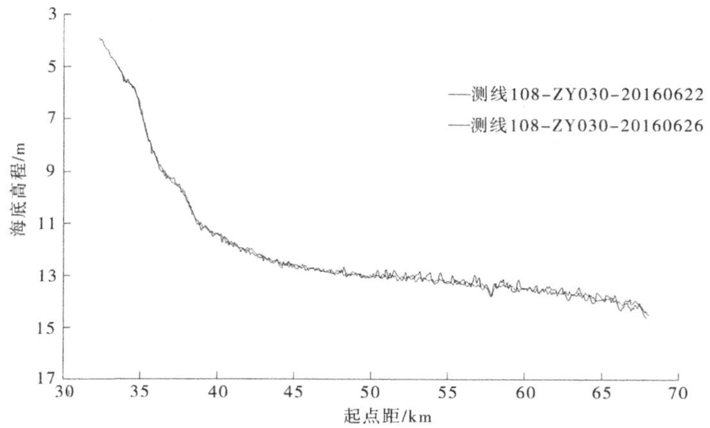

(a)ZY030解算的不同测次的测线108的断面比较

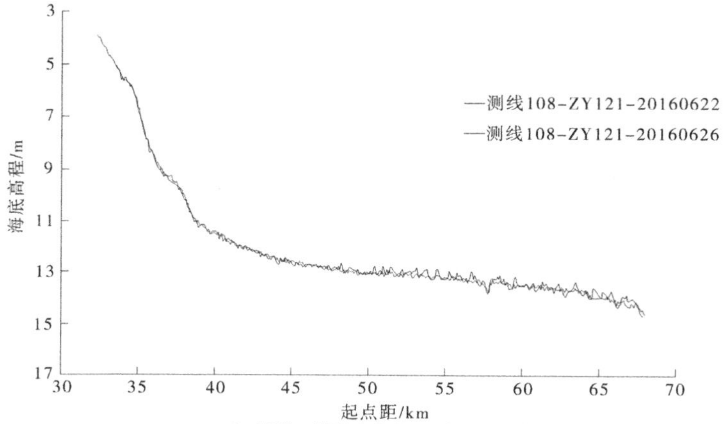

(b)ZY121解算的不同测次的测线108的断面比较

图 6-9　相同基准站不同测次的测线 108 的断面比较

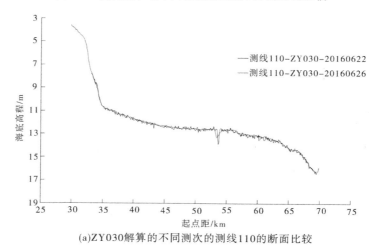

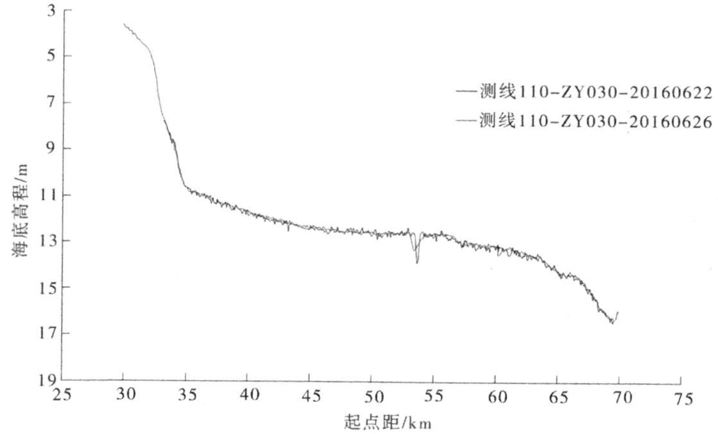

(a)ZY030解算的不同测次的测线110的断面比较

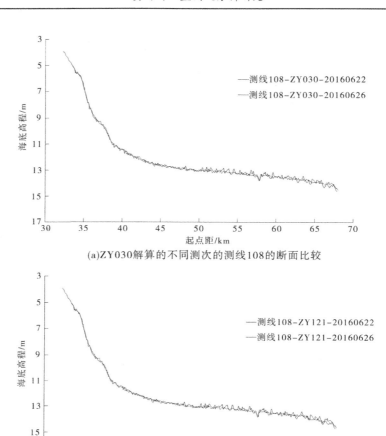

图 6-10　相同基准站不同测次的测线 110 的断面比较

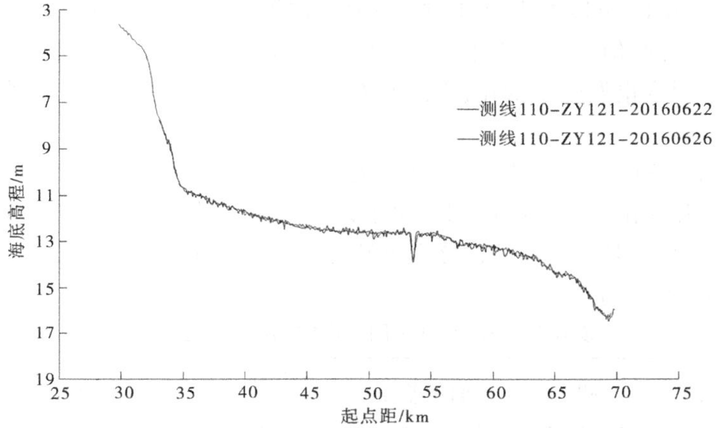

(b)ZY121解算的不同测次的测线110的断面比较

续图 6-10

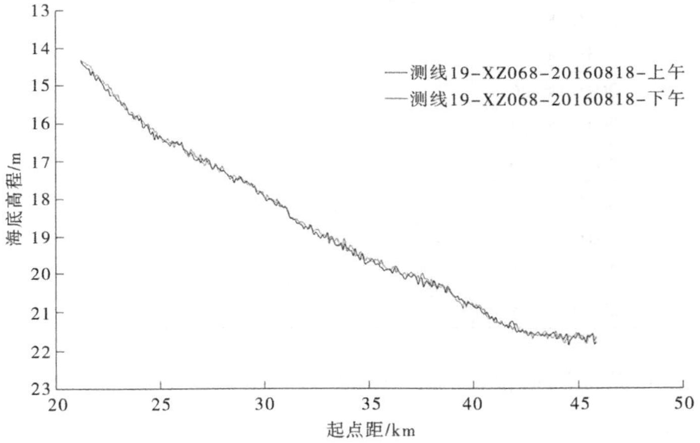

图 6-11　XZ068 解算的不同时间段的测线 19 的断面比较

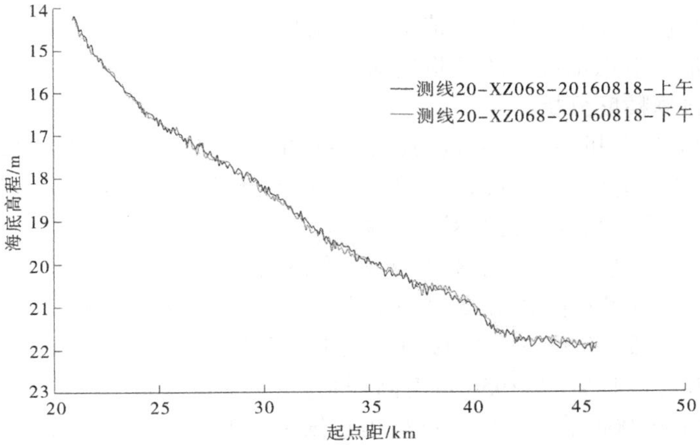

图 6-12　XZ068 解算的不同时间段的测线 20 的断面比较

从图 6-9~图 6-12 可以看出，相同基准站解算的不同测次之间的结果，在断面图上看其趋势是基本一致的，但由于是在不同的时间施测，时间相隔几天，海底地形发生了变化，影响试验的各个因素也发生了变化，因此断面图并不重合，而是在趋势一致的情况下有一定的差别。

由于相同基站不同测次的测点不一致，无法计算测点之间的误差，因此从 0 线以下各试验断面的面积和该试验海域的体积变化来计算其误差的大小(见表 6-5)。从表 6-5 可以看出，试验断面相同基站不同测次之间面积相对误差为 0.01%~0.69%，断面间体积相对误差为 0.03%~0.36%。

表 6-5　相同基站不同测次数据解算误差参数

基站	测线	测次	面积差/m^2	面积相对误差/%	体积误差/$\times10^8 m^3$	体积相对误差/%
ZY030	108	2016-06-22	2 486.1	0.61	0.05	0.03
		2016-06-26				
	110	2016-06-22	40.6	0.01		
		2016-06-26				
ZY121	108	2016-06-22	2 836.1	0.69	0.06	0.36
		2016-06-26				
	110	2016-06-22	138.1	0.13		
		2016-06-26				
XZ068	19	2016-08-18	123.7	0.03	0.01	0.07
		2016-08-18				
	20	2016-08-18	567.5	0.12		
		2016-08-18				

影响断面面积互差的因素很多，除了试验方法和操作影响，还与测点的位置以及测船航行的上线精度有关。

通过对原型观测试验数据的稳定性分析，发现影响数据稳定的因素很多。其中，偶然因素居多，误差分布也以偶然误差为主，同断面不同测次面积相对误差不超过 0.70%，体积相对误差不超过 0.36%。因此，大范围海区无验潮模式测验技术的测验数据自身具有较高的稳定性，是一组稳定可靠的试验数据。

6.4.4.2　试验数据精度分析

试验数据的对比分析主要是通过与已知数据的高程对比、与同步 GNSS-RTK 数据的对比分析以及与传统海区测验方法数据的对比分析，来验证该方法试验结果的精度。

1. 试验数据与已知数据的高程对比分析

海区测验时，对高程数据的要求比较严格，因此在动态后处理模式中加入了 EGM2008 地球重力模型对高程数据进行高程异常改正。为了验证 EGM2008 的实际精度，在济南至滨州河段，利用 EGM2008 重力模型对已知点进行了解算，从而获得了 21 组数据，将其与已知点高程数据(1956 黄海高程系)进行对比分析。

图 6-13 是 EGM2008 重力模型计算高程数据和已知点高程数据的误差变化，图 6-14 是各误差范围内数据分布情况。

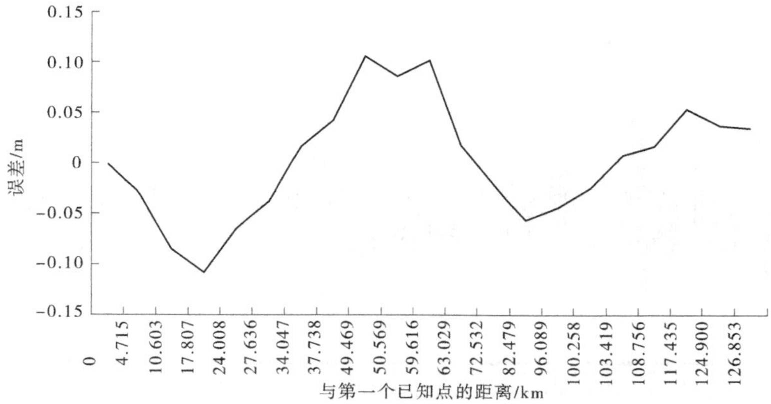

图 6-13　EGM2008 重力模型计算高程数据和已知点高程数据的误差变化

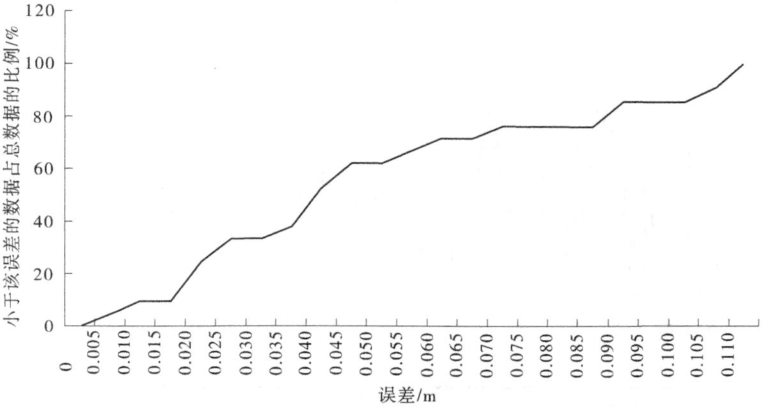

图 6-14　各误差范围内数据分布情况

从图 6-13、图 6-14 可以看出，经过 EGM2008 重力模型进行高程异常改正后，与已知数据比较，在 126 km 范围内，其误差在 0.106 m 以内，平均误差为 0.002 m，中误差为 ±0.059 m。有 61.9%的数据误差在 0.050 m 以内，76.2%的数据误差小于 0.080 m，86%的数据误差在 0.100 m 以内。由此可以看出，近 130 km 的线性区域内，其中误差小于±0.060 m，说明 EGM2008 地球重力模型在黄河河口地区的改正精度比较高。

2. 试验数据与同步 GNSS-RTK 数据对比分析

利用济南至滨州 120 km 河段试验数据，分别在 WGS-84 坐标系、1954 北京坐标系下对不同基线长度的高程及平面点位坐标进行精度分析，得出不同基线长度在两种坐标系下高程和平面点位坐标的精度关系。

1）WGS-84 坐标系大地高数据分析

WGS-84 坐标系的 Infill 模式观测数据和 GNSS-RTK 数据均是没有经过任何坐标转换和高程异常改正的数据，因此将 GNSS-RTK 数据设定为真值，对比 5 个不同距离的基站的同测点观测数据，计算观测数据的误差及误差分布，从而得到比测试验结果的精度。

图 6-15 是 HZZ10L0、BHTL0、ZQ10L0、MJ10L0、WUJY10L0 5 个基站观测数据与 GNSS-RTK 观测数据大地高误差变化情况。

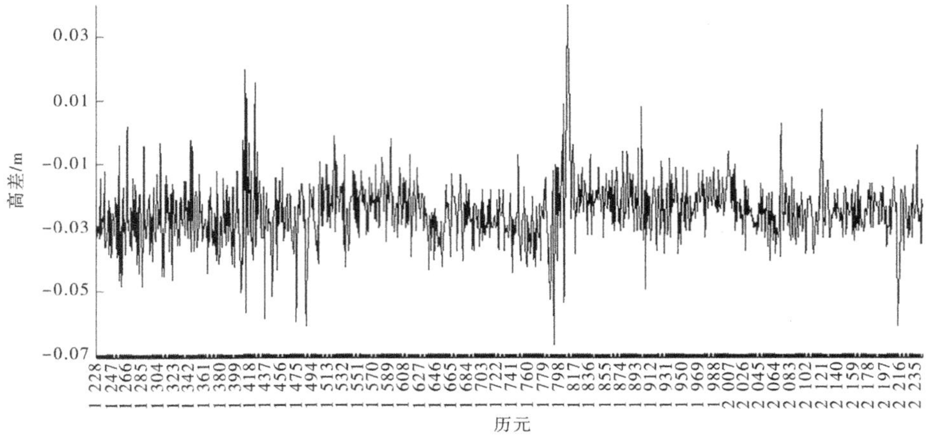

(a)HZZ10L0基站

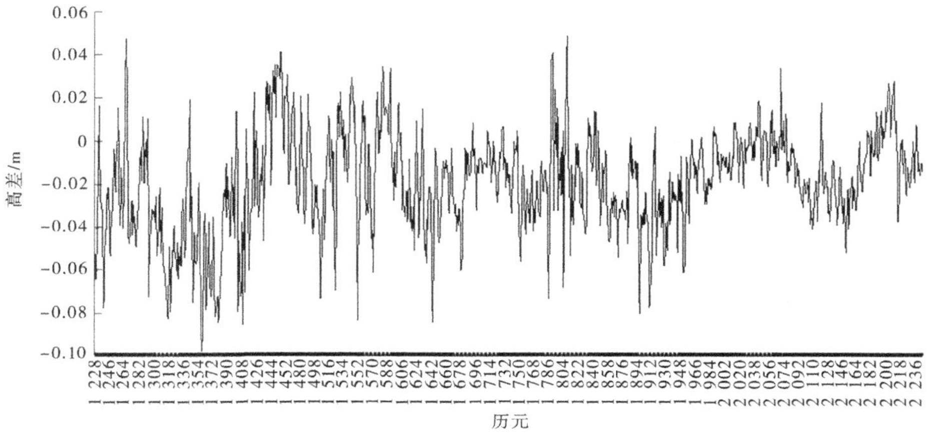

(b)BHTL0基站

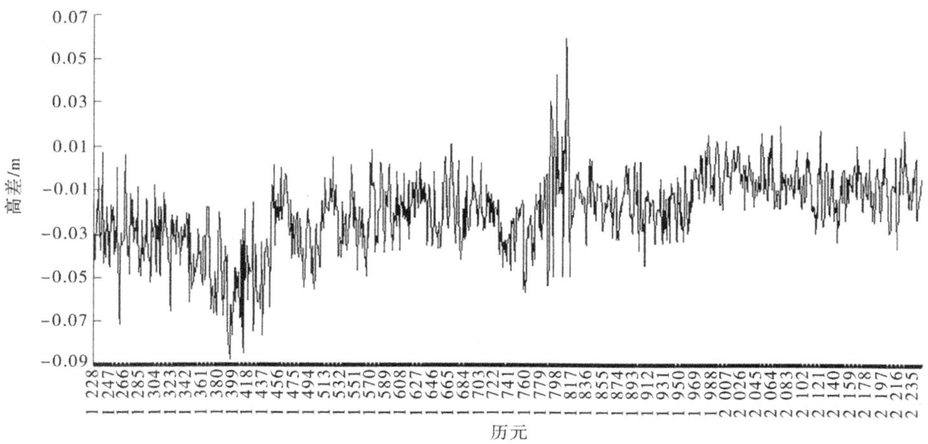

(c)ZQ10L0基站

图 6-15　5 个基站观测数据与 GNSS-RTK 观测数据大地高误差变化

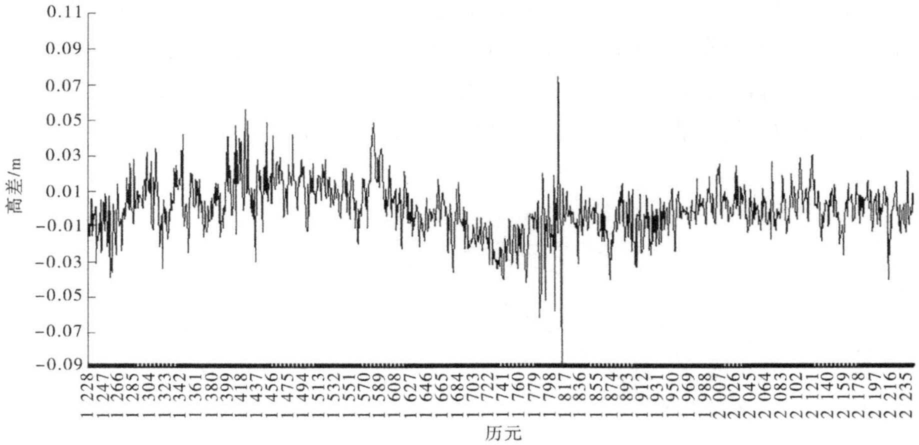

(d)MJ10L0基站

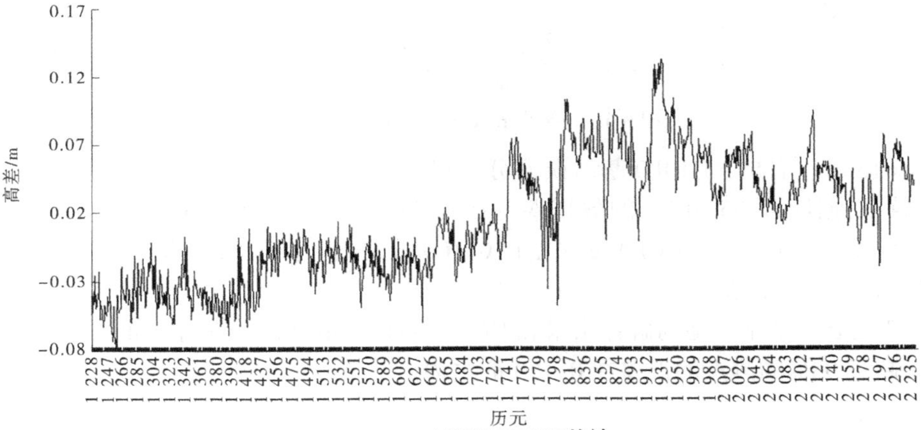

(e)WUJY10L0基站

续图 6-15

从图 6-15 可以看出，同测点各基站观测数据与 GNSS-RTK 观测数据误差的变化分为两类，第一类为 HZZ10L0、MJ10L0、ZQ10L0 基站，各测点误差绝大部分在均值附近上下变化，数据平均变化趋势为一条近似水平的线，除个别测点外，各测点在这条平均趋势线的 0.020 m 幅度范围内变化，变化幅度较大的测点没有出现大范围相连的现象，且绝大部分的数据误差基本都在 0.050 m 以内，因此认为这三个基站的数据精度是比较高的；第二类为 BHTL0 和 WUJY10L0 基站，数据误差在均值附近变化的幅度较大，有一些相连的数据误差持续偏大或偏小，特别是 WUJY10L0 基站的数据平均变化趋势为一条上挑的线，说明这两个基站的数据相对于其他基站的精度较低。

从各个基站数据误差变化看，在第 1 400 历元、1 800 历元以及 1 900 历元附近的测点的变化幅度较大。特别是第 1 817 历元附近各基站的误差均达到了最大，这与卫星的数量以及卫星的分布位置有关。

据统计，HZZ10L0 基站有 99.7%的数据误差小于 0.050 m；BHTL0 基站有 89.9%的数据误差在 0. 050 m 以内，只有 1. 1%的数据误差超过 0. 080 m；ZQ10L0 基站有 94. 3%的数据误差小于 0. 050 m，0. 4%的数据误差超过 0. 080 m；MJ10L0 基站有 99. 2%的数据误差在 0. 050 m 以内；WUJY10L0 基站有 68. 5%的数据误差小于 0. 050 m，94. 1%的数据误差在 0. 080 m 以内，1. 7%的数据误差超过 0. 100 m（见图 6-16）。

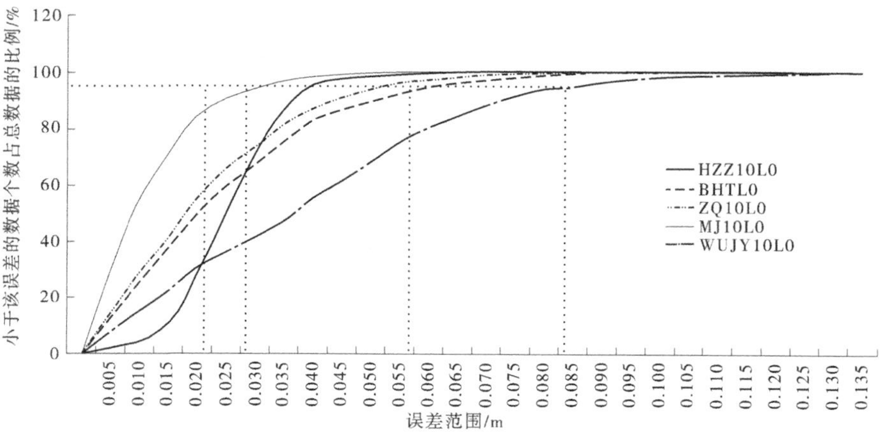

图 6-16　各基站大地高误差分布

从图 6-16 可以看出，MJ10L0 基站误差分布最理想，变化曲线较陡，说明绝大部分数据的误差较小，据计算，95%以上的数据误差在 0. 040 m 之内；WUJY10L0 基站数据误差最不理想，曲线坡度较大，95%的数据误差在 0. 100 m 之内。其余三个基站介于这两个基站之间，但 HZZ10L0 基站误差大部分为 0. 015～0. 045 m。

图 6-17 是五个基站大地高解算结果和 GNSS-RTK 大地高误差综合分布图，从该图上可以看出，超过 95%的测点的误差在 0. 100 m 之内。

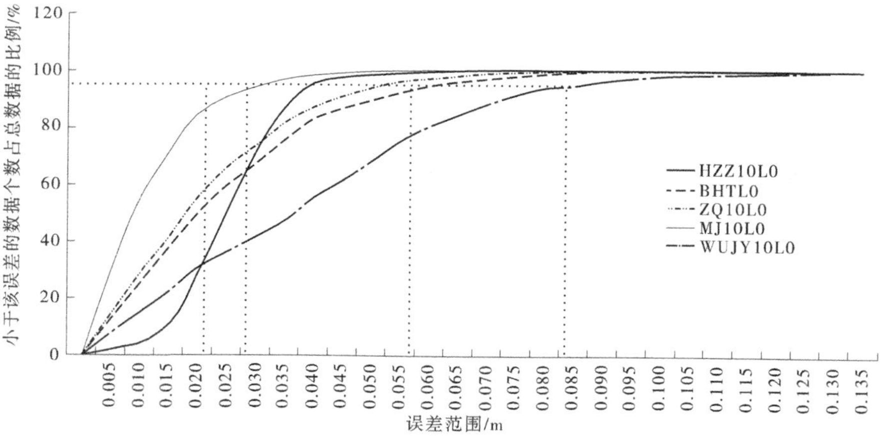

图 6-17　大地高解算结果和 GNSS-RTK 大地高误差分布

将不同距离模型（不同基站）的大地高解算数据与 RTK 高程数据进行对比分析，误差统计见表 6-6。

表 6-6　不同基站大地高计算数据与 RTK 数据的误差统计

基站名称	基线长度/km	最大误差/m	平均误差/m	中误差/m
HZZ10L0	0~10	0.066	-0.025	±0.027
BHTL0	30	0.098	-0.019	±0.030
ZQ10L0	50	0.087	-0.020	±0.027
MJ10L0	70	0.091	-0.002	±0.015
WUJY10L0	90	0.134	0.045	±0.046

从表 6-6 可以看出,除基线长度为 90 km 的 MUJY10L0 基站的各误差偏大外,在 70 km 基线范围内各误差的变化与基线的长度没有明显的关系,各基站大地高解算数据与 GNSS-RTK 解算结果的差值最大不超过 0.098 m,平均误差的变化范围为-0.025~-0.002 m,中误差在±0.030 m 之内。

通过分析可知,在 WGS-84 坐标系统下,基线小于 70 km 时,其大地高中误差在±0.030 m 之内,平均误差的变化范围在 0.025 m 之内;当基线长度达到 90 km 时,各误差有较明显的增大趋势,中误差达到±0.046 m,平均误差变化范围达到 0.045 m,增大幅度为原误差的 50%左右。

2)1954 北京坐标系不同距离基站水准高试验数据分析

GNSS-RTK 高程为经过参数转换的 1956 黄海基面的数据,其余 5 站的高程数据采用 PPK 数据处理后又通过了 EGM2008 重力模型的高程异常改正。图 6-18 是 HZZ10L0、BHTL0、ZQ10L0、MJ10L0、WUJY10L0 五个基站观测数据与 GNSS-RTK 观测数据在同测点的高程误差变化情况。

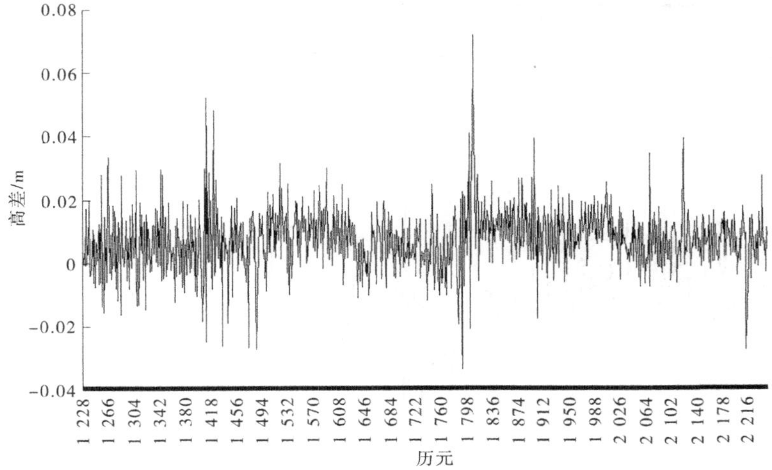

(a)HZZ10L0基站

图 6-18　五个基站观测数据与 GNSS-RTK 观测数据在同测点的高程误差变化情况

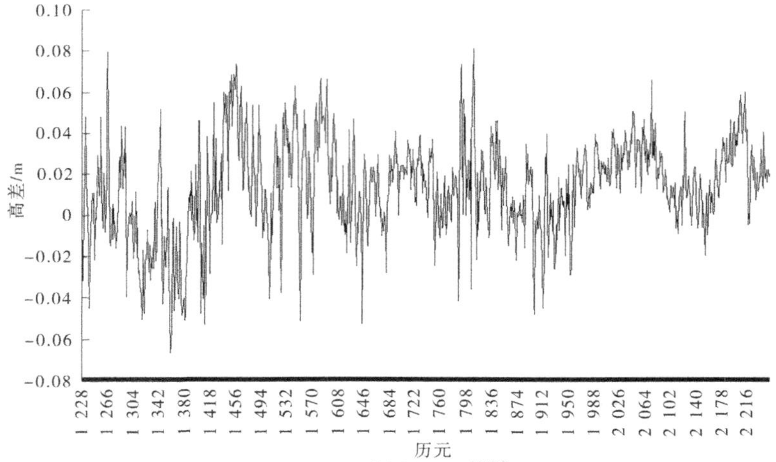

(b)BHTL0基站

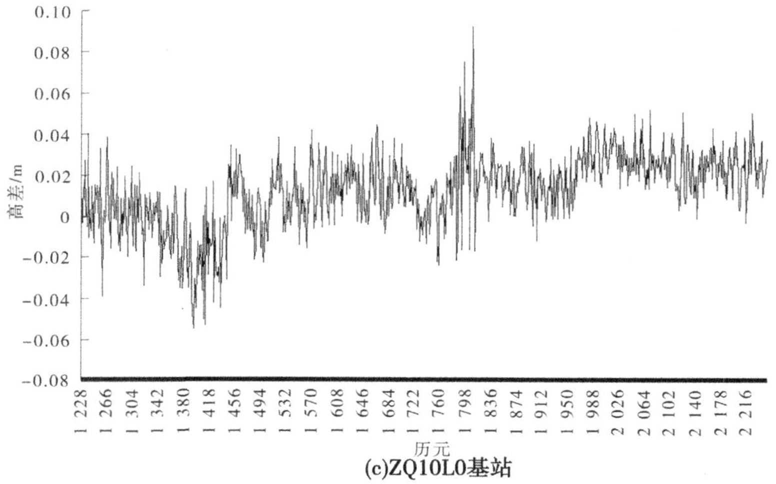

(c)ZQ10L0基站

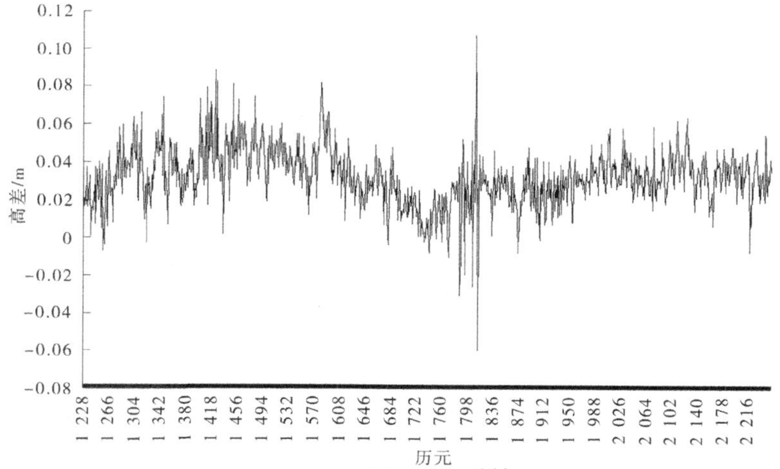

(d)MJ10L0基站

续图 6-18

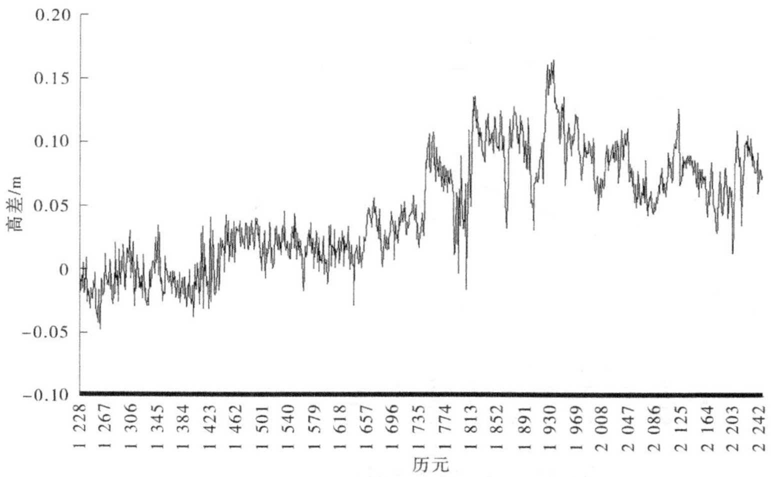

(e)WUJY10L0基站

续图 6-18

从图 6-18 可以看出,水准高程数据虽然进行了高程异常改正,但变化趋势还是和大地高变化一致,即 HZZ10L0、ZQ10L0 和 MJ10L0 三个基站的精度要高于另外两个基站,其变化幅度在 0.020 m 左右,另外两个基站变化幅度在 0.100 m 左右。

从各个基站数据误差变化过程看,也是在第 1 400 历元、1 800 历元以及 1 900 历元附近的测点变化幅度较大。特别是第 1 817 历元附近各基站的误差均达到了最大,这也充分证明了该误差与卫星的数量、卫星的分布位置以及这个时刻电离层的变化等因素有关。

据统计,HZZ10L0 基站有 99.3%的数据误差小于 0.040 m,只有 0.3%的数据误差超过 0.050 m;BHTL0 基站有 93.8%的数据误差在 0.050 m 以内,只有 0.1%的数据误差超过 0.080 m;ZQ10L0 基站有 95.3%的数据误差小于 0.040 m,1.3%的数据误差超过 0.050 m;MJ10L0 基站有 90.6%的数据误差在 0.050 m 以内,0.5%的数据误差超过 0.080 m;WUJY10L0 基站有 54.5%的数据误差小于 0.050 m,73.0%的数据误差在 0.080 m 以内,12.6%的数据误差超过 0.100 m。基站 HZZ10L0、BHTL0、ZQ10L0、MJ10L0 的数据误差基本都在 0.050 m 以内,WUJY10L0 基站的数据误差大部分小于 0.080 m(见图 6-19)。

从图 6-19 可以看出,基线长度在 70 km 以内的 HZZ10L0、BHTL0、ZQ10L0、MJ10L0 四个基站的误差分布较为理想,变化曲线较陡,说明绝大部分数据的误差较小,99%以上的数据误差在 0.060 m 之内;WUJY10L0 基站数据误差最不理想,曲线坡度较大,变化曲线的转点不明显,95%的数据误差的上限达到 0.120 m。

图 6-20 是不同基站水准高解算结果和 GNSS-RTK 水准高误差分布,可以看出,超过 95%的测点的误差在 0.100 m 之内。

将不同距离(不同基站)的水准高解算数据与 GNSS-RTK 高程数据进行对比分析,误差统计见表 6-7。

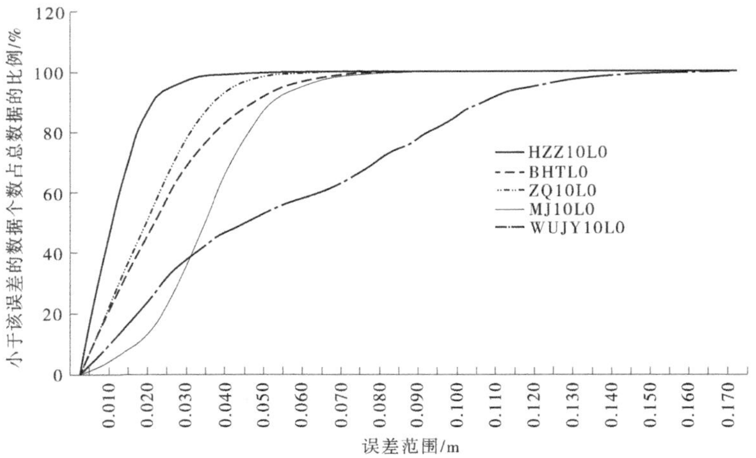

图 6-19　各基站水准高误差分布

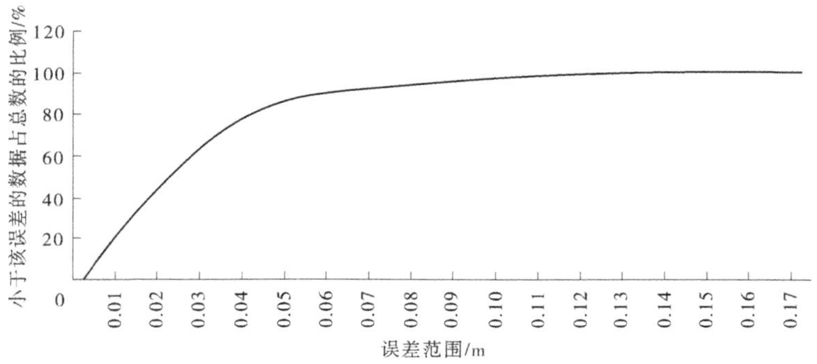

图 6-20　不同基站水准高解算结果和 GNSS-RTK 水准高误差分布

表 6-7　不同基站解算高程与 GNSS-RTK 高程数据的误差统计

基站名称	基线长度/km	最大误差/m	平均误差/m	中误差/m
HZZ10L0	0~10	0.072	0.007	±0.012
BHTL0	30	0.081	0.013	±0.027
ZQ10L0	50	0.092	0.013	±0.022
MJ10L0	70	0.107	0.032	±0.037
WUJY10L0	90	0.167	0.047	±0.064

从表 6-7 中可以看出各基站水准高解算数据与 GNSS-RTK 解算结果的差值，最大不超过 0.167 m，平均误差的变化范围为 0.007~0.047 m，中误差在±0.064 m。分析不同基线长度高程对比数据，可以看出，各误差的变化与基线长度基本成正比，基线越长误差越大，在 90 km 基线长度范围内，平均误差不超过 0.047 m，中误差不超过±0.064 m；在 70 km 范围内平均误差不超过 0.032 m，中误差不超过±0.037 m。

3）1954 北京坐标系不同距离基站平面位置试验数据分析

图 6-21 是 HZZ10L0、BHTL0、ZQ10L0、MJ10L0、WUJY10L0 5 个基站观测数据与 GNSS-RTK 观测数据在同测点的平面误差变化情况。

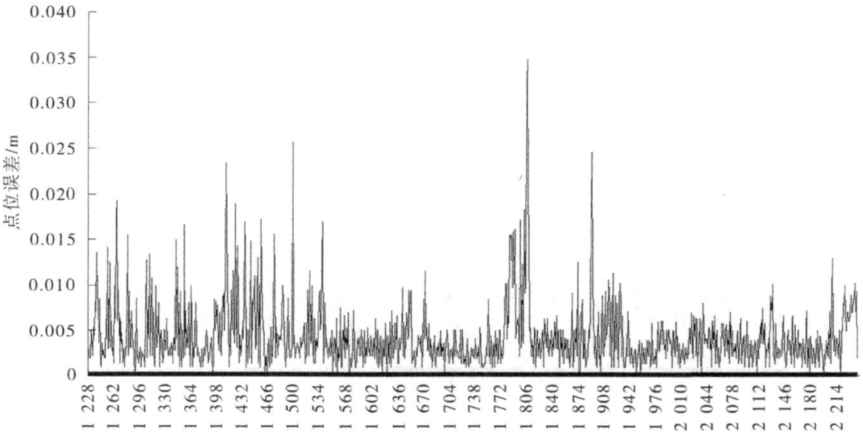

(a)HZZ10L0基站

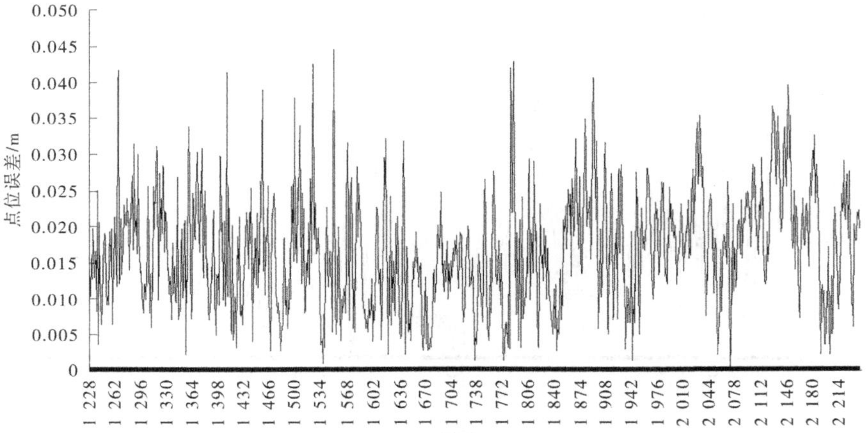

(b)BHTL0基站

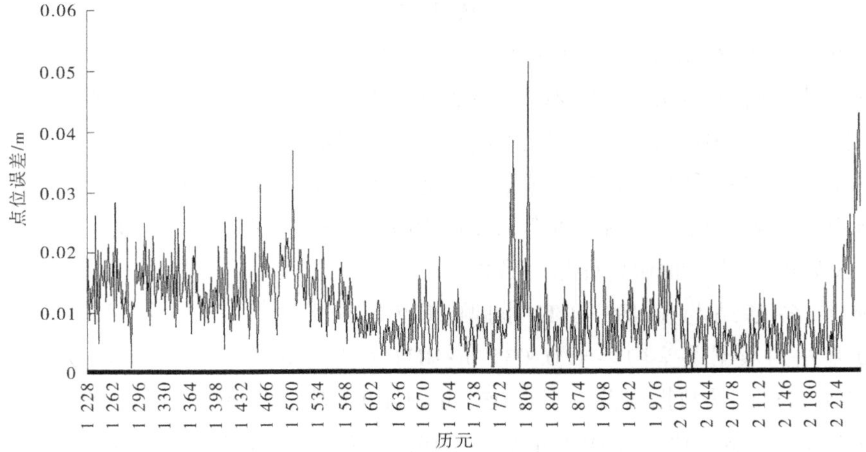

(c)ZQ10L0基站

图 6-21　5 个基点观测数据与 GNSS-RTK 观测数据在同测点的平面误差变化情况

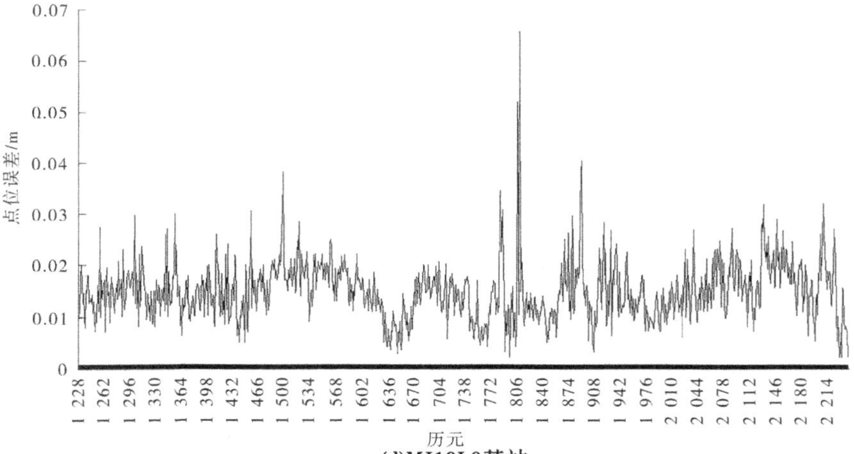

(d)MJ10L0基站

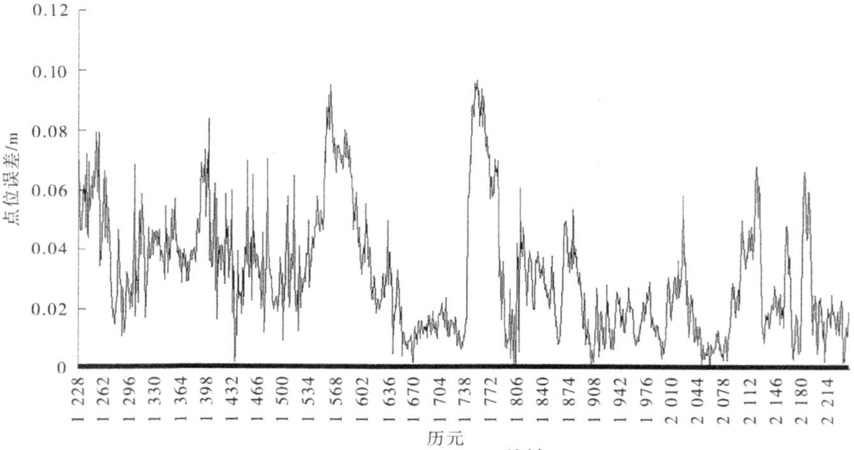

(e)WUJY10L0基站

续图 6-21

从图 6-21 可以看出,测点平面点位在经过坐标转换后,其点位误差的变化具有和高程一样的变化趋势,即 HZZ10L0、ZQ10L0 和 MJ10L0 三个基站的精度要高于另外两个基站,其变化幅度在 0.010 m 左右,另外两个基站变化幅度在 0.020 m 左右。

从各个基站数据误差变化过程看,同样是在第 1 400 历元、1 800 历元以及 1 900 历元附近的测点变化幅度较大。特别是第 1 817 历元附近各基站的误差均达到了最大,这也说明 GNSS 数据质量平面和高程是一致的。

据统计,各基站与 GNSS - RTK 同测点点位误差基本在一个固定范围内变化,HZZ10L0 基站的数据误差均小于 0.035 m;BHTL0 基站的数据误差均在 0.045 m 以内;ZQ10L0 基站有 99%的数据误差小于 0.050 m;MJ10L0 基站有 99.6%的数据误差在 0.040 m 以内,0.2%的数据误差超过 0.050 m;WUJY10L0 基站有 83.6%的数据误差小于 0.050 m,97.2%的数据误差在 0.080 m 以内,100%的数据误差均小于 0.100 m。HZZ10L0、BHTL0、ZQ10L0、MJ10L0 基站的试验数据误差基本都在 0.050 m 以内,WUJY10L0 基站的数据误差大部分小于 0. 080 m(见图 6-22) 。

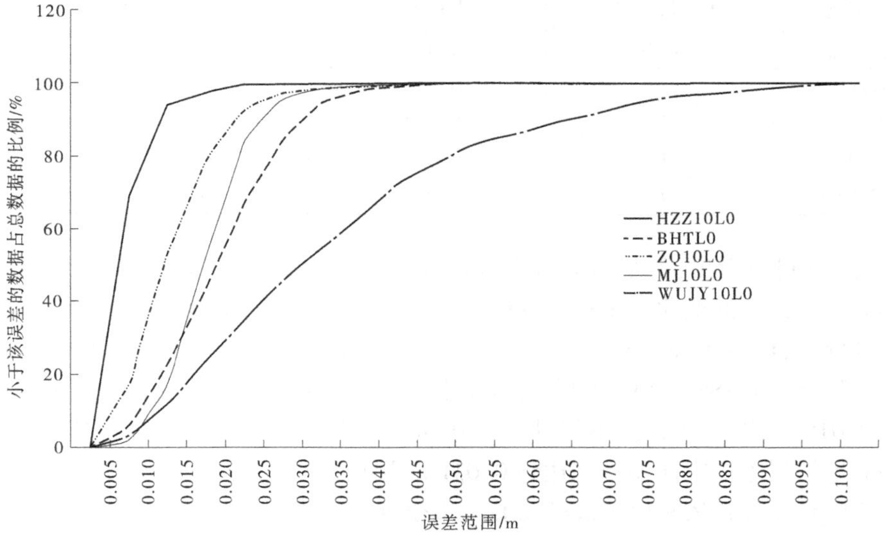

图 6-22 各基站试验平面数据误差分布

从图 6-22 可以看出,基线长度在 70 km 以内的 HZZ10L0、BHTL0、ZQ10l0、MJ10L0 四个基站的误差分布较为理想,变化曲线较陡,说明绝大部分数据的误差较小,全部数据的点位误差在 0. 035 m 以内;WUJY10L0 基站点位误差曲线坡度较大,但全部数据的误差在 0. 100 m 之内。

图 6-23 是 5 个基站平面点位数据解算结果和 GNSS-RTK 点位数据的误差分布,可以看出,超过 96%的测点误差在 0. 050 m 之内。

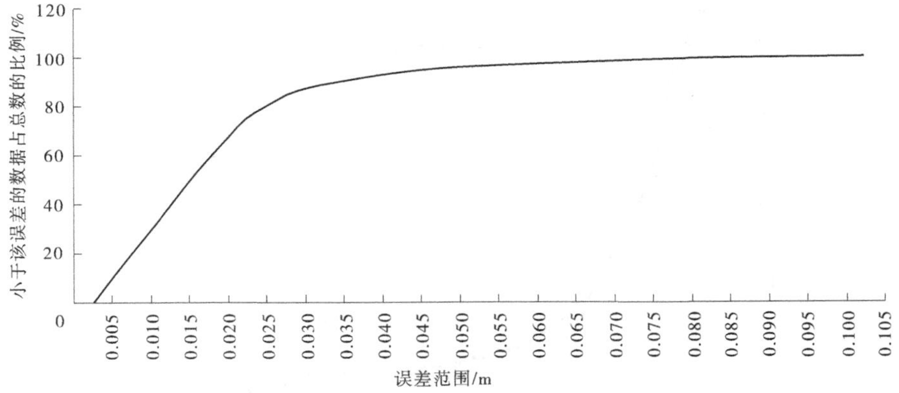

图 6-23 5 个基站平面点位数据解算结果和 GNSS-RTK 点位数据的误差分布

将不同距离模型(不同基站) 的平面解算数据与 GNSS-RTK 数据进行对比分析,见表 6-8。

表 6-8　不同基站平面计算数据与 GNSS-RTK 数据的误差统计

基站名称	基线长度/km	最大误差/m	平均误差/m	中误差/m
HZZ10L0	0~10	0.035	0.004	±0.006
BHTL0	30	0.045	0.017	±0.019
ZQ10L0	50	0.052	0.010	±0.012
MJ10L0	70	0.066	0.015	±0.016
WUJY10L0	90	0.097	0.031	±0.037

从表 6-8 可以看出,各基站平面解算数据与 GNSS-RTK 解算结果的差值最大不超过 0.097 m,平均误差的变化范围为 0.004~0.031 m,中误差在±0.037 m 之内。

经过分析,1954 北京坐标系下,在基线长度 70 km 以内,利用动态后处理计算所得的测点点位数据和 GNSS-RTK 的计算结果相比较,所有误差最大误差不超过 0.066 m,平均误差在 0.015 m 之内,中误差不超过±0.016 m。基线长度达到 90 km 后,其最大误差达到 0.097 m,平均误差和中误差分别达到 0.031 m 和±0.037 m。

3. 试验数据与传统测验方法数据的对比分析

传统测验方法就是现行的测深和潮水位改正的方法,由于目前的定位方法是利用信标机接收信标信号定位,动态后处理平面精度和信标机信号定位精度早有定论,在此不再赘述。

海区测量最关心的是高程精度,下面将分别通过试验断面图和误差来进行分析。

1)试验测线断面图对比情况

图 6-24~图 6-27 分别是测线 108、110、19、20 无验潮测验模式和传统测验方式的断面对比。

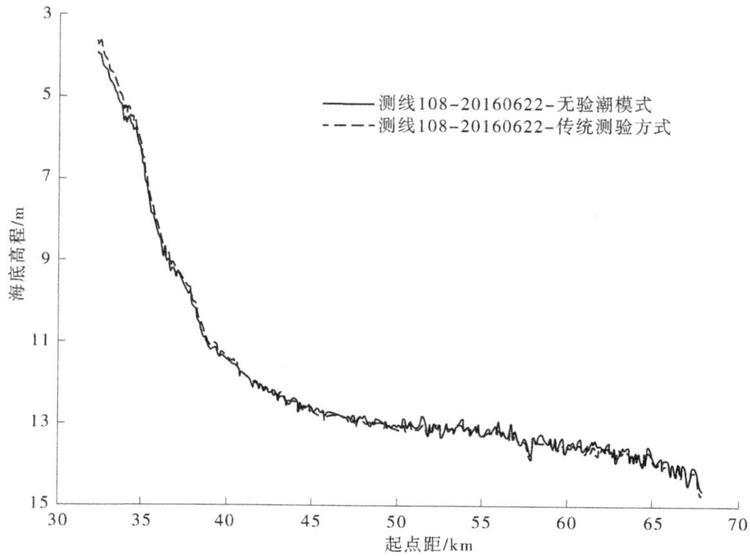

图 6-24　测线 108 无验潮模式和传统测验方式的断面比较

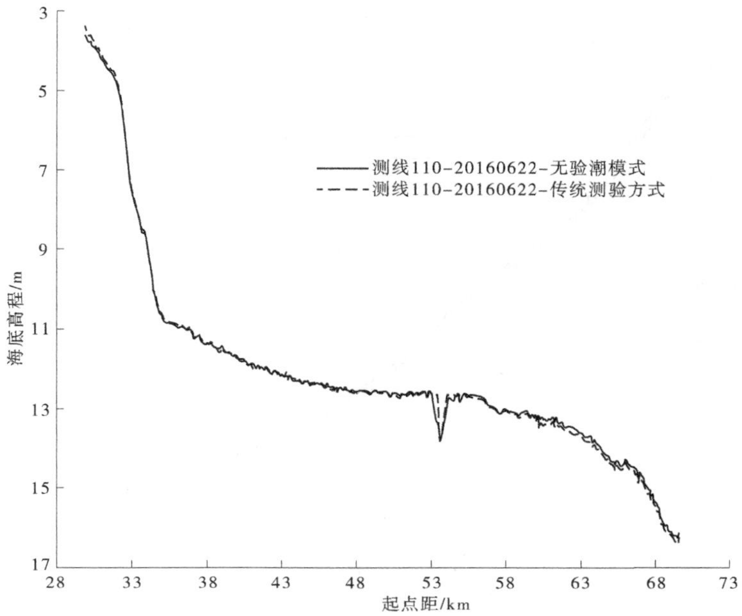

图 6-25　测线 110 无验潮模式和传统测验方式的断面比较

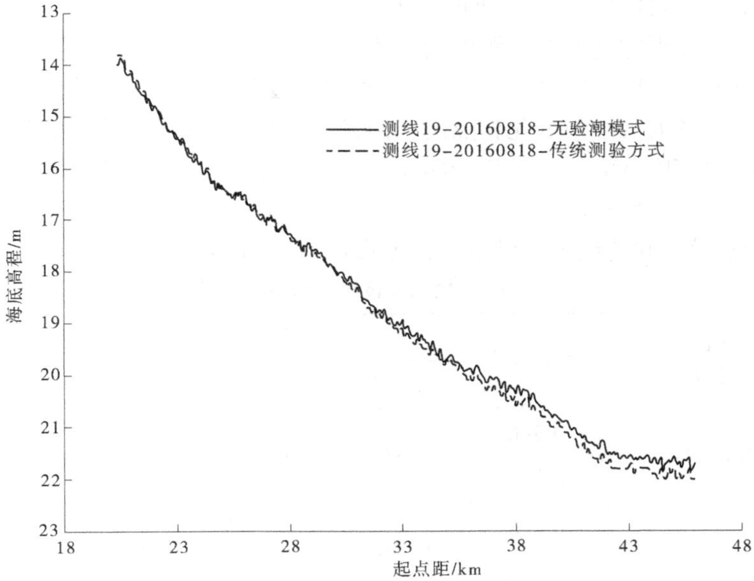

图 6-26　测线 19 无验潮模式和传统测验方式的断面比较

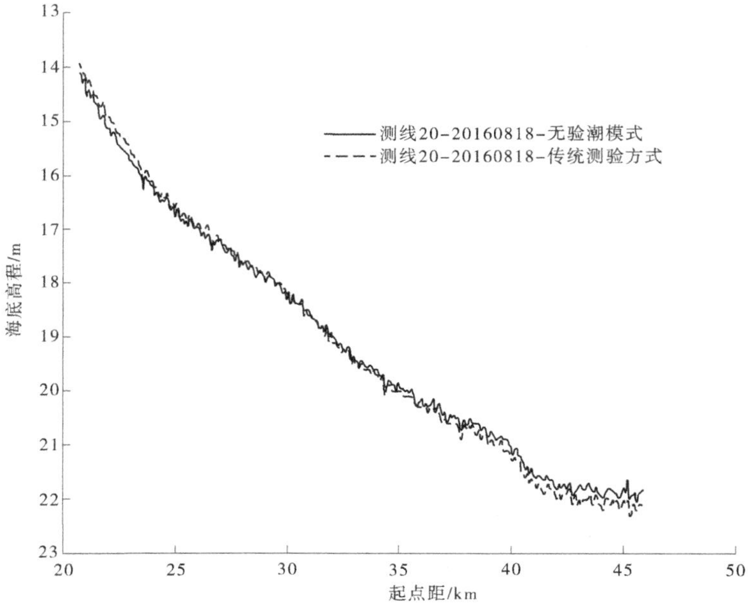

图 6-27　测线 20 无验潮模式和传统测验方式的断面比较

从图 6-24～图 6-27 可以看出，两种方法结果趋势基本一致，但两条线并不完全重合，存在一定的误差，其误差随着起点距的增大而增大，即离岸边越远误差越大，因此称为测深断面的开口误差。这也从一定程度上说明利用岸边潮位改正深水区水深的传统测验方法的弊端，也由于各海区潮汐变化特点的不同，这种深水区的开口误差在不同的海域有不同的特点，如刁口河附近海域变化比较明显，黄河口以南海域表现得不是很明显。

2）两种方法试验数据误差统计

统计无验潮模式和传统方法结果的误差参数，见表 6-9。

表 6-9　无验潮模式和传统方法结果误差参数

测线	时间（年-月-日）	测验方式	误差/m			面积相对误差/%
			最大值	平均值	中误差	
108	2016-06-22	无验潮	0. 339	0. 102	±0. 076	0. 10
		传统法				
	2016-06-26	无验潮	0. 242	0. 062	±0. 045	0. 22
		传统法				
110	2016-06-22	无验潮	0. 228	0. 059	±0. 051	0. 05
		传统法				
	2016-06-26	无验潮	0. 254	0. 069	±0. 054	0. 06
		传统法				

续表 6-9

测线	时间（年-月-日）	测验方式	误差/m			面积相对误差/%
			最大值	平均值	中误差	
19	2016-08-18	无验潮	0. 328	0. 122	±0. 084	0. 52
		传统法				
	2017-06-09	无验潮	0. 223	0. 070	±0. 053	0. 24
		传统法				
20	2016-08-18	无验潮	0. 374	0. 115	±0. 075	0. 21
		传统法				
	2017-06-09	无验潮	0. 319	0. 115	±0. 080	0. 21
		传统法				
综合			0. 374	0. 089	±0. 062	0. 24

从表 6-9 可以看出，无验潮模式和传统方法的结果误差最大为 0. 374 m，平均误差为 0. 089 m，中误差为±0. 062 m。两种方法计算的 0 线以下面积相对误差为 0. 24%。

通过大范围无验潮模式测验成果和传统方法测验成果的分析比较，得出如下结论：在黄河三角洲附近海区进行测验时，无验潮模式和传统方法的测验成果不完全一致，测点最大误差一般为 0. 300～0. 400 m，测点中误差在±0. 060 m 左右，面积相对误差在 0. 24%左右。误差大小和分布与海区的潮汐变化特性有关，一般在黄河河口及以南没有明显的分布特征，在刁口河附近的渤海湾则表现为误差随距离海岸的距离增大而增大，特别是在距离海岸 35 km 以后这个特征更加明显。

6. 4. 5　误差分析及减小误差的措施

6. 4. 5. 1　误差分析

由于各种因素的影响，大范围海区无验潮测验模式技术存在一定的误差，误差主要分为三类：GNSS 误差、测深仪误差和计算方法误差。

1. GNSS 误差分析

GNSS 测量误差分为系统误差和偶然误差。

1）系统误差

系统误差包括与卫星有关的误差、与信号传播有关的误差和与接收机有关的误差。与卫星有关的误差包括卫星星历误差、卫星时钟误差以及相对论效应产生的影响等；与信号传播有关的误差包括电离层延迟、对流层延迟以及多路径效应等误差；与接收机有关的误差包括接收机位置误差、接收机时钟误差、接收机测量噪声以及接收机相位中心偏差等。从理论上讲，这些误差可以通过计算消除。

2）偶然误差

GNSS 偶然误差是由于工作环境、人为操作等因素而产生的随机误差。

(1)工作环境带来的误差。

多路径效应误差:接收机在接收信号的过程中,经过电离层和对流层使信号传播路径产生弯曲,这属于系统误差范畴,可以通过模型改正加以消除,但接收机天线周围的高大建筑或大面积的水域对于电磁波具有较强的反射作用,由此产生的反射波进入接收机天线,与直接来自卫星的信号产生干扰,从而使观测值偏离真值产生误差。

高压电线的影响:由于 GNSS 的数据传输是通过电磁波信号传播的,高压电线产生的强电磁场对电磁波的干扰相当大,因此高压电线对 GNSS 测量的影响较大。

(2)人为操作引起的误差。

接收机天线相位中心相对于测站中心位置的偏差称为接收机安置误差,它包括天线的整平和对中误差以及天线高的量测误差。

2. 测深仪误差分析

测深仪误差分为测深仪测量误差和外部因素误差。

1)测深仪测量误差

(1)测深仪误差——声速误差。

声波在海水中的传播速度随着海水的温度、含盐量、静水压力的变化而变化,特别是水温的变化对声波传输速度影响最为显著,因此当声速设定值和实际的海水环境存在差异时,将产生声速误差,从而影响测深值。

(2)测深仪本身误差——时间电机转速误差。

时间电机转速误差是指测深仪中时间转速与其额定转速不一致所产生的测量误差。时间电机作为显示系统的时间内置装置,必须以恒定的转速带动转盘或记录笔转动,时间电机的变化必然会使转盘转过的角度和记录笔移动的距离发生变化,从而使显示的深度与实际深度发生偏差,进而影响测深仪显示深度的准确性。

(3)测深仪本身误差——零点误差。

零点误差是指零点信号与刻度标尺的灵位不一致所产生的测量误差。

2)外部因素误差

(1)船舶摇摆对测深工作的影响。

当测船发生横摇时,发射器、换能器也随之倾斜,其发射的主波束(主瓣)的方向也随之变化。若倾角在限值之内,反射波仍可被接收器接收,超过限值将产生回波信号的"遗漏",严重时回波信号全部消失,测深仪无法工作。

(2)水中气泡对测深仪的影响。

海水中的气泡一方面对声能具有较强的削弱作用,另一方面大量的气泡会引起声波的混响,严重干扰测深仪的正常工作。

(3)船速对测深仪的影响。

当测船高速航行时,船体产生剧烈振动,水流强烈冲击船体,致使干扰噪声增加。同时,海水的空化现象也明显增加,使回波信号削弱,严重时回波信号被干扰信号"淹没",测深仪无法正常工作。

(4)换能器工作面附着物的影响。

换能器表面附着物对声能具有较强的吸收作用,尤其是长期不用的换能器表面会有大量海生物生长,对换能器的工作影响较大,所以应当一直保持换能器工作面的清洁。

(5)换能器剩磁消失的影响。

对于剩磁伸缩换能器,剩磁因为时间久会逐渐消失,这将影响到测深仪的灵敏度,所以应定期对磁质伸缩换能器进行充磁。

(6)海底底质和坡度的影响。

不同的海底底质对声波的反射能力差异较大,岩石最强,砂底次之,淤泥最差。为了达到显示器的最佳显示效果,应根据不同的海底底质调整测深仪的灵敏度大小。另外,平坦的海底坡度将使反射波抵达接收器的时间有差异,从而在显示器上出现较宽的信号带,给正确的水深判读带来干扰。

3. 计算方法误差分析

各种软件采取的算法可能不尽相同,不同的解算方法,其解算结果也会不同。因此,在进行基线向量解算时,可以利用不同的软件加以解算,并合理取舍向量,组合使用环网,通过对算、复算来消除计算方法的影响。

6.4.5.2　减小误差的措施

针对无验潮模式测验技术的误差分析,在利用该技术进行海区测验时,可采取以下措施,最大限度地减小误差的产生。

(1)科学设置基准站位置,调整截止高度角,精确对中整平仪器和量测天线高。

在选择 GNSS 基准站的时候,不宜选择在高大建筑物或广告牌附近,应远离大面积水域,以减少多路径效应的影响,同时使用具有抑制多路径效应的天线,也可以减小多路径效应带来的误差;设置合适的截止高度角,可以延迟和限制电离层、对流层的影响,增加多余观测数,改善卫星几何图形。在进行基准站的设置时,精密对中整平仪器,精确量测天线高,这也是减小 GNSS 测量误差的有效措施之一。

(2)用载波相位测量代替伪距测量,消除电离层和对流层的误差影响;用相对定位代替绝对定位,消除卫星星历误差、卫星时钟差以及大气延迟的误差影响。

(3)用精密星历替代广播星历,以减小星历误差和 SA 政策的影响。

(4)基准站尽可能使用高等级的控制点,以提高整体精度。

(5)对于测深仪本身误差可适时进行声速校正来消除海水环境的变化对测深仪误差的影响,通过对测深仪检校来消除时间电机和零点误差的影响。

(6)测船姿态摇摆对测深的影响可通过姿态修正仪来消除。

(7)通过选择换能器安放位置来减弱海水气泡的影响,尽量避开测船推进器、发动机和测船行进中容易产生气泡、振动的位置来安放换能器。

(8)定时清理换能器工作面,保持工作面的清洁。

(9)定期对换能器进行充磁。

6.4.6　小结

6.4.6.1　大范围海区无验潮模式测验数据的稳定性及精度

(1)大范围海区无验潮模式测验数据自身稳定性很高,具有很强的可比性,其误差主要以偶然误差为主,误差分布成正态分布。在直接影响试验精度的基准站数据和移动站数据中,不同基站计算的同一测次的测点中误差为±0.020 m,95%的数据的误差集中在-0.050~0.050 m;同基站不同测次计算的断面面积相对误差在0.01%~0.69%。

(2)与已知数据对比,在126 km范围内,其中误差为±0.059 m,86%的数据误差在0.100 m以内。

(3)与GNSS-RTK数据相比,在WGS-84坐标系下平面位置基本一致,基线长度小于70 km时,大地高误差中误差在±0.030 m以内;在1954北京坐标系下,三维坐标的精度与基线长度有关系,基线越长误差越大,基线长度小于70 km时,其平面点位误差中误差在±0.016 m以内;1956黄海高程误差中误差为±0.037 m,当基线长度超过70 km时,误差明显增大。

(4)与传统的海区作业方法相比较,两种方法结果趋势基本一致,但存在一定的误差,测点最大误差一般在0.300~0.400 m,测点中误差在±0.060 m左右,面积相对误差在0.24%左右。误差的大小、分布与海区的潮汐变化特性有关,一般在黄河河口及以南没有明显的分布特征,在刁口河附近的渤海湾则表现为误差随距离海岸的距离增大而增大,特别是在距离海岸35 km以后此特征更加明显。

6.4.6.2 进行大范围无验潮模式测验的条件

在进行大范围无验潮模式测验时,必须满足以下条件:

(1)该测验技术的有效范围为70 km,在该范围内可以保证测验的精度,超过这个范围,精度会有所降低。

(2)利用该技术进行测验时要求海上风力不得超过5级,特别是在黄河三角洲附近海区作业时,东北风风力超过5级,则测验精度无法得到满足。

(3)作业要求岸边布设一定密度的基准站,各基准站之间已知数据要有良好的一致性。

(4)该方法的导航软件需要具备姿态分项处理功能,以方便进行各种姿态改正分量的处理。

(5)由于大范围无验潮模式和传统测验方法测验成果关系的不确定性,在本方法投产时,应对每一个测验断面进行比测。

第 2 篇　黄河河口分析研究

第7章　黄河河口流路分析

7.1　综　述

黄河自1855年铜瓦厢决口夺大清河入渤海以来，由于自然或人为因素，在近代三角洲范围内决口、改道频繁，由此引起黄河入海流路变迁频繁。据史料记载及实际调查统计，黄河自1855年7月至2002年底，在黄河近代三角洲上实际行水113年，入海流路在近代三角洲上决口改道50余次，其中较大改道10次，即1855—1938年发生7次，1938年6月至1947年3月山东河竭，1947—1976年发生3次，每条流路行水历时3~20年。1855—1938年三角洲实际行水历时是一个复杂的问题，经多方查对历史文献，扣除了由于河口段以上决口改道使三角洲河竭的时段，黄河自1855年7月至1999年12月北流入渤海期间，在此三角洲上实际行水110年。其中1972年以来的多次断流时间未予扣除。

每条流路的实际行水历时是一个复杂的问题，主要困难在于自1855年铜瓦厢改道至中华人民共和国成立前，黄河下游从无堤到有堤，行水条件变化甚大，而黄河决溢频繁，且缺乏详细记载，因而很难确定这些因素对行水年限的影响。经多方查对历史文献，采取了以下粗略方法处理：①扣除上游改道使三角洲河竭的年份；②1875年以前铜瓦厢以下仅部分地段陆续修有民埝御水，未建“官堤”，洪水容易泛滥，大量泥沙在东坝头以下的冲积扇上堆积，也使入海沙量减小，假定按50%削减行水年数；③1876年以后，铜瓦厢以下已陆续修建“官堤”，其中有决口、堵口时间及分流百分数记载者，直接据以削减行水年数，只有决口、堵口时间，无分流百分数记载号，凡分流历时半年以上，皆假令分流二分之一，并据以削减行水年数。

1855年以来河口流路历次变迁的事实表明，在没有人工治理的条件下，以三角洲扇型轴为顶点，改道的顺序大体是：最初行三角洲东北方向，次改行三角洲东或东南方向，然后改行三角洲北部，基本上在三角洲内普遍行河一次。而在每一条具体流路的演变阶段上，又是由河口向上游方向发展演变，出汊改道点逐次上移，经过若干小时段的三角洲变迁，从而使流路充分发育成熟以至衰亡，向下一次改道演进。可以理解为：在整个近代三角洲的发育过程中，是由上而下向海推进的，而在每一条流路的具体演变阶段上，三角洲摆动顶点又是从下而上演进的。通过每条具体流路从下而上的演进，构成自上而下三角洲发展的总过程。

历史上黄河入海流路的变迁多为自然决口、改道造成，人民治黄以来，特别是中华人民共和国成立后，河口治理措施逐渐加大，三次较大的流路变迁都是由人工措施实施的，其中目前的清水沟流路是唯一有计划的截流改道形成的。随着黄河三角洲胜利油田的开发和工农业生产的发展，一个相对稳定的入海流路越来越重要。1976年黄河入海流路改道清水沟以来，已稳定行水多年，这是在黄河近代史上所没有的，也体现了人民治黄的伟大成就。1996 年为满足胜利油田开发的需要，清水沟流路适时地调整了入海口门，在清 8 断面附近实施人工出汊工程，使入海口门向北摆动，对稳定入海流路和降低河口侵蚀基面使河口段发生溯源冲刷起到积极作用。

7.2 观测研究基本情况

黄河口观测试验研究始终围绕河口治理、河口流路规划以及三角洲经济建设等方面进行工作。20 世纪 50 年代初期就开始进行河口附近的海况调查，1959 年开始在神仙沟口外的滨海区进行了潮汐、局部地形调查等工作，1960 年开始施测河口水下地形，但范围都很小。目前，常规的观测研究项目是河口滨海区 36 个固定淤积断面的测验及相关的潮汐观测，潮汐观测主要为了水深测验的潮汐改正而进行，潮汐观测的系列比较短。

另外，1959 年进行了滨海区的水文物理调查，调查项目为潮汐、海流、水化学、泥沙底质粒径、水色、透明度、风、水温、气温等；1966 年进行了 1 次河口附近的泥沙幺重测验；1965—1966 年和 1978 年进行了 2 次河口滨海区底质调查，并绘制了底质沉积类型图；1984 年曾经开展过河口滨海区流场调查；1987、1989 年进行了 2 次河口拦门沙区水文泥沙因子观测研究；1992 年、2000 年成功地进行了 2 次大范围的三角洲滨海区水下地形测绘，测绘范围北起三角洲西部的洼拉沟口、南至三角洲南部的小清河口的滨海区。

几十年来，河口观测研究的设施设备、技术手段都有了长足发展，目前河口滨海区观测有专用的调查船“黄河 86 轮”，测验定位系统由六分仪定位加航速航向法发展到目前的 GPS 系统，水深测验方法也由测深杆、单频测深仪发展到现在的多频测深仪，测验数据采集由过去的人工操作仪器、手工-测点-测点的记录发展到现在的计算机自动控制采集数据，资料整理也由过去纯手工计算、绘图，逐步实现计算机辅助计算整理、绘图到现在的资料数据处理的全计算机化。

7.3 河口段河道河势变化

清水沟流路汊河改道是根据胜利油田的要求，经黄河水利委员会批准而进行的人工改道，它是利用清水沟和神仙沟之间的洼地，在清 8 以下开挖引河，并在改道点原河道修建截流坝而迫使水流改走现行河道的。

1996 年 7 月，清 8 出汊点以下的引河过水，由于在出汊点以下开挖了引河，出汊河道过水之初，恰逢来水流量较小，水流沿开挖引河下泄入海，随着流量的不断增大，截流坝南侧部分被冲开，老河有部分过水，曾一度呈三股入海形势，但其主流仍在引河内。整个汛期水沙条件较为有利，经汛期洪水塑造，到汛后成单股入海之势，一直保持至今出汊点以下河势稳定。图 7-1 是清 8 出汊后至 2000 年的河口河势，可以看出出汊河道行水至 2000 年，除在口门附近内有较小摆动外，没有发生过大的摆动及出汊现象。

1996 年实施的清 8 出汊工程，出汊后河口段河势稳定，水流比较集中，水沙沿着河槽向同一方向推进，未出现散乱漫流的现象，形成瘦长形沙嘴，河长延伸较快。1997 年由于

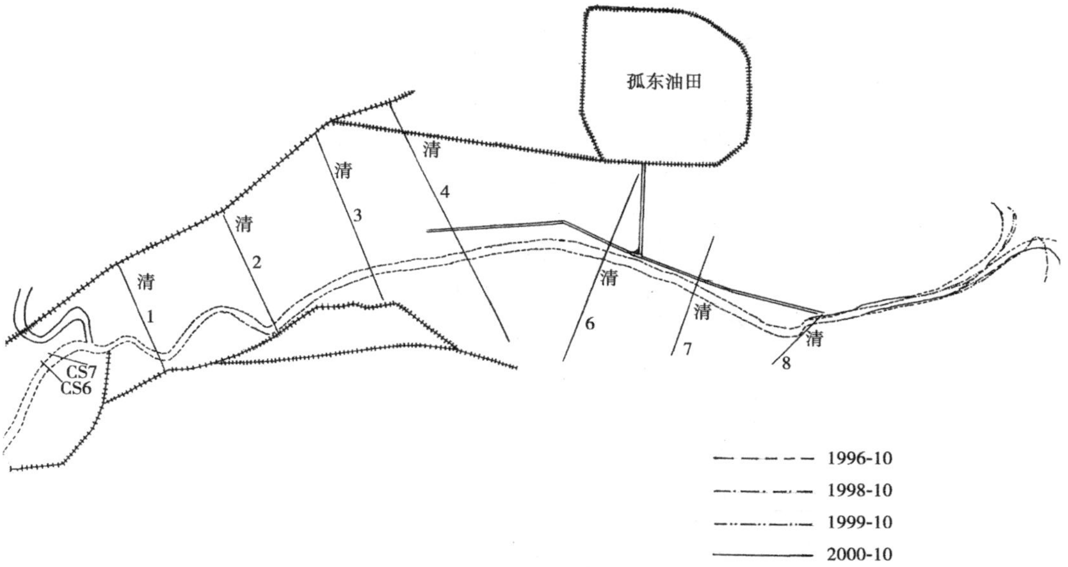

图 7-1　1996—2000 年清水沟(汊河)河势变化

河口为历史罕见的枯水枯沙年份,河口基本没有延长。1998 年开始,虽然河口水沙较 1997 年有较大增加,但还属枯水枯沙年份,河长延伸速率非常缓慢。1999 年基本没有变化,2000—2001 年由于为枯水枯沙年份,河口有所蚀退。

图 7-2 是现河口代表性年份河势。从图 7-2 中可以看出,1998—2002 年基本为清 8 改汊前期形成的较稳定的口门,2004 年调水调沙后口门向南偏移,河口向外淤积延伸;经过 2005 年调水调沙的较大洪水塑造,口门继续向南方向调整,同时在汊 3 以下河段内,出现串沟,洪水期分流量较大;2006 年河门重新向东北方向调整,与 2003 年方向基本一致,只是沿东方向向外延伸,在距河门处增加 1 条向南串沟,同时 2005 年形成的 3 条串沟有展宽趋势,特别是汊 3 下游向北串沟。

众所周知,河口河势的变化是上游水沙和口门外海洋动力条件在现有河道形态中共同作用的结果。一般来说,河道的延伸主要是上游水沙和海洋动力共同作用的结果,口门摆动主要是海洋动力条件和口门地形共同作用的结果。从 1996 年后黄河河口的河势演变看,1996—2002 年是该河道的稳定期,其特点是主流在原有河道内行河,口门摆动不大; 2002 年以前,由于上游水沙偏枯,造成了口门发育缓慢并且有蚀退现象;2002—2004 年为口门的延伸期,其延伸主要集中在汛期和调水调沙的水沙相对集中时段,当口门延伸到一定程度,上游水沙持续充足时,口门将进行摆动,因此 2004 年以后为摆动期,由于黄河河口东北风盛行且海流流向一般为由东北向西南流向,因此一般的口门摆动都是由北向南摆动。当口门右摆到一定程度,在上游水沙充足的情况下,主流将在河道地形相对薄弱的地方完成左向摆动,如此循环,摆动范围逐渐扩大,摆动顶点逐渐上移。

2007 年口门发生了较大变化,在汊 3 断面以下的地方,出现了向北方向的入海水流,暂称为新汊河,新汊河出汊处,在向北行水后分成左右两股河,其中左河水深沿程逐渐变浅,但左股河口门外水深加大较快,从水深和过流量上看,左股河也具有较大的发展前景,

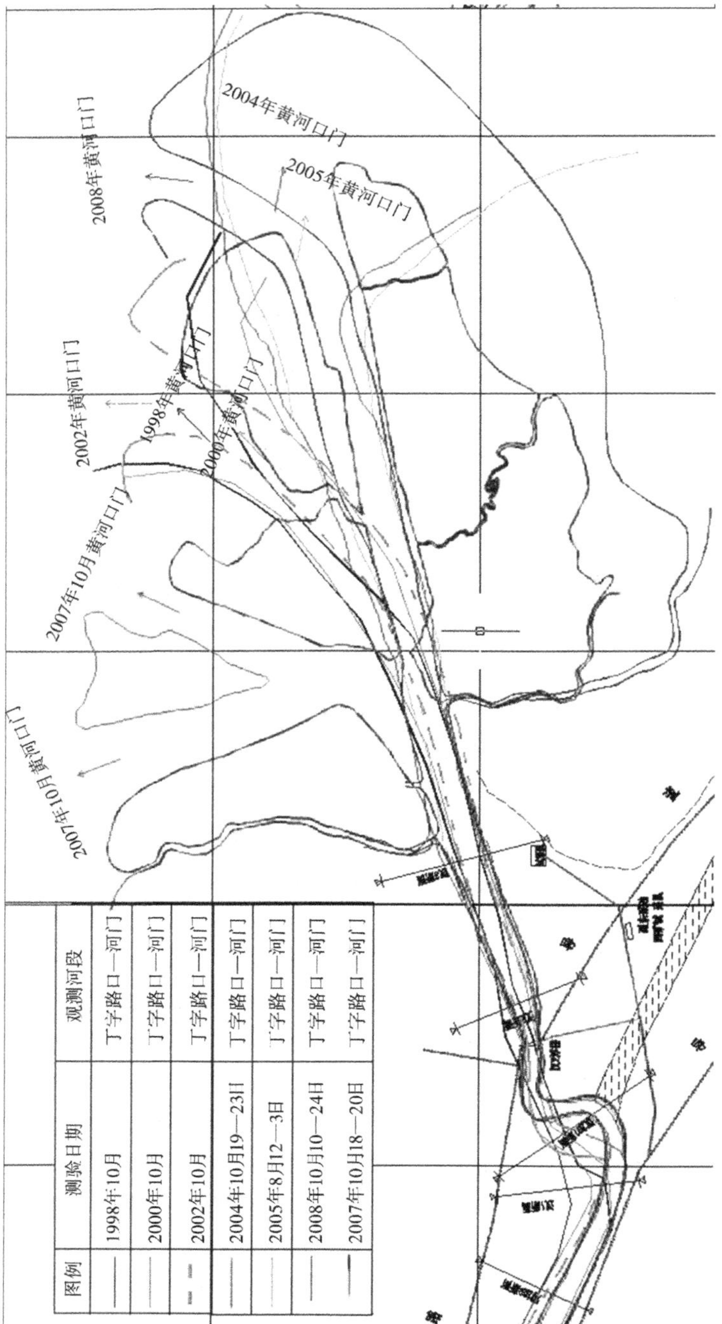
2004年黄河口门
2005年黄河口门
2008年黄河口门
2002年黄河口门
1998年黄河口门
2000年黄河口门
2007年10月黄河口门
2007年10月黄河口门
图例
测验日期
观测河段
1998年10月
丁字路口—河门
2000年10月
丁字路口—河门
2002年10月
丁字路口—河门
2004年10月19—23日
丁字路口—河门
2005年8月12—3日
丁字路口—河门
2008年10月10—24日
丁字路口—河门
2007年10月18—20日
丁字路口—河门

图 7-2　现河口代表性年份河势

自新汊河出汊点到新汊河口门;河口原河道仍然有水流动,但口门已经不畅通,且该股河出汊较多,分散了通过该河道的水流,特别是在新汊河改汊的下边沿,原河道右岸淤积严重,严重阻碍了原河道的水流,并且随着时间的推移,原河道有萎缩加剧的趋势。

2009 年后,新北汊逐渐淤死,流路又回原河道,在北偏东入海,并在这一方向上在口门区域进行小范围的摆动,到 2012 年汛后河门流向与 2012 年汛前相比有较大调整,主河为北偏东方向,两股河道入海,主槽为右股(东北股),主流线略靠右岸;左股较浅,两股河道之间有一较大鸡心滩,低潮时显现,目前该河门还在其附近摆动。

从其变化情况看,基本遵循了口门河道的顺直—弯曲—口门摆动—出汊—改道的规律,其每一阶段时间的长短是由上游来水来沙和口门附近海域的海洋动力条件的相互关系决定的,其中上游水沙是主要因素。

7.4　基本规律研究

1996 年河口实施了清 8 出汊工程,入海河道改走清 8 汊河,清水沟老河口不再行水,河口出现了新的变化。

1996 年清 8 出汊后,河口段除出汊当年汛期出现一次较大水沙过程外,其余年份均是枯水枯沙年份,特别是 1997 年、2000 年,为历史上水沙特枯年份,因此河口在出汊当年淤积延伸剧烈外,其余几年没有发生大的变化。

清 8 出汊后,1996 年和 1998 年是入海水沙在近几年中相对较多的年份,河口淤积延伸和入海泥沙主要淤积区都较大,其余年份入海水沙非常小,河口基本没有淤积延伸,入海泥沙的主要淤积区范围也较小。

2002 年黄河水利委员会进行了一次小浪底水库调水调沙试验,使下游河道发生普遍冲刷,输送了几千万立方米的泥沙进入渤海。

1996 年河口清 8 出汊后,清水沟流路老河口开始出现蚀退,以后逐渐减缓。

7.4.1　黄河河口河道冲淤量分析

黄河河口河道冲淤主要是对利津至汊 3 河段的冲淤变化分析,1992—2007 年,利津至汊 3 是淤积状态,其中 1992—1996 年,该河段呈现淤积状态,1996—2007 年是冲刷状态。就冲淤沿程分布来说,利津至西河口河段 1996—2002 年以淤积为主,2002 年由于调水调沙的影响,发生了较大冲刷,西河口以下的清水沟在 1996 年改汊前一直表现为淤积状态,1996 年改汊后总体为冲刷状态。图 7-3 是黄河河口河道冲淤变化,从图中可以看出,2002 年以前,除 1996 年汛期大水河口河段和 2007 年汛后清水沟内冲刷严重外,其余时间各河段均以淤积为主,以 1992 年汛后至 1993 年汛前淤积最为严重;2002 年以后,基本是冲淤相间,具体表现为汛期冲刷,非汛期淤积,以冲刷为主,其中 2002 年、2003 年、2005 年汛期冲刷量较大。

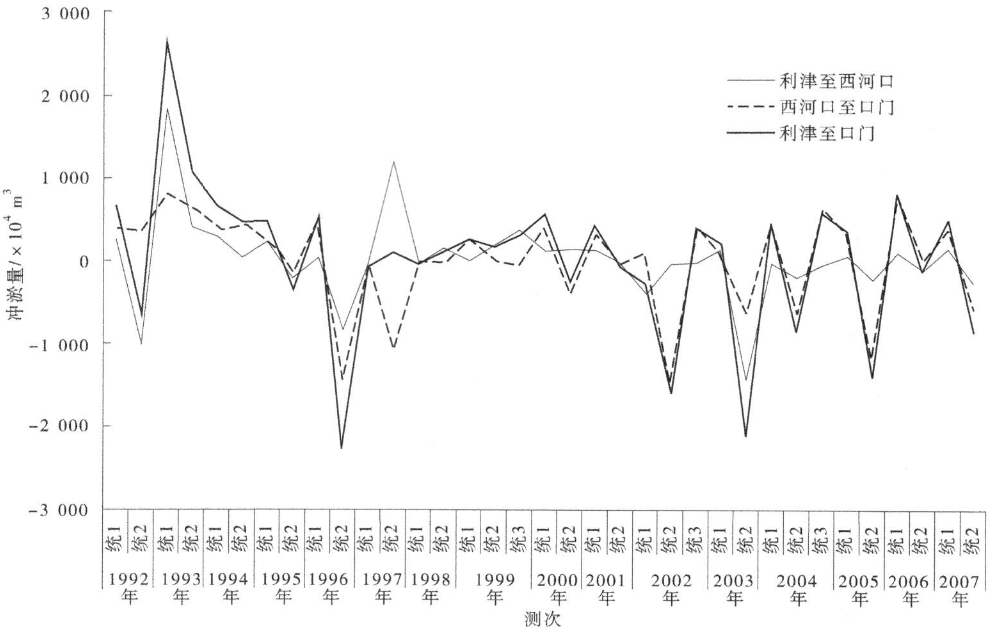

图 7-3　黄河河口河道冲淤变化

7.4.2　黄河河口附近海域冲淤分布情况

7.4.2.1　黄河河口附近海域冲淤分布

图 7-4 为 1992—2000 年黄河河口附近海域冲淤分布，从图中可以看出，1992—2000 年在黄河河口附近海域形成了两个严重的淤积部位，一个是黄河现行河口，另一个是清水沟老河口。

从图 7-5 可以看出，2000—2007 年黄河河口附近海域冲淤分布有三个特殊部位，一是在现黄河口附近海域形成了一个较明显的淤积体；二是在清水沟老河口附近海域形成了较明显的冲刷区域；三是在老河口以南的淤积范围。

纵观 1992—2007 年的冲淤变化，由于 1996 年黄河改走汊河，使汊河流路附近海域持续淤积，淤积的范围均在口门附近，由于口门的逐渐突出，其淤积范围和淤积体积逐渐减小，淤积中心最大淤积厚度也在逐渐减小，中心位置随着口门由北向南的摆动而逐渐南移；清水沟老河口流路由于 1996 年以前行水，所以在 2000 年以前的冲淤分布图上呈现淤积，而随着该海域没有了泥沙的补给，其口门附近出现冲刷，冲刷严重部位也是前一阶段淤积最严重的部位。

7.4.2.2　黄河汊河流路附近海域冲淤空间及形态分布

自 1996 年黄河河口改走汊河以来，河口河道、口门及附近海域一直处于淤积状态。黄河汊河河口各部位淤积分布见图 7-6。

图 7-7 为 1996—2007 年黄河河口附近的测线 068~088，10 m 水深以下各断面冲淤厚度分布。从图 7-7 中可以看出，1996—2007 年，基本上是以现河口北 3 km 为临界点。临

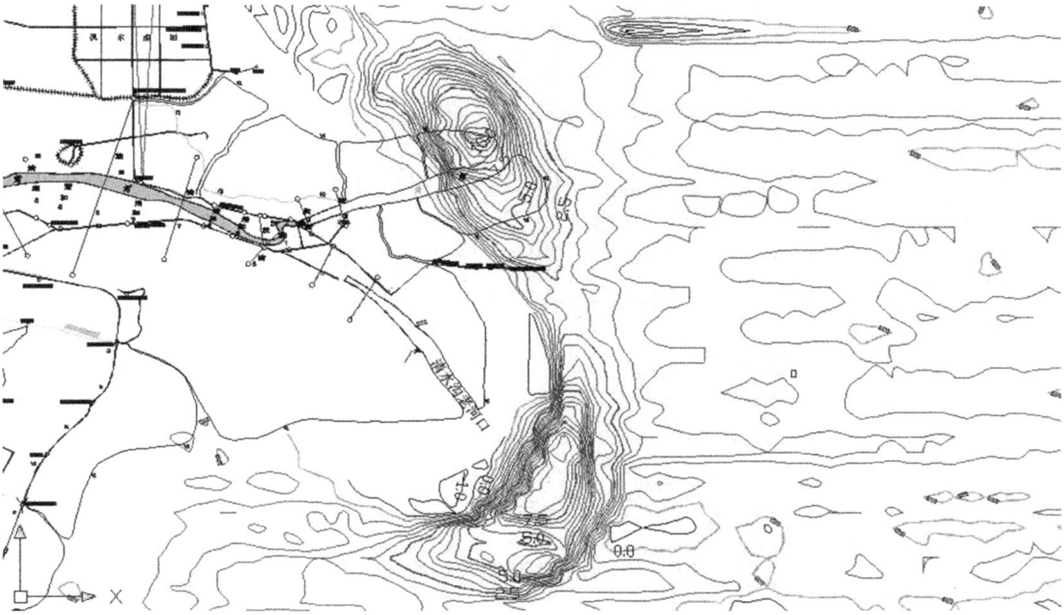

图 7-4　1992—2000 年黄河河口附近海域冲淤分布

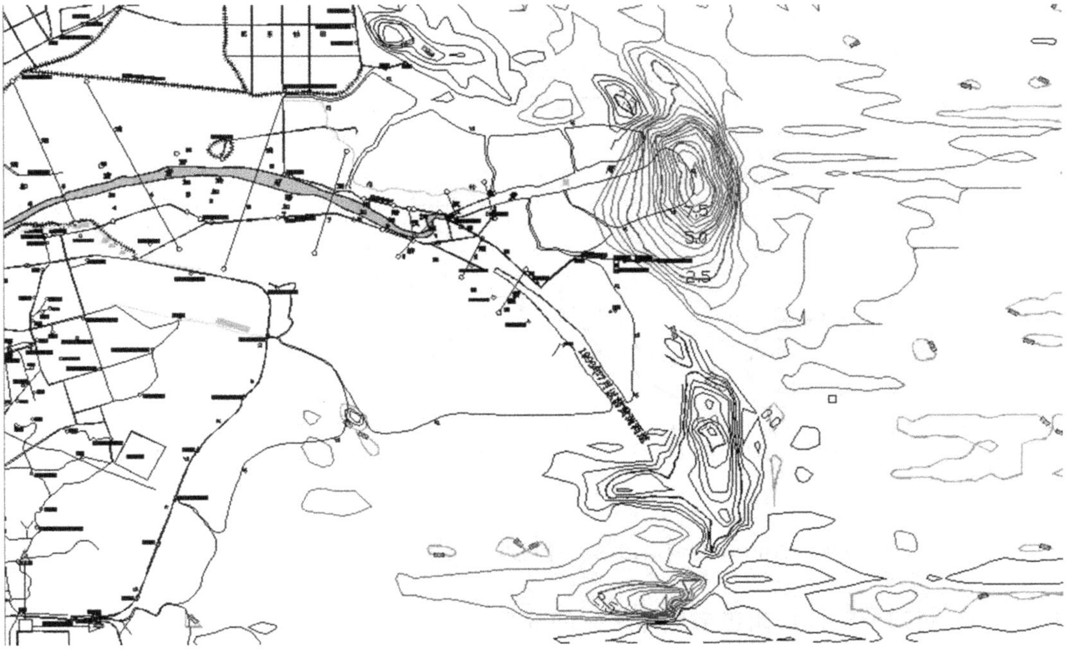

图 7-5　2000—2007 年黄河河口附近海域冲淤分布

界点以北表现为冲刷，临界点以南表现为淤积，冲刷的最大点在黄河河口以北，淤积最大点为黄河口门以南。还可以看出，随着时间的推移，冲刷强度在逐渐减小，淤积强度在逐渐增大，同时冲刷最大点基本维持在原位置，但淤积最大点则随着时间的推移而逐渐北移。

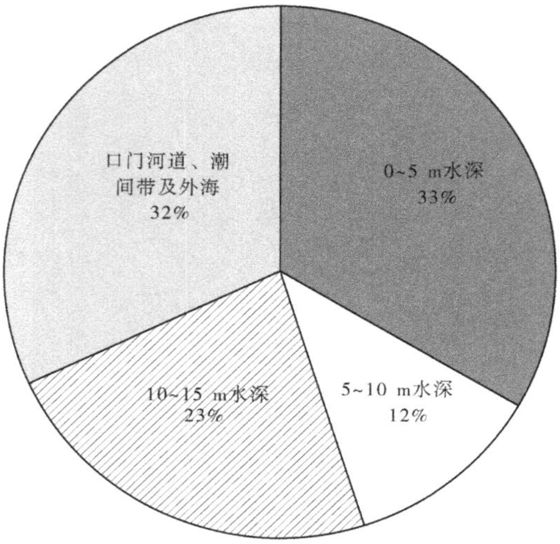

图 7-6　黄河汊河河口各部位冲淤分布

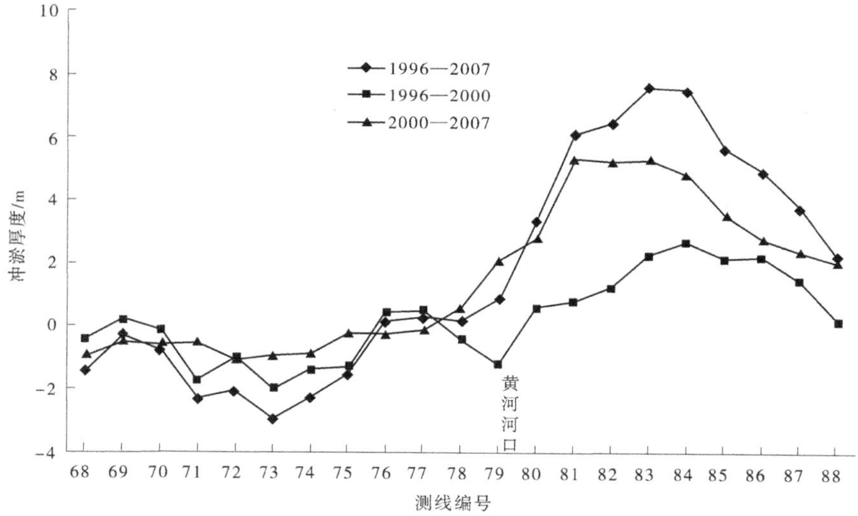

图 7-7　1996—2017 年黄河河口附近各测线 10 m 水深以下各断面冲淤厚度分布

7.4.2.3　黄河汊河河口附近海域冲淤时间分布

1996 年 5 月至 1997 年 5 月，由于清 8 改汊，入海流路缩短，再加上 1996 年 8 月洪水的影响，使河道及口门陆地部分冲刷，浅海区淤积占来沙量的比例很小，其余淤积在河道两侧的潮间带或被输往深海。1997 年 5 月至 2002 年 5 月，由于上游来水来沙偏少，特别是部分年份断流，所以来沙总量的大部分被淤积在河道及口门地区，少部分淤积在浅海区，其淤积总量占同期来沙总量的比值为历年最高。

2002年5月至2007年6月,由于连续5年的调水调沙,使河口河道被普遍冲刷,浅海区淤积和输往外海泥沙的比重较往年有所增加。

7.5 河口尾闾变迁

黄河河口尾闾摆动是黄河三角洲形成的主要因素之一,它一方面造就了黄河三角洲肥沃的土地,另一方面流路频繁摆动对黄河三角洲经济发展产生巨大威胁。黄河下游河道悬河的形成已有数千年甚至上万年,几千年来河口尾闾一直遵循着10年一改道的规律,每一次改道都再现了黄河由地下河到地上河决口改道的过程。因此,研究黄河河口尾闾摆动影响因子与治理办法等,对于保障黄河河口的健康生命和该地区“黄蓝发展战略”的实施具有重要意义。

7.5.1 黄河河口尾闾演变分析

7.5.1.1 河口尾闾延伸摆动的影响因素

(1)黄河挟带的巨大沙量与入海海域容沙能力有限是黄河近代河口尾闾发生周期性改道的根本原因。

巨大沙量致使河道淤积,渤海水深浅致使堆积河口不断延伸,由此现行河口尾闾遵循初期归—中期单—行河—末期在潮流界位置不断分汊摆动—最后决口改道的周期规律。行河初期河水在没有主河道的大地上散乱漫流,经过水流的不断刷深,主河道逐渐形成,进入单一顺直的有利于行河阶段;随着河口延伸,河口比降缩小,溯源冲刷作用消失,溯源堆积作用显现,河口拦门沙向口内转移,河口逐渐不畅,于是几乎每一场大洪水就在潮流界位置发生分汊摆动,其原因是由于河口行洪不畅,在潮流界位置洪水遭遇大潮顶托,水位升高,前行无路,很容易在该处寻找河岸薄弱点自然出汊摆动;3~5次自然分汊后,整个河口形势愈加变坏,由于溯源堆积作用上延,下游河道弯道作用导致河岸出现薄弱点,上游洪水倾泻而下在该弯道环流作用下冲破河岸决口改道。

(2)黄河大堤修防终点即尾闾摆动顶点。

由于汉唐以来河口修防仅到利津,东汉以后黄河经利津入海。而利津以下均为无约束自然河道,因此1855年以来前7次决口改道均发生在利津以下12 km处宁海附近的韩家垣、岭子庄、盐窝、八里庄、纪家庄、合龙处,这是黄河尾闾自身运行规律的必然结果。尤其在胜利油田开发以后,黄河修防范围向下游延伸,三次改道点下移到渔洼。

7.5.1.2 黄河尾闾大堤决口的过程与机制

(1)河口尾闾从行河初期到行河末期由地下河到悬河的演变进程。

黄河的高含沙特性导致每一条尾闾在顺直阶段中期开始呈现地上悬河特征,尾闾结束后从改道点至尾闾末端更是在三角洲洲面上形成了一道宽阔的沙脊。如1964年1月凌汛改道后,黄河尾闾由cs10(罗家屋子改道点)转向刁口河行河。罗5断面(改道顶点下游8.69 km)在1965年4月开始首次监测。发现当年大洪水对尾闾初期淤积散流造床作用明显,已是完全处于河流自然状态的罗5断面完整显现了河口尾闾从行河初期到行河末期由地下河到地上河的演变进程(见图7-8):经过近17个月的淤积散流行河,河道仍呈多股河散流造床阶段,但仍然是地下河,但 1968 年河道已归股显现悬河特征,1968 年以后悬河宽度、高度都不断加剧,到 1976 年改道末期尾闾初始段河道已演变成地上二级悬河,尾闾其他下游河道演变进程基本相似,并且剖面悬河程度更严重。

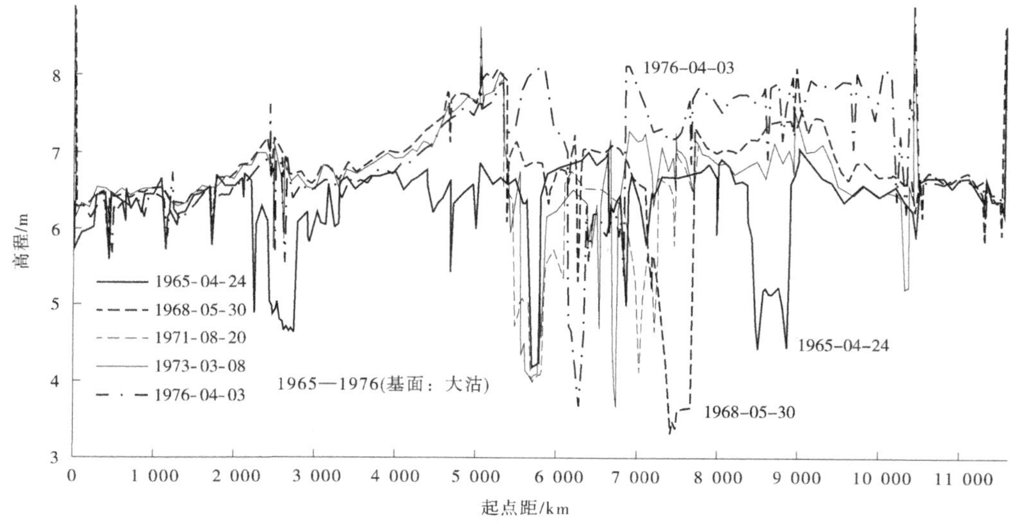

图 7-8　罗 5 断面 1965—1976 年演变进程

(2)弯道水流的运动规律使凹岸成为决口险点。

黄河下游为弯曲形河道,弯道环流呈现断面环流与螺旋流特征。当水流作曲线运动时会受到重力和离心力的作用,离心力的作用会使水面形成横向比降,凹岸的水流由水面流向底部,而凸岸的水流则由河底流向表面,形成了断面环流。断面环流和水流纵向运动综合的结果便形成了弯道段中的螺旋流。断面环流的底部流动方向是由凹岸指向凸岸,所以凸岸进口及凹岸会发生冲刷,而凸岸则发生淤积。河口河道弯段水流特性,不断凹冲凸淤,致使水流往往冲破凹岸堤形成决岸决口。弯道水流运动情况见图 7-9。

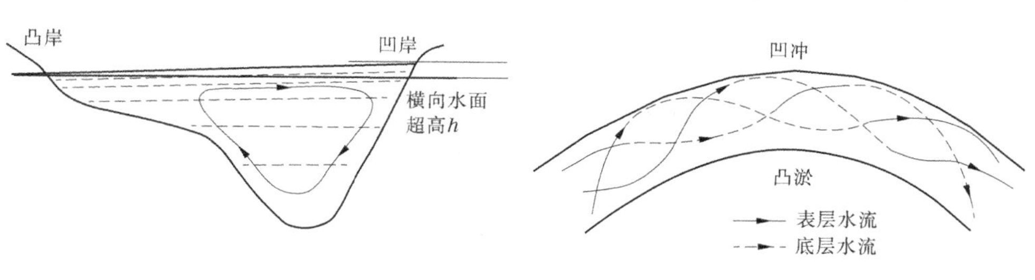

(a)断面环流　　(b)螺旋流

图 7-9　弯道水流运动情况

(3)弯道环流突破无约束悬河河岸导致河口尾闾周期性改造。

几千年来的黄河防汛都在各个弯道凹岸节点处修建了一座座险工堤坝,来抵御弯道环流对凹岸的下切侵蚀。历史上河口修防只兼顾到利津,利津以下皆为一览无束的冲积平原，黄河出利津后仍保持弯道河流自然状态特征，于是在出利津后第一、二个弯道处弯道环流就开始起剧烈的刷岸作用。当弯道环流突破地上河岸后，立刻俯高而下另选平原洼地开始第二条流路的循环，这些自然决口改道弯道点大都位于宁海附近上下数千米不等，形成了以宁海为顶点的改道点群。黄河三角洲尾闾河道变迁过程见图 7-10。

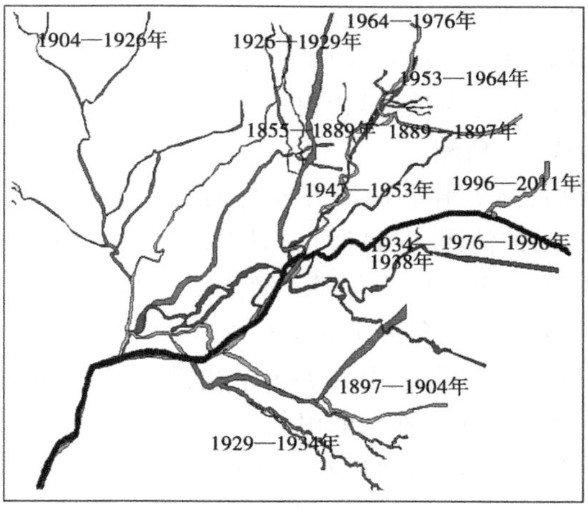

图 7-10　黄河三角洲尾闾河道变迁（摘自庞家珍，1980）

7.5.2　1855 年以来黄河三角洲形成过程和演替机制

泥沙在河口淤积演进，黄河尾闾河道每一个河口，都会形成一个三角洲。后续河口不断行河，产生的三角洲陆续叠加，三角洲规模、形状不断改变。通过历史调查与三角洲沉积分析，解译出每一条尾闾时期三角洲概貌，可以看出 1855 年以来河口尾闾演替过程（见图 7-11）。

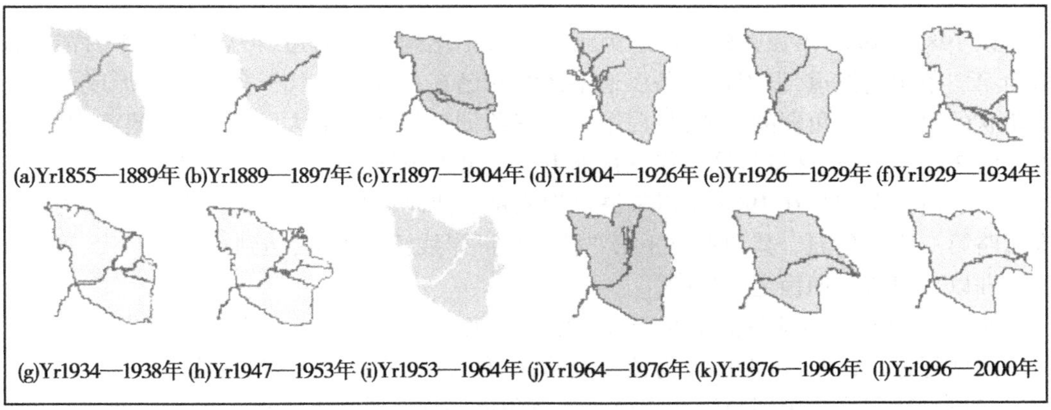

图 7-11　黄河三角洲演替图谱

自 1855 年黄河铜瓦厢改道入渤海 150 多年以来，已发生大改道 10 次，以改道顶点、行河半径、行河海域的不同进行分解，黄河河口尾闾的摆动已形成三代三角洲。

7.5.2.1　第一代(近代)三角洲

1855—1938 年前 7 次改道,以宁海为顶点,按先中间、后莱州湾东部、最后渤海湾北部的横扫顺序,形成了以宁海为顶点,北至徒骇河以东,南至南旺河以北的近代黄河河口第一代三角洲,该三角洲宁海以上为稳定的修防河道,尾间以宁海为顶点自由泛滥摆动,称为近代河口宁海第一代三角洲。

本次大循环形成的第一代三角洲占用了以宁海为半径的渤海海岸最大可能的范围,因此从实际与理论上看,以宁海为顶点只能有一个第一代三角洲。

7.5.2.2　第二代(近现代)三角洲

第一代三角洲形成后,随着胜利油田开发与河口经济发展,1953—1988 年尾间摆动顶点由人工下移到渔洼,以神仙沟—刁口河—清水沟三条流路在原第一代三角洲洲面中部区域再次横扫,形成中部的第二代三角洲。渔洼以上为稳定河道,渔洼以下为自然泛滥摆动区域,渔洼顶点位于第一代三角洲 1/2 半径处。

此三角洲只占用了第一代三角洲中部 1/3 岸线,第一代三角洲洲面北部与东部还可以形成两个第二代三角洲。但随着胜利油田与黄河三角洲的经济开发,黄河河口控导工程已下移到第一代三角洲的岸线上,河口不可能再按自然规律在第一代三角洲洲面上肆意改道摆动,理论上可以使用的北部与东部两个第二代三角洲已经不能形成。清水沟流路行河至 1988 年,河口已至尾间末期自然改道时期,标志着清水沟流路自然寿命的结束,这时第二代三角洲以渔洼为顶点亦已形成一个成熟的均衡扇面。

7.5.2.3　第三代(现行河口)三角洲

1983 年东营市建市后要求河口流路保持长期稳定,于是 1988 年始连续 5 年进行了河口疏浚试验,使清水沟流路强行延伸延长了 8 年寿命,到 1996 年时河口延伸成本已相当高昂,危及河口甚至下游河道防洪安全,如溯源堆积严重、河口不畅等,必须另解治河之道。于是根据当时海域的形势与油田淤海造陆采油的需要,1996 年在清 8 位置进行了人工出汊。

以 1988—1996 年强力延伸河道为第一个人工尾间本底河道,再以 1996 年后清 8 汊道为第二条尾间汊道,发现这两条汊道不经意间已在中部第二代三角洲南区形成了一个羊角状的第三代三角洲的雏形,目前第三代三角洲已形成南部大汶流、中间截流沟、北部人工河 3 个小海湾,这将是第三代三角洲下一步可以规划使用的 3 个尾间汊道行河范围。

由于该三角洲是在 1988 年以来清水沟流路延伸河道基础上形成的,因此命名为清水沟流路第三代三角洲。其顶点位于第二代三角洲岸线清 8 附近,达到了使第一代、第二代三角洲以上河道长期稳定的目的。

2011 年以来作为预备流路的刁口河已连续两年进行了黄河三角洲生态调水暨刁口河流路恢复过水试验,可形成作为预备流路的刁口河第三代三角洲的摇篮。

刁口河第三代三角洲与清水沟第三代三角洲一样都是在渔洼第二代三角洲洲面上形成的,属性相同,目前两个第三代三角洲所属区域已成为黄河三角洲自然保护区,黄河河口尾间基本可以在此范围内按照其属性自然摆动行河。第一代三角洲海岸剩余西部与东部仍有马新河、十八户两个远期预备流路,这就能形成多代三角洲河口依次使用或并行使用的局面,三代三角洲形成与分布情况见图 7-12。

图 7-12　三代三角洲形成与分布情况

7.5.3　河口治理有关问题讨论

7.5.3.1　从大堤决口的薄弱环节入手可有效地进行大堤防护

几千年来,黄河河口每一次改道都再现了黄河由地下河演变到地上河再决口改道的过程,分析其过程与机制发现,均为弯道环流裁弯取直过程中裁穿悬河河岸险点导致大堤决口,其对河道修防的作用可以延伸到黄河整个下游河道,还可以对历史上所有大堤决口的根本原因进行逆推分析。

7.5.3.2　多代三角洲演变对黄河河口的影响

清晰界定黄河河口行河区域,对三角洲地区土地的开发、保持河口尾闾原始野性属性具有重要意义。1885—1988 年已形成的第一代、第二代三角洲除去预留河道外都是安全稳定的经济发展使用领地,满足了黄河三角洲经济开发战略对土地环境安全稳定的依赖。第三代三角洲区域全部是可以自然行河的保护区湿地,不仅能满足河口尾闾泛滥行河,而且形成了中国东海岸最大的生态湿地自然保护区。

20 世纪 90 年代末开始的黄河水量统一调度与 2002 年开始实施的黄河调水调沙,保证了黄河的最小生态流量,有利于河口生态环境的改善。黄河尾闾摆动是河口几千年来的天性,因此要保障黄河河口的健康生命,仅做到不与河道争地还不够,必须为黄河河口尾闾留出一块可以摆动的三角洲,规划流路河口也要留出第三代甚至第四代三角洲。

(1)可以充分发育每一条河口规划流路,节约使用日益受限的海岸资源。

由于多年的开发利用,目前整个黄河三角洲海岸北部与东部已各修建 200 km 防潮公路海堤，建设成滨州港、东营港两个大型港口与刁口、孤东、永丰河、广利港等多个二级渔港，三角州海岸资源除刁口河与清水沟两个河口三角洲岸线为自然状态外，其他三角州海岸行河资源基本全部被经济布局占用。充分利用有限的自然海岸线行河，节约日益宝贵的海岸资源，是对河口流路规划提出的新要求，而多代三角洲复循环演变正好能最大化使用海岸资源，满足这一要求。

(2)可以数百年延长流路年限，创造国土环境长期稳定的要求。

多代三角洲行河形成的河口远期规划行水年限已不可限量。第一代、第二代三角洲岸线除现存与预留规划河道外，都是长期稳定的土地环境，满足了黄河三角洲经济开发战略对土地环境安全稳定的依赖。目前，第三代三角洲区域全部是可以自然行河的保护区湿地，不仅满足河口尾闾恣肆泛滥行河，而且形成了中国东海岸最大的生态湿地自然保护区。

(3)保持流路长期稳定。

多代三角洲河口复循环理念可以有效利用海域容积，处理安排好黄河泥沙，产生淤滩采油生产效益，减少海岸侵蚀威胁。人工出汊与自然分汊疏浚周期性控制缩短河长，调整河床比降，保证了防洪；避免过分延伸导致防洪紧张等多种重要作用。若目前清水沟与刁口河两个三代三角洲流路同时交替启用，三角洲整体大生态环境还可均匀恢复与改善，人工安排出汊可有目标地消除海岸侵蚀，并使每条流路三角洲可以获得喘息，延长年限，从而使流路长期稳定成为可能。

7.6 延伸特性

复循环流路河口沙嘴延伸的几个特性如下：

(1)河口沙嘴前坡水下地形动态的相对同一剖面主体部分形态随河口延伸近似保持平行曲线前进。

因口门是一个动态的变化过程，因此分析口门形态其他剖面也应进行动态比较，应针对某一固定对象追踪，而不能绝对其位置使比较对象不同一。中泓线是一个动态的剖面，分析其他剖面也应取相对于河口的同一位置来比较。

由1996—2001年的黄河河口海域地形资料分析清8出汊流路连续五年河口延伸形态，五年来的河口门位置略有摆动，口门出流方向为45°N～60°N，但口门沙嘴形态接近一致，口门外等深线围绕口门两侧基本对称变化。每年的口门中泓线虽位置不一，但剖面延伸坡度近似为平行曲线。图7-13中，中泓线前沿即是拦门沙坡体，可以看出虽然各阶段前进程度不同，幅度不一，但拦门沙坡体总趋势是随时间不断向海推进的，其剖面形态主要以上段倒坡、坡顶和前段陡坡三部分相连组成，这是泥沙絮凝、流速降低、淤积的主要部位，泥沙在口门前方快速堆积落淤，并且主要以滑坡体形式向海推进，因此这种陡坡只有在走河期间才存在，河口摆动后，陡坡受潮流侵蚀将逐渐变缓。泥沙淤积体在重力作用下向前方推落，陡坡比降也比较一致，坡度大都在1/200左右。

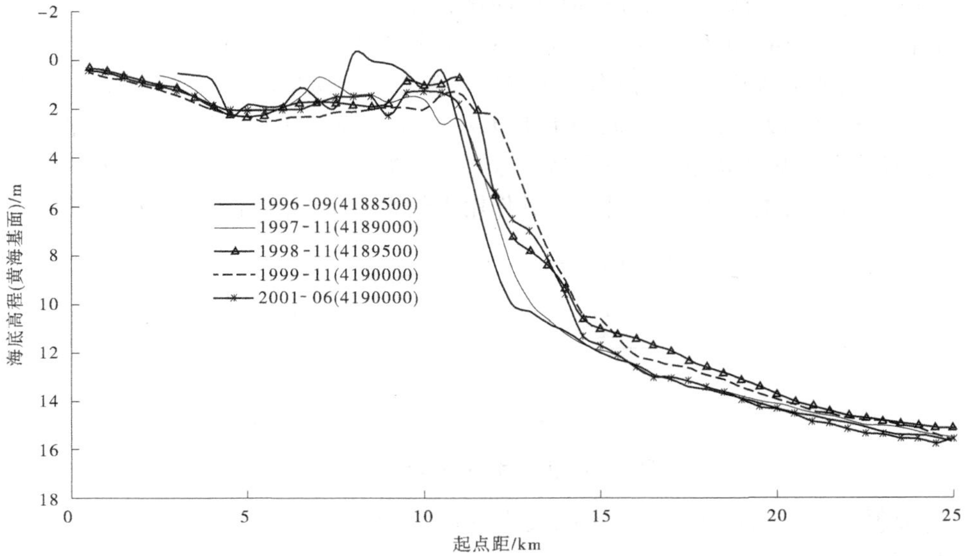

图 7-13　1996—2001 年清 8 出汊河口中泓线纵剖面

事实上,1976—1995 年的清水沟流路,河口口门因不断摆动延伸,变化巨大。河口口门延伸形态因行河海域状况变化存在较大差异,中泓线坡度延伸形态差异显著减小,大部分年份接近平行。实际上不只中泓线,包括对称于河口相对同一位置的其他滨海区断面,多年变化剖面比较图上比降变化不大,为近似平行曲线,只要超过 3~5 年,精确性就越高。图 7-14 反映了 1996—2001 年河口东侧的一条断面,相对河口门南侧 2 km,测线东西方向布设,基本垂直海岸,可以看出这些剖面曲线主体部分近似平行。

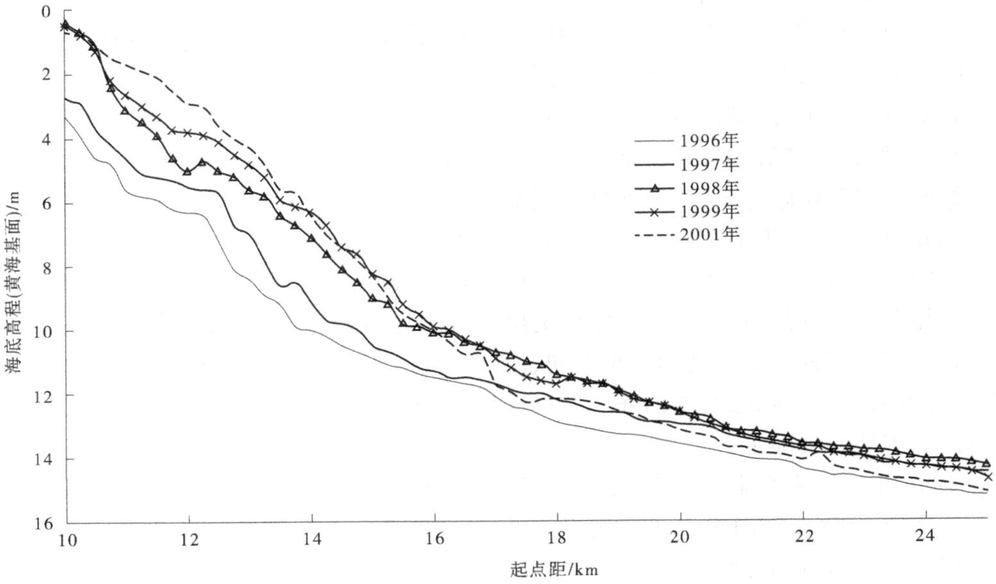

图 7-14　1996—2001 年河口南侧剖面形态变化

由此说明：不管河口海域条件如何，泥沙淤积在河口前方塑造了一个水下前坡，这个前坡同时承受着海动力的巨大作用。因非汛期时间占多半年，海动力在长时间里起主要作用，水下前坡的平衡状态最终由海动力确定。各年发生风暴潮、灾害性急流时会破坏这个平衡，但这种破坏力作用时间短，只有几天甚至几分钟时间，最终还会恢复平衡状态。河口前方海动力的基本规律性连续保持一致，即海动力侵蚀力可认为在一条流路时期各年度之间基本相同，主要作用力相同，则其作用下的平衡状态剖面是平行的，见图 7-15。

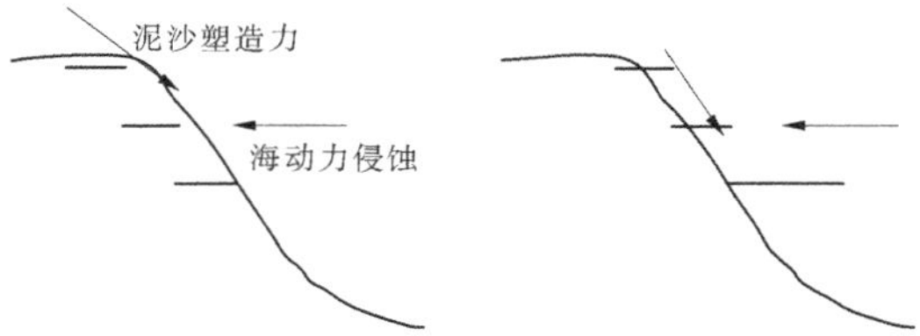

图 7-15　河口水下前坡受力特征

（2）复循环出汊流路河口沙嘴不断突出延伸，其海岸根部宽度达到一定程度时将趋于冲淤平衡，最终达到稳定。

多年河口监测证明：一个单一河口影响海岸线范围有限，一般是 20 km 左右，而复循环流路是由人工出汊完成的，其出流口门位置开始几年是固定的，其流路担负着 10 年以上的行水年限，中间过程不会允许其摆动，河口口门出流方向受潮流、径流强度影响可能稍有变化，但变化幅度不会很大，因河口口门两岸高程较低，行洪时潮间带以下沙嘴部分漫流入海，可能会形成一些仅数米宽的小汊沟，使河口口门两侧发育、抬高稳定口门，主流形势将会加强，因此复循环流路在行河期间将会一直保持突出延伸的趋势。1976—1996 年，清水沟老口门行河尽管人工干预较少，但河口门仍大致向东偏南方向发育。

河口口门突出延伸，口门外沿岸输沙潮流不断加强，河口扩散泥沙主体在河口前方与两侧分布，淤积厚度等值线以口门前方为中心形成层层闭合的椭圆套，椭圆长轴垂直于河口门，闭合环外层淤积厚度已非常微弱，尤其在突出河口，河口远远偏离海岸，河口入海基本不能影响到海岸根部，河口海岸根部成陆时间较早，在流路行河数年时间之后，因沙嘴突出延伸，海岸根部潮流强度已非常微弱，尽管失去了沙源补给，但在微弱海动力下将会达到冲淤平衡，即复循环流路行河数年后影响的海岸线长度将会稳定。清水沟流路 1976—1996 年由于行河时间长远，海岸早已固定甚至北部修有海堤。

在平顺海岸，比如第一年出汊行河，如果沙量很小，则河口沙嘴规模是很有限的，但 1~3 年根据黄河多沙的特点，河口肯定要突出形成一定规模，以后河嘴向前延伸，但根部会保持稳定；在凹海岸，随海湾的大小不同，河长延伸速率不同，但当河口开始平顺甚至突出时，标志着海湾的影响已基本消除，这时可以归为平顺海岸的情况，关于填充年限可以根据海湾的容沙能力确定。

因 1996 年汛期来水来沙较大，汛后河口在原平顺海岸上延伸了 8 km，河口沙嘴形成了巨大的规模，1996—2001 年行水 5 年来沙嘴海岸根部一直保持稳定，即河口入海泥沙扩散对根部影响与海动力间趋于冲淤平衡。这样，1996 年清 8 出汊新河达到预定河长行水年限后河口沙嘴形态在原海岸上的宽度即可以确定为 1996—2001 年沙嘴根部的平均稳定宽度。

(3)不管海域条件相差如何,入海泥沙首先塑造前方水下剖面体以及其向前的延伸部分,直至达到平衡状态使河嘴前方水下剖面部分海域条件近似或相同的主要淤积区特性。

黄河入海泥沙在河口淤积主要有两种形式,第一种是泥沙快速絮凝,流速迅速降低,大量泥沙在口门及口门前方大块落淤,泥沙快速堆积以滑坡体形式向海推进,使河口沙嘴不断延伸;第二种是第二次被波浪启动的泥沙与随径流表层入海的泥沙以及异重流泥沙在潮流输沙作用下往外海扩散,其扩散程度的不同以及潮流的强弱导致泥沙层层落淤。这两部分泥沙塑造了河口沙嘴水下剖面的整体平衡。从河口等深线地形图可以看出,随着沙嘴向外海推进,各等深线也同时向外海推进,河口沙嘴 10 m 水深以上部分坡度很陡,在长期的海动力作用下,这个剖面要达到一个支撑力与重力平衡状态,海动力侵削的泥沙需要不断向深水输移,以便稳定这个支撑力。

7.7　复循环演变

黄河河口的自然演变规律,具体到一条流路的发展过程,基本遵循了淤积(散流)—延伸(归一)—分汊(摆动)—改道的单循环自然演变过程。多年来,随着对河口认识的不断提高,在分析河口水文观测资料成果的基础上,采取人工干预措施的作用,这些重大人工干预措施已改变了河口流路单循环演变的自然进程。

三角洲经济的发展要求稳定现行流路,黄河河口再也不允许在自然力作用下随机改道,而是严格在人工干预措施控导作用下行河,这些越来越成熟、越来越重大的人工干预措施改变了河口自然延伸的特性,改变了河势变化的自然特征,在诸多条件限制、作用下,产生了黄河河口新的演变规律——河口复循环演变规律体系,简要说就是:一条大流路主干突出延伸结束后,在荒芜海岸附近利用人工干预措施安排 4~5 次复循环出汊流路行河,每条出汊流路行河 10~20 年,使此大流路总行水年限出现 5~6 倍的增长。大流路行河 50~80 年,海域容沙能力结束后再安排另一行河海域,进行有计划的第二条复循环流路行河。每一条复循环流路行河结束形成一个流路三角洲,数个复循环流路三角洲相连使三角洲海岸均衡延伸。因此,有选择地安排海域行河,有利于保护港口,可充分利用黄河水沙资源淤滩采油,使三角洲的生态环境整体改善。摆动顶点下移,解除了黄河尾闾泛滥之患,为黄河三角洲提供了一个清晰的、相对长期稳定的可持续发展的国土资源环境。更重要的是复循环流路是在黄河尾闾演变,自然行河特性内在规律的各个环节上,加以人工干预措施,复循环出汊,并不违背河道的自然行河特性,能够缓解河口防洪压力。

具体解释为:黄河河口尾闾变迁基本遵循着自然条件下淤积、延伸、分汊、改道的单循环演变规律。流路运用单循环自然演变过程,行水年限有限,多年统计只有 10 年左右,远远达不到新形势下尽量保持流路长期稳定的要求。人工干预措施对河口演变机制的改变起着巨大的影响作用。实施强有力的人工干预措施,已成为黄河新时期治理的特点。通过重新审视河口的演变过程发现,单循环规律四个环节中只有第二个顺直(延伸)阶段最有利于行河,并影响流路寿命的长短。分汊标志着一条流路已到末期。一条流路每当在末期分汊时节，安排几个最有利于行河的顺直阶段，在其他环节进行有力的人工干预措施，缩减不利于行河的环节时程，就可以延长一条流路的行水年限。

其方法是，根据水沙过程、河口形势、海洋动力条件以及黄河三角洲生产力布局情况，首先在某一大流路第一个出汊节点处实施人工干预措施，保持原来的河势突出塑造主干河道；主干河道塑造完成后，使出汊顶点沿主干河道下移到某一位置进行第一个人工出汊行河；在第一个出汊流路完成行水年限后，在此出汊顶点附近（可以在主干河道，也可以在出汊河道），再进行第二次出汊行河，这样主干河道与 4～5 次出汊行河河道起到了 5～6 倍延长原流路自然特性中最有利于行河的延伸（归一）阶段；由于刚完成行河的三角洲，数个河口之间没有衔接，海岸不平顺，存在数个小湾，仍有一定的容沙能力，只要不危及防洪，河水可以在一定范围内和原始地貌状态一样恣肆行河摆动，进行末期的填湾；海岸容沙能力基本用完后，再人工干预向上进行另一条顶点的新改道，使延伸环节为复循环，数倍地延长了流路行水年限。

复循环流路的特性：以往的单循环流路，只有一个主河口，影响海岸河口泥沙扩散范围不超过 20 km；只有一个主顶点，流路保持 “改道顶点、入海口门、行水年限” 三要素唯一的特性。而 1976 年至今人工干预的行河过程，除具备流路三要素组成特点外，还形成了流路三角洲的复循环横扫过程。这个行河过程综合了单循环流路与三角洲三要素的特性，形成了独特的“复合三要素”特性，即每个要素不再唯一，而是数个。如改道顶点由一个主改道顶点加一组小顶点群组成、入海口门由主干河口加 4～5 个出汊河口组成、三角洲海岸由数个河口淤进海岸相连，行水年限几倍地增长。完成行水年限后，以这组顶点群中心为顶点，以各河口的平均河道长为轴长，一定的轴心角组成了一个三角洲的横扫塑造，即这个流路的复循环环节进程塑造成一个流路三角洲，而不是单循环中单纯的一个河口。

由复循环流路三角洲大行河过程组成的流路安排，对整个三角洲的流路规划更具有实际的作用。主改道顶点的位置与行河流路需要经过严密设计然后经具体工程实施，这样规划出了清晰的行河路线。主改道顶点位置辐射整个三角洲，它的周期约为 80 年，在近代三角洲大地上为流路规划提供了广阔空间与时间。4～5 条大流路顺序行河，可以完成整个三角洲海岸线的横扫过程，从容地争取了 300～400 年的流路安排时间，对利用黄河水沙资源改善生态环境、海岸均衡延伸造陆具有重要的意义。

复循环流路三角洲行河过程的形成前提是在流路各个环节实施相应的人工干预措施。为有别于单循环自然演变，称其为“人工干预下的黄河河口复循环演变”，称人工干预复循环环节下的流路过程为“复循环流路大行河过程”。

在复循环人工出汊时期，各出汊河道也具有一条流路的三要素唯一特性，其行河过程也具有单循环的四个单一过程。只是四个进程中尽力延长有利于行河的延伸归一环节，不利于通过人工干预开挖主槽等措施尽力消除行河的第一漫流环节的副作用。在第三分汊环节要及时作好下一次人工出汊的准备，但不急于改河，以充分利用容沙能力在口门附近自由摆动行河，因为该出汊河道已不再存在使用价值，淤坏、淤废都无关紧要，只要严密监测不危及出汊点以上河道防洪即可。这样根据容沙能力利用、河口防洪、来水来沙等的综合情况决策使用准备好的新出汊河道。

7.8　河口变化对黄河下游的影响

河口的淤积、延伸、改道可以理解为变更河流侵蚀基面的高度，从而引起河流纵剖面的调整以及水流挟沙能力与来沙量对比关系的改变，产生自河口向上发展的溯源堆积和溯源冲刷。这种溯源性质的堆积和冲刷与河流塑造平衡纵剖面过程中所产生的沿程淤积和沿程冲刷是性质不同的两种河床变形，前者自下而上发展，变幅下大上小，受制于流程的增长和缩短，后者自上而下发展，变化范围一般上大下小，受制于水流挟沙力与来沙状况的对比关系。

铜瓦厢决口初期，下游无堤防控制，直至 1875 年，各部分河段修有民埝御水，洪水极易出槽，所挟泥沙大部分沉积在张秋镇以上的冲击扇上。因此，自 1855 年铜瓦厢决口夺大清河道至 1889 年韩家垣决口改道毛丝坨，这 34 年的前期和中期，并不产生明显的溯源堆积。1875 年，在陶城铺以上泛区开始修筑南北大堤，泺口以下淤积发展严重，决口频繁。直到 1889 年，黄河为获得输沙能力而对大清河纵剖面所进行的改造大体完成。此时，河口演变对黄河下游的影响相对突出。这种影响主要反映在泺口以下河段，表现在由改道初期产生的溯源性质的冲刷和淤积延伸所产生的溯源堆积的交替发展上。应当指出，当相临两次河口改道所形成的延伸长度大体一致，侵蚀基面的高度并未发生重大改变时，河床这种周期性的抬高和降低并不造成河床的稳定性抬高，只是当河口流路在其顶点所控制的扇面普遍摆动，海岸线普遍外延，也就是说，当侵蚀基面的高程发生稳定性抬高之后，下游水位将出现一次稳定性抬高，此后，溯源堆积及溯源冲刷的交替变化将在一个新的高度上进行。

山东黄河下段两次水位稳定抬高，原因一是河口淤积延伸造成的三角洲岸线外移，二是过量来沙超过水流挟沙力而产生的沿程堆积。简言之，水位抬升是溯源堆积和沿程堆积二者叠加的结果。第三阶段之所以比第二阶段水位上升幅度大，是由于人民治黄以来，黄河下游伏秋大汛未决过口，大量泥沙被淤积在河槽和河口所致。

1855—1992 年现代黄河三角洲的海岸线（从徒骇河口至南旺河口）推进。

下面着重对清水沟的演变过程进行分析，其可分为以下 5 个阶段：

（1）1976 年清水沟改道初期的 7—9 月曾发生显著的溯源冲刷，由下而上传递，影响范围至刘家园。

（2）嗣后，随着河口迅速向前延伸，1976—1979 年表现为溯源淤积，其上界也在刘家园附近。

（3）1979 年，河口位置有一较大的变动，由清 4 改向北偏西方向，路程缩短，1979—1984 年发生溯源冲刷，上段影响至刘家园。

（4）1984—1995 年，人工控制使河口相对稳定，这一时期又多以中枯水为主，长期发生溯源堆积加沿程堆积，影响上界点为刘家园附近，水位上升幅度是河口变化历史上最多的，各站上升幅度都很大，尾闾出口在 20 世纪 90 年代前五年出现“龙摆尾”，自清 10 以下 1990—1991 年向东，1992 年向南，1993 年向东南，1994 年又向东，1995 年又向东南，极不稳定，主河槽上升速度极快，防洪形势存在着巨大危险。

(5)1996 年由胜利油田动议,经黄河水利委员会批准,在市政府领导下,油田与河务部门合作,进行了清 8 改汊工程,这次小型改道后,效果较好,1995 年至 1996 年 9—10 月相比,发生溯源冲刷,向上至清河镇尚有微弱影响。利津以上维持时间 1 年,利津以下维持时间两年。1997—2001 年来水极枯,水、沙量均不足利津多年平均 1 年的水、沙量,这 5 年河口稳定,延伸极少。可以认为,丁字路 2002 年同流量水位下降是 1996 年清 8 改汊溯源冲刷的继续。因此,1996 年清 8 改汊是一次一举两利的工程,河口水位下降,缓解了河口水位迅急上升的严峻形势,又对浅海油田淤成陆上油田创造条件。清 8 改汊的成效有三个因素:一是事先开挖了引流沟槽;二是 1996 年来水条件较好,为汊河发生溯源冲刷提供了有利条件;三是改汊前的前期地形较高,因而溯源冲刷的效果显著。

根据大小五次(1953 年、1960 年、1964 年、1976 年、1996 年)改道的背景及对下游河道直接影响的范围、幅度和作用历时作出如下综合分析:

(1)改道点对下游产生影响的物理性质,主要表现在河道纵比降上。改道后,在改道点以下形成集中的单股水流以后,流速及挟沙力自上而下由小变大,再由大变小,使得改道点上游发生溯源冲刷,而下游则发生沿程堆积,比降逐渐朝调平方向发展,使改道点下游河段比降的增加很快受到限制。因为三角洲面发生严重堆积时,口门也在堆积和延伸,当延伸达到一定规模,由洲面堆积所增加的落差不能抵消由河口延伸所要求的落差时,改道点以下河段比降开始减小,使以后的堆积转而具有溯源性质。

(2)1953 年、1960 年、1964 年、1976 年、1996 年的改道都产生过不同程度的溯源冲刷。1953 年的河道是 1934 年合龙处改道的继续(1938 年 6 月至 1947 年 3 月山东河竭),在 1934 年改道初期、1964 年改道初期,水流散乱,改道点以下河面宽广,并未形成明显的溯源冲刷。直到 1953 年并汊改道神仙沟独流入海以后,同样刁口河于 1967 年也形成单股集中水流以后,才产生比较明显的溯源冲刷。1960 年在四号桩以上 1 km 右岸所发生的老神仙沟劫夺改道,规模很小,因是成型沟槽劫夺,次年即产生小规模的溯源冲刷。1976 年人工改道清水沟曾产生两次溯源冲刷,一次是在 1976—1977 年,另一次是在 1979—1984 年。1996 年的清 8 改汊因有成型引流沟槽,再加上有利的来水条件,也产生了溯源冲刷。各次溯源冲刷的幅度由改道点向上沿程减小。在同一次冲刷过程中,随着流量的增加,溯源冲刷的幅度有所增强。在这五次改道中,溯源冲刷效果最大的是 1953—1955 年。

(3)溯源冲刷或溯源堆积是自下而上发展的,但并不是在所影响的范围内同步发生,需要有一个传播时间,逐渐向上传递。溯源冲刷的发展主要在主槽内进行,使滩槽差增加,宽深比减小。溯源堆积的后果则与其相反。

(4)相临两次改道所产生的溯源冲刷过程中发展着溯源堆积,溯源冲刷是以溯源堆积为前提条件的,即溯源堆积发生在溯源冲刷之前。河口沙嘴延伸是渐进的,由此而造成的溯源堆积过程也是逐渐积累的,占河口演变中的大部分历时。河口流路变迁是河口演变过程的跃变,由此而产生的溯源冲刷过程是比较剧烈的,历时也比较短暂。黄河口溯源冲刷和溯源堆积交替发展,但以溯源堆积造成的后果为主;溯源堆积与沿程堆积叠加在一起,构成同流量的水位稳定抬升的最后结果。由于黄河过量来沙超过水流挟沙能力,溯源堆积的作用并不超过沿程堆积的作用。

第 8 章　黄河三角洲海岸分析

黄河自 1855 年夺大清河道入渤海的 140 多年来,除 1938 年以前部分时段在河口段以上改道使现三角洲河竭和 1938—1947 年花园口人为决口夺淮入海外,其余一百多年均在现三角洲上行河入海。由于黄河每年都挟带巨量泥沙进入河口地区,并且在三角洲面上决口、分汊、改道频繁,使三角洲演变剧烈,海岸线变化复杂。近代黄河三角洲是黄河自 1855 年铜瓦厢决口夺大清河入海以来形成的以宁海为顶点,北起徒骇河以东,南至南旺河(支脉沟河口)以北的扇形地区。三角洲的形态大致是以东北方向为轴线,中间高、两侧低,西南高、东北低,向海倾斜,凸出于渤海的扇面。

自 1855 年,河口流路有几次发生较大的改道,最初在三角洲东北部入海,以后改走东南方向,然后由北部入海,目前在三角洲的东部入海。黄河入海流路在三角洲洲面上普遍行河一遍。每次河口改道都在行河处留下一大沙嘴,每两沙嘴之间形成一小海湾(俗称洼拉),因此黄河三角洲岸线便成了由太平镇、车子沟、刁口河、神仙沟、清水沟、甜水沟六大沙嘴相互连接成的曲折岸线。

8.1　海岸演变规律

8.1.1　河口水文特征

根据利津水文站 1950—2020 年实测系列资料(见图 8-1),河口水文特点为:

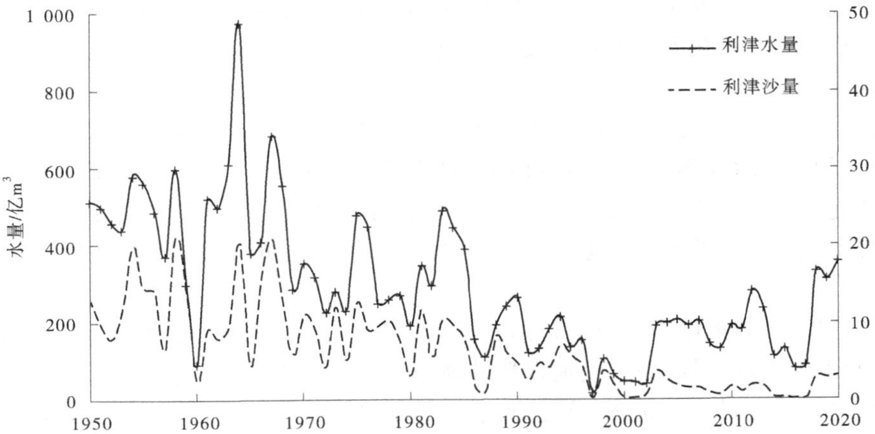

图 8-1　利津水文站 1950—2020 年实测系列资料

(1)黄河口径流量、输沙量年际变化较大。

(2)来水来沙年内分配不均,水沙量主要集中于夏秋两季的汛期。

(3)1950—2000 年,河口来水来沙递减趋势明显。不同年代水沙量过程具有明显的台阶减少趋势,特别是 20 世纪 80 年代后这种趋势愈加明显。

(4)各入海流路水沙条件变化较大。70 多年来入海流路发生三次变迁,各流路水沙条件有所差异,特别是清水沟流路期间,水沙条件有更大的变化。

(5)1972 年以来,黄河河口开始出现断流现象,至 20 世纪 90 年代更加突出。自 1999 年黄河水利委员会对黄河流域水资源实行统一管理和水量统一调度,实现了河口连续三年不断流,但输沙量、入海水量减少的趋势没有得到根本改变。为恢复黄河的健康新生命,2002 年后黄河实施调水调沙,入海径流量和输沙量明显提高。2018 年黄河实施春季黄河下游生态调度和探索调水调沙优化模式,进入河口径流量和输沙量显著增加。2018 年、2020 年进入河口地区水沙量都显著高于近 30 年的平均水沙量。

8.1.2　海岸演变规律特征

黄河三角洲岸线是由太平镇、车子沟、刁口河、神仙沟、清水沟、甜水沟六大沙嘴相互连接成的曲折岸线。近年来,由于黄河流路的变化和黄河三角洲开发对其海岸线的工程治理,黄河三角洲海岸情况发生了较大变化,形成了自然状态下的淤泥质海岸、有工程控制的海岸、黄河现行河口及黄河故道河口海岸三种海岸形式。其中,自然状态下的淤泥质海岸分别位于刁口河以西及清水沟老河口以南至小清河口;有工程措施的海岸是指一零六沟至孤东油田海堤南部;黄河现行河口及黄河故道河口海岸主要包括现黄河口、清水沟老河口以及刁口流路老河口附近海岸。

由于三角洲岸线是黄河冲积而成的淤泥质海岸,因此岸线稳定性较差,受黄河来水来沙、河口流路变化及海洋动力因素等影响较大。在行河的岸段,由于黄河入海泥沙的淤积,岸线不断向海淤进,填海造陆速率较快,每年以几平方千米至几十平方千米的速度呈扇形向海淤进;当河口发生改道后,停止行河的故道河口附近岸段,由于缺少泥沙补给,在海洋动力因素作用下,初期出现强烈侵蚀后退,之后蚀退速率逐渐缓慢,最后向相对稳定的方向发展。

黄河三角洲海岸的另一特点是:由于黄河三角洲潮间带广阔,在高潮岸线和低潮岸线之间,是广阔的潮滩(滩涂)带;三角洲南部相对平缓,潮滩宽度与北部相比,相对较大。在行河河口沙嘴处,潮滩宽度较小。黄河三角洲广阔的海滩上栖息着大量的贝类和其他海洋生物,还是一些鱼类和飞禽觅食的好去处。除此之外,黄河三角洲潮滩也是可利用的资源。

清 8 出汊河口附近岸段是正在行河岸段,该岸段处于淤进状态,但由于 1996 年以后,进入河口的水沙量减少幅度较大,河口造陆速率较以往大为减小,近几年河口附近海岸变化较小,基本处于相对稳定状态,这是现河口出现的新特点。清水沟老河口岸段自 1996 年停止行河后,发生剧烈蚀退。由于石油开发的需要,胜利油田在现河口以北自孤东油田开始一直到刁口河之间的岸段,修建了防御标准较高的防潮堤,高潮被限制在防潮堤以外,该岸段是人工控制下相对稳定的岸段。三角洲北部的刁口河 1976 年停止行水后,开始出现强烈蚀退,近几年已趋轻微蚀退并向平衡稳定方向发展;三角洲南部海岸由于长时间没有行河,目前基本处于稳定状态。

黄河输往河口地区的泥沙除一部分淤积在河口附近河道外,其余部分进入河口滨海区,其中大部分快速落淤在河口附近的近岸海域,还有一部分被海洋动力输往较远的海域。因此,黄河三角洲海岸演变与河口流路的变化和入海水沙的变化关系密切。

河口海岸延伸速率的一般规律是:流路行水初期延伸速率较快,以后随着入海口门向滨海区深水的突出逐渐减缓。停止行河河口海岸蚀退的一般规律是:河口海岸在停止行河的最初几年蚀退较快,以后逐渐减缓,直至基本稳定。

8.2　淤泥质海岸的变化分析

8.2.1　自然状况下淤泥质海岸的变化分析

8.2.1.1　淤泥质海岸与潮滩分带

淤泥质海岸是主要由粉沙、黏土组成的海岸,其岸滩坡度相当平缓。淤泥质海岸主要分布在大河河口一带,在掩蔽条件较好、波浪环境较弱、有细颗粒泥沙补给来源的海湾和堡岛后方海域。我国淤泥质海岸约占大陆海岸线的1/4,主要分布在长江河口、黄河(包括废黄河)河口及其邻近海岸和浙江、福建、广东的一部分港湾。在国外,亚马孙河由于入海物质的沿岸输运形成苏里南沿岸的淤泥质海岸。西北欧的Wadden海因岸外有一系列堡岛作天然屏障,堡岛与陆岸之间成为细粒泥沙沉积场所,形成独特的淤泥质海岸类型。

淤泥质海岸的近滨地带坡度十分平缓,介于高、低潮位之间的潮间带滩地宽广。淤泥质海岸中与人类生存活动关系最为密切的是潮滩,由于它滩宽坡缓,为沿海地区可持续发展提供了十分宝贵的后备土地资源和生物资源,为沿海海堤防御海患提供了天然缓冲带和屏障,为沿海地区的生存环境提供了重要的生态护卫。淤泥质海岸的冲淤演变也集中反映在低潮位以上的潮滩上。

潮滩(tiddflats)的不同部位、高程、潮水淹没历时、水流流速和波浪作用强度都有明显的差别。因此,潮滩可划分为潮上带、潮间带和潮下带,其主要部分潮间带又可细分高潮滩、中潮滩和低潮滩。

潮上带(超潮滩)位于平均大潮高潮位以上的海滨湿地,基本上摆脱了潮汐的周期性影响,只是在特大潮汛或风暴潮时,海水可以浸漫到这一地带。泥沙淤积作用非常微小,大致呈稳定状况。滩地通常出露在空气介质下,成为盐碱沼泽地。滩面往往留下潮沟的痕迹或龟裂地,在这一地带有稀疏的耐盐碱植物生长。

潮间带(潮滩)一般位于平均高潮线和低潮线之间,但是在潮差大的海岸也有以平均大潮高潮线和平均大潮低潮线为其上、下界限。在每一个潮周期内,由于潮位升降,高潮位时滩地几乎全部被海水浸漫,低潮位时则出露在海面以上。根据滩坡所处的潮位,海水淹没的历时以及水动力条件等的差异,潮间带在横向上可以区分为下列的亚带:平均大潮高潮线与平均小潮高潮线之间的地带为高潮滩;平均小潮高潮线与平均小潮低潮线之间的地带为中潮滩;平均小潮低潮线与平均大潮低潮线之间的地带为低潮滩。低潮滩只是在大潮汛时才能全部出露。

潮下带位处平均低潮线(或平均大潮低潮线)以下的近岸浅滩,一般以波浪开始破碎处的海底深度为界。

8.2.1.2 潮滩的水动力特征和泥沙输移

潮流是潮滩发育演变的主要动力因素。潮间带的最大流速往往出现在中潮位时刻前后,涨潮水漫至中潮滩一带时,流速达到最大值,潮水继续向高潮滩漫进时,潮流经历减速过程。落潮时,也是在落至中潮滩一带时,流速达到最大值,然后逐渐减速,直至露滩。因此,高潮滩不仅漫滩时间短,而且受潮流作用弱,在常态海况下多呈淤积状态;中潮滩几乎经历涨急—涨憩—落急阶段,潮流动力比高潮滩强得多;低潮滩则几乎经历涨急—涨憩—落急—落憩阶段,因其水深相对较大,潮流作用更强一些。潮流流速分布由海向岸递减,同样是涨急、落急,低潮滩的流速比中潮滩大。

在潮流作用下呈悬移运动的细粒泥沙有向岸净输移的趋势。H. Postma(1954, 1961)、Van Straaaten 与 H. kuenen(1958)阐述了“沉积滞后”和“冲刷滞后”对细粒泥沙有向岸净输移的影响。

当潮流流速降低到悬移泥沙的止动流速时,泥沙质点开始沉降,由于泥沙质点沉降落淤到底床面需要一定的时间,在未落床之前,泥沙质点仍会顺水流方向运移,泥沙质点落床时刻相对于泥沙质点开始沉降的时刻的滞后称之为沉降滞后(settling lag)。而要使落淤的泥沙重新起动悬扬,必须有比止动流速大的水流流速,这种由扬动(或起动)流速与止动流速的差异引起的滞后称为冲刷滞后(scourlag)。这一原理应用到潮滩细颗粒泥沙运移可以很好地解释细颗粒泥沙向岸净运移的现象。

图 8-2 表示在一个涨落潮周期中,一个泥沙质点被水流扬动—搬运—沉降落床—再扬动—搬运—再沉降落床的向岸—离岸运动过程。图 8-2 中斜线 P 表示最大流速呈横向分布,由海向岸减小;实弧线表示涨潮时段挟水团的流速变化。即使假定剖面上任一位置的涨、落潮过程是对称的,且止动流速与扬动流速相等,但是由于沉降滞后效应,泥沙质点的向岸、离岸搬运距离却是不对称的。

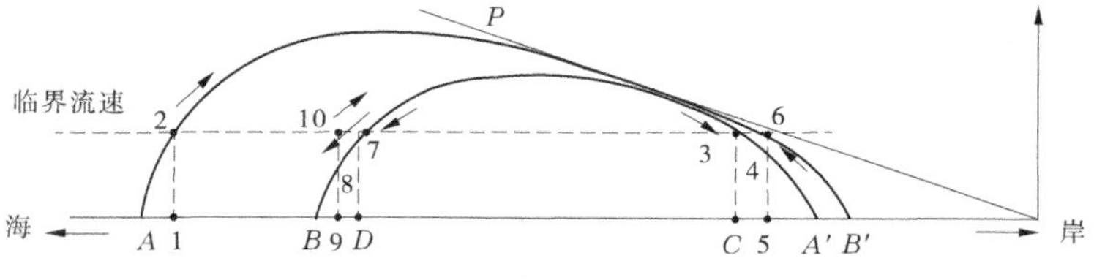

图 8-2 沉降滞后和冲刷滞后效应示意图

涨潮时,当 A 水团流速达到扬动流速时,在 1 位的泥沙质点悬扬并随水团向岸运移,在最大涨潮流速过后,涨潮流逐渐减弱,加之愈近岸流速愈小,当涨潮流速低至悬移泥沙的止动流速(C 位的点 3)时,泥沙质点开始沉降,但在沉降过程中仍被有一定流速的涨潮流向岸挟运,泥沙质点落淤在 5 位,并不在 C 位。转流落潮时,原来挟运该泥沙质点的水团行至 5 位时流速值小于扬动流速,不能悬扬该泥沙质点,而是由更靠近的 B' 水团扬动该泥沙质点并向海搬运,至 D 位时 B' 水团的向海流速又降至止动流速,该泥沙质点又开始沉降,但落床的位置不在 D 位,而在 9 位。于是,经过一个潮周期后,泥沙质点由 1 位向岸位移到了 9 位。如此周而复始,泥沙质点逐渐向岸净运移。如果该泥沙质点落位的 5 位落潮时不能再被其他水团悬扬向海搬运,就成为潮滩沉积物。这个过程还未考虑冲刷滞后效应,如果考虑冲刷滞后效应,那么落潮带回该泥沙质点的水团应是比 B' 水团更靠近岸的水团,向岸净位移的幅度就更大。

在高潮位时段前后未及落淤到滩面的泥沙,仍将在随后的落潮流作用下返回低潮滩和潮下带或通过潮沟系统向潮下带运移。

波浪作用对潮滩的短期冲淤变化有很大的影响。潮滩水深较小,波浪的掀沙作用显得比较突出,更增强了潮流的输沙效应。尤其在大潮汛适逢大浪或暴风浪时,潮滩会发生大面积的刮滩现象,滩地刷低几厘米至几十厘米,经常在中潮滩一带出现鳞次栉比的冲刷坑洼,使滩面支离破碎,在高潮滩出现一级或多级侵蚀泥坎。在大风浪过后,如果没有新的大风浪接踵而至,潮滩一般都会在不长的时间内基本恢复风前状态。但是,潮上带若有茂盛潮滩植物生长,不仅能抑制潮、浪侵蚀作用,而且还有可能借助风成增水漫淹超潮滩的时机,截获泥沙,淤高滩面。

8.2.1.3　潮滩的冲淤演变

潮滩的冲淤变化一般包括半月变化、暴风浪周期变化、季节变化和中长期变化。对海岸工程而言,后三类变化有重要的实际意义。

暴风浪引起的冲淤变化主要表现为暴风浪期间的冲蚀和风后期的恢复,其冲淤幅度一般在几厘米至几十厘米,且以中潮滩附近为大。

我国沿海属季风气候控制,波高、波向均有明显的季节变化,因此潮滩通常都呈现季节性的冲淤变化。南方夏季多台风和热带气旋,潮滩常具夏冲冬淤的变化规律。河口潮滩的季节性冲淤变化较为复杂,夏季恰为洪汛时节,进入河口泥沙多,拦门沙总体呈洪淤枯冲,但其滩槽之间可能同冲同淤,也可能滩冲槽淤,关键还是在于洪汛时节大风浪袭击的频率及与洪汛的时间先后关系。季节冲淤变化的幅度与暴风浪引起的冲淤变化幅度大致相当或略大一些。

潮滩的中长期变化是反映潮滩在几年至几十年时间尺度内的变化趋势,这种变化通常是因泥沙补给量发生重大改变引起的。河口改道、变汊、流域建库筑坝、沿岸大型拦沙截沙工程等都是导致泥沙补给发生重大变化的自然或人为因素。我国苏北海岸的沧海桑田实属典例。黄河在 1128 年夺淮从苏北海岸入海后至 1855 年黄河入海口北归渤海湾的 700 多年间,苏北海岸淤涨十分迅速。以盐城为例,据记载,唐宋时大海在城东不到 1 km,17 世纪大海已距城 25 km,至 19 世纪中叶,大海已在城东 50 km,1855 年黄河北陟后,泥沙来源切断,海岸后退约 20 km。近 20 年因多种因素,入海径流量剧减,甚至下游尾闾流频繁,入海沙量相应锐减,三角洲海岸原有的沙量平衡关系受破坏,潮滩由淤涨状态逐渐向侵蚀状态转变。20 世纪末期,三角洲海岸的大部分潮滩遭受强烈侵蚀。因此,在研判潮滩中长期演变趋势时,不能局限于海岸工程岸段当前的冲淤现状的分析,应历史地、宏观地把握邻近相关区域的演变规律及其与海岸工程岸段的相关性,调研泥沙补给源的动态以及泥沙沿途输运过程中被截留的情况。

以长江口南汇滩地为例,它以南汇嘴的嘴尖为界,分为东滩和南滩,20 世纪就曾出现东滩塘、南滩涨和东滩淤、南滩蚀的冲淤时空交替变化的情形。20 世纪初，东滩渐现坍势，1915 年《南汇修筑李公塘报告书》序称"近年海辖逐渐坍进，如三团之老港、中港离海仅十余丈，民居恐慌殊甚"。20 世纪 50 年代初，坍势仍很严重，堑坎逼岸，潮水直冲塘脚，而在南滩却不断淤涨，塘外芦苇茂盛，滩地外伸 1～2 km。但从 20 世纪 50 年代后期起，形势逆转，东滩转淤，南滩转冲，至 20 世纪 80 年代南滩已深水逼岸，需靠丁坝群护岸。这种冲淤交替变化与长江口各汊道演变及分水分沙变化有密切关系。

潮滩的冲淤状态也反映在剖面形态上，侵蚀性潮滩的剖面呈内坡陡、外坡缓的下凹形，侵蚀愈强，下凹愈甚，下凹的拐点愈靠近岸；淤积性潮滩的剖面恰好相反，呈内坡缓、外坡陡的上凸形，淤积愈强，上凸愈甚，上凸的拐点离岸愈远。

潮沟(creeks)是潮滩地貌中重要的形态类型，正如沙质海滨发育裂流一样，淤泥质潮滩的潮沟在空间分布上也有一定的规律。但是，潮沟的沟系远比裂流复杂，它对潮滩的流场、泥沙输移、沉积构造的改造有重要的影响。涨潮水除直接涨升漫滩外，还可循潮沟上溯漫滩，特别在落潮阶段，潮沟成为潮滩水体和泥沙排泄的通道。潮沟内的落潮流比涨潮流强得多，从而使沟间滩地涨潮流要比落潮流强一些。潮沟的影响还表现在它的侧向迁移方面，在侧向侵蚀的同时，另一侧发生侧向沉积，不仅改变潮滩的空间结构，而且也使潮滩的沉积构造趋于复杂。

黄河三角洲的淤泥质海岸分为黄河三角洲北部一零六沟西部和清水沟老河口南部海区两部分，该段海岸没有任何海岸治理工程和较大内河河流入海，其海岸的变化主要为海洋动力与海岸边界条件共同作用的结果。

8.2.2　黄河三角洲北部自然状况海岸变化分析

黄河三角洲北部自然状况海岸为渤海湾南部海岸的一部分，西自洼拉沟口，东至涵洞沟，海岸为亚砂质海岸，其主要河流有洼拉沟、杨克君沟、湾湾沟、草桥沟等，这些河流除洼拉沟、杨克君沟和湾湾沟汛期有少量水量排出海域外，其余河流以潮水流动为主。

1992—2000 年 0.8 m 等深线在湾湾沟至涵洞沟区域海岸是在逐渐蚀退的，0.8 m 等深线侵蚀基本呈现由西向东侵蚀程度逐渐加大的趋势，最大蚀退点在涵洞沟口门西侧，湾湾沟以西海岸 0.8 m 等深线淤蚀相间；2 m 等深线在该段海岸均呈现蚀退现象，最大蚀退点在杨克君沟口外；5 m 等深线也在湾湾沟以东海区普遍产生蚀退，其他区域为蚀退和淤积交替进行，10 m 水深处则在整个区域内均表现为侵蚀和淤积交替进行的状况。

2000—2007 年该海域的 0.8 m 等深线和 2 m 等深线除湾湾沟以东至涵洞沟之间 6.7 km 的海岸有明显的延伸外，其余海域海岸均呈现淤蚀相间的状况，其中 0.8 m 等深线淤伸最大在杨克君沟口，蚀退最大在湾湾沟口；2 m 等深线淤伸最大在湾湾沟至涵洞沟之间，蚀退最大在湾湾沟口外；5 m 等深线除在湾湾沟口海域不冲不淤外，其余海域均呈现蚀退状态。

综合以上两段时间该区域海岸的变化，1992—2007 年该区域海岸 0.8 m 等深线在湾湾沟以东区域表现为蚀退，蚀退最大在涵洞沟口门西侧，然后向西蚀退量沿程递减；2 m 等深线均为蚀退，蚀退点在杨克君沟口门外；5 m 等深线在湾湾沟口外基本稳定，其余海域均呈现蚀退，最大蚀退点在杨克君沟口门外。

通过以上分析可以看出,黄河三角洲北部自然泥质海岸 1992—2007 年在逐渐蚀退中,其蚀退主要集中在 5 m 水深以内,以 2 m 水深处最为明显,在 2 m 水深以内该海域的蚀退量东部大于西部,到 5 m 水深后在湾湾沟口门外形成淤蚀平衡,并以此点向两侧蚀退逐渐加剧,到 10 m 水深基本保持在淤蚀平衡状态。任何事物的变化都是向着平衡的状态发展,自然状况下的泥质海岸的变化应该与泥沙补给、海域海洋动力条件、海岸边界条件等因素有关,就该部位的海岸来说,黄河三角洲北部海区在 1976 年刁口河断流后,就缺少了陆上的泥沙供给,因此影响该海域海岸变化的就只有海流和海浪了。通过历史海流资料可知,在该海域海流的流向为平行于海岸,随着位置的东移,其流向逐渐转变为西北东南方向,由于没有泥沙的补给,对于亚砂质的海岸,顺岸往复流会使海岸产生轻微的蚀退,由于刁口河河口向海凸出的沙嘴,特别是随着位置不同和潮流流向的不同,使海岸产生由西向东蚀退逐渐加大的趋势;从冲淤过程上看,在没有外来因素的干扰下,随着时间的推移,海岸变化向着稳定的方向发展,因此蚀退的速度逐渐变慢,目前仍然在缓慢的蚀退。

8.2.3　黄河河口以南自然状况海岸变化分析

该区域的海岸为莱州湾的西海岸,北自甜水沟口,南到小清河口,海岸为亚砂质,入海河流主要为甜水沟、小岛河、永丰河、广利河、支脉沟以及小清河,其中小清河是一只较大的入海河流,其余河流为汛期排水河道。

如图 8-3 所示,1992—2007 年,0.8 m 等深线基本没有什么变化,从 2 m 等深线开始,一直到 10 m 等深线,具有逐渐外推的现象,其中 5 m 等深线受黄河口门的影响北部淤积严重,10 m 等深线普遍外推。

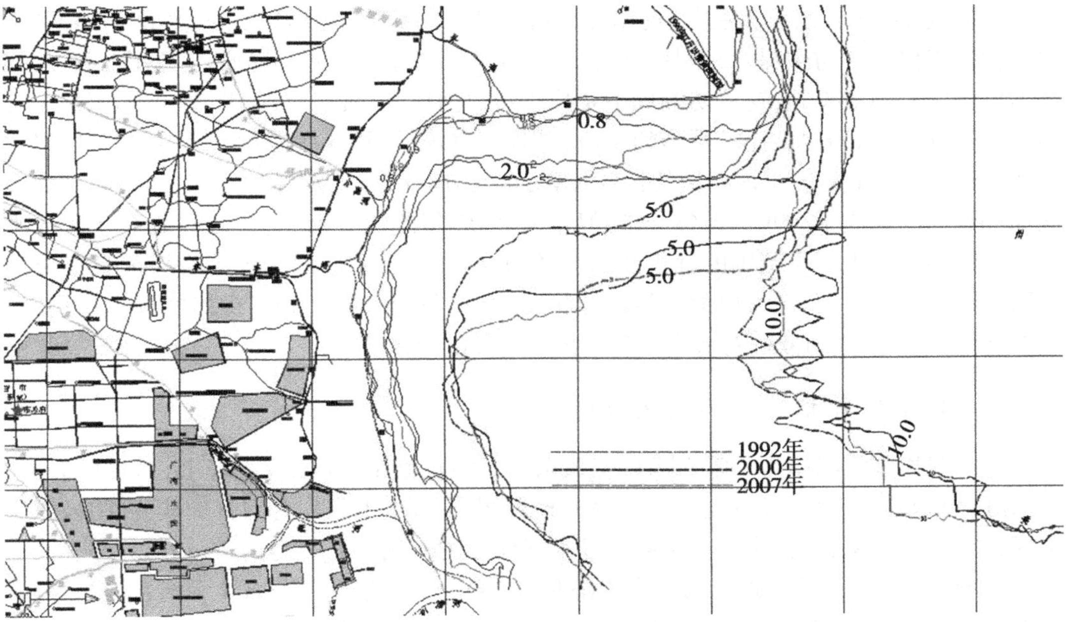

图 8-3　1992—2007 年莱州湾海岸变化

2000—2007 年,黄河口以南海岸为轻微蚀退状态,其中 0.8 m 等深线除少部分海岸淤伸外,大部分海岸蚀退,最大点在永丰河口附近,2 m 等深线基本全部为蚀退,最大蚀退点在小清河口北侧,同时 5 m 等深线存在着冲淤相间的情况,10 m 等深线存在以蚀退为主的情况,蚀退量小于 1992—2000 年的淤伸量。

综合以上两个阶段的分析,1992—2007 年,莱州湾西海岸呈现轻微蚀退状态,由于黄河老河口的影响,在莱州湾北部海岸持续存在淤伸的情况下,莱州湾西部海岸 0.8 m 等深线和 2 m 等深线轻微蚀退,5 m 等深线表现为北部淤伸剧烈,南部淤蚀相间,10 m 等深线为先淤后蚀,淤积大于蚀退。

对于黄河以南莱州湾海区,由于该海区的南北流向的潮流使黄河河口的少量泥沙补给本海区,但是由于其北部伸出的黄河河口沙嘴和顺时针变化的海流流向,使该海域海岸轻微冲刷而向北部淤伸。

8.3　工程对海岸的影响变化

8.3.1　海岸工程对海岸的影响

黄河三角洲海岸工程的作用主要是保护海岸,防止海岸侵蚀后退。海岸工程根据对海岸的作用一般分为直接护岸工程和改变滨海沿岸水流的工程,前者主要以防潮堤的形式修建,后者主要根据沿岸流状况修建垂直或与海岸相交的丁字坝工程等以改变沿岸流状态,减少水流对海岸的侵蚀。

20 世纪 80 年代以后,特别是近期在三角洲沿岸的部分岸段修建了高标准的防潮堤,如保护油田修建的防潮堤,一般都是临海一面砌石灌浆护坡,部分堤段还建有防浪墙,临水坡堤根修有消浪设施,这些防潮堤主要位于刁口河以东、现出汊河口以北的孤东油田之间,位于目前三角洲侵蚀比较强烈的岸段,并且离海较近,基本在高潮线以内,个别段修建在高潮线以外；虽然由于该海域的特殊位置,东北方向的风正好吹在这里,其海洋潮流强烈,海浪较大,造成了海底的强烈冲刷,但是从 2007 年测验资料看,在工程底部 0.8 m 水深范围内还是出现了小范围的淤积,因此该段海堤虽然已明显阻挡了该岸段的自然侵蚀后退,改变了该段三角洲海岸的自然演变状态,对三角洲海岸起到了良好的保护作用,但是 2~5 m 水深强烈的冲刷对海岸工程提出了更高的要求。

8.3.2　有工程控制海岸的变化分析

有工程控制的海岸为一零六沟口至孤东油田海堤南部,在该段海岸上,由桩西海堤、孤东海堤和河口海堤三段海堤将海岸保护起来,由于海堤工程均有砌石护坡,因此该海岸不存在蚀退的现象,所影响的为海堤附近水下地形的变化。

图 8-4 为有工程控制地区的海岸线 1992—2007 年的变化,从图 8-4 看出,虽然其海岸线没有变化,但海堤以下的水深发生了较大变化,在一零六沟至黄河海港为本海域的岬角处,风急浪高,海流顶冲海岸,因此该段海岸海底冲刷严重,最大蚀退在十八井附近；黄河海港以南包括神仙沟沟口、孤东海堤及河口海堤,则表现为 0.8 m 等深线淤伸,2 m、5 m

及 10 m 等深线蚀退的现象，其中 1992 年该段海堤附近没有水深小于 0.8 m 的地方，但在 2007 年堤段根部基本都出现了 0.8 m 水深的海域，从 2～10 m 等深线看，表现为蚀退，以 5 m 等深线蚀退最为明显，从变化过程上看，基本为均匀变化，每段的蚀退距离基本相等，在 15 m 水深处该海域的南部淤伸明显。

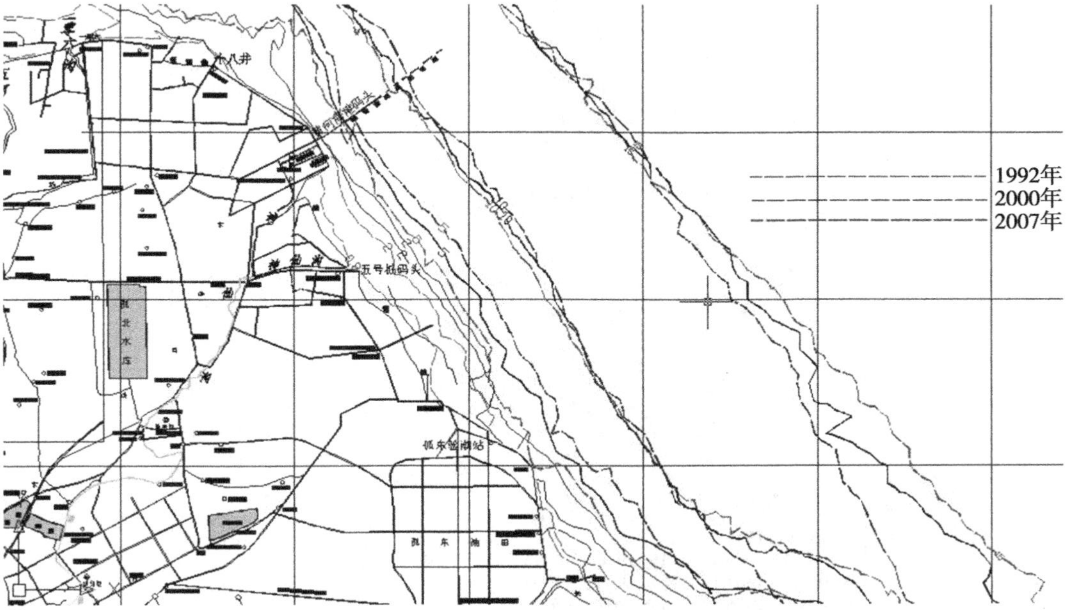

图 8-4　工程控制地区的海岸 1992—2007 年的变化

产生以上变化与该海岸的位置形状以及该海域的海洋动力条件有密切关系，0.8 m 水深的淤伸是 2～10 m 水深泥沙重新启动、运移堆积的结果，南北流向的海流和五号桩附近顺时针方向的余流，将 2～10 m 水深的泥沙带到浅水部位，而突出的黄河海港截住了泥沙外出的通路，从而造成了海港到孤东验潮站之间浅水区域的淤积。15 m 水深的淤伸与黄河河口口门的摆动及该海域复杂的潮汐变化规律、黄河口北部逆时针的余流系统、五号桩顺时针的余流系统的相互左右有着密切的关系，15 m 等深线淤伸距离自黄河海港向南逐渐增大的变化，可能与黄河口的口门摆动的关系更密切一些。

8.4　黄河河口海岸的变化分析

河口流路的改道和口门流路的摆动是河流为适应不断变化的上游来水来沙及海洋动力要素而进行的正常调整，黄河河口流路的改道和摆动也随着上游水沙变化和海洋动力要素变化以及边界条件的变化而进行。

黄河自 1855 年夺大清河入渤海以来，至 1938 年发生 7 次自然改道；改道顶点在宁海附近，1938 年 7 月，黄河郑州花园口大堤扒口，黄河夺淮入海，山东河竭；1947 年 3 月，郑州花园口大堤扒口堵合，黄河水复故道入渤海，1947 年 3 月至 1953 年 7 月，由甜水沟、神仙沟、宋春荣沟三股入海；1953 年 7 月，实施入海流路人工并汊，由神仙沟独股入海；1964

年 1 月凌汛卡冰，在罗家屋子人工爆破改道刁口河流路入海；1976 年 5 月 20 日，在河口段断流情况下，在罗家屋子截堵刁口河流路河道，5 月 27 日由清水沟流路入海，行水至今。黄河河口历年流路变迁见图 8-5。

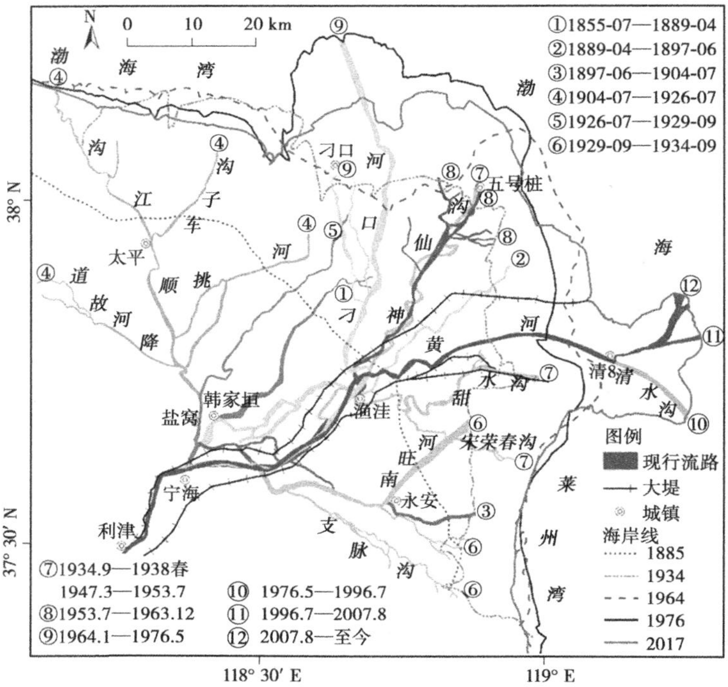

图 8-5　黄河河口历年流路变迁

河口流路的变化一般都经过流路初期的散漫归和中期的单一归股入海、后期的出汊摆动过程。清水沟流路同样也经历了这个过程，改道初期河水沿开挖的引河下泄，清 2 断面以下基本走清水沟自然河道，形成上窄下宽的扩散漫流，主流散乱，口门摆动频繁，属于自然状态下的漫流入海，河口向海缓慢延伸；1981 年汛后，清水沟才基本实现了自然状态下的单一归股入海，其入海方向逐渐向南偏移，口门延伸较快；到 1986 年以后，基本上为人工治理条件下的归股入海方式，之后人工进行了 1986 年的开挖北汊、1988 年的截支强干、1989 年的整修导流堤等工程，使黄河河口在一定的范围内摆动，形成人工控制下的单一归股入海情势。进入 20 世纪 90 年代后，由于黄河断流的影响，河口口门受海洋动力条件的影响，逐渐向右偏移，清水沟流路向东南方向的弓形更趋明显，流路延长较多，纵比降减小，口门出汊频繁，同时根据胜利油田提出的利用黄河入海泥沙淤积造陆，变石油海上开采为陆地开采的要求，经黄河水利委员会批准，于 1996 年汛前实施了清 8 人工出汊工程。

1996 年汛前实施清 8 出汊工程，标志着自 1976 年以来的清水沟流路进入了清 8 出汊流路三角洲时期。根据历年河势监测结果，自 1996 年清 8 出汊以来，出汊河道行水至 2000 年，除在口门附近范围内有较小摆动外，没有发生过大的摆动及出汊现象。2000 年以后，重大的河口河势变化有三次，分别是 2004—2006 年口门南北向摆动、2007—2008

年新汊河出汊、2011 年汊 2 河段人工裁弯取直。

2002 年实施了调水调沙，至 2004 年后口门向南偏移，河口向外淤积延伸；经过 2005 年调水调沙的较大洪水塑造，口门继续向南方向调整，同时在汊 3 以下 10 余 km 的河段内，出现串沟 3 条（北向 2 条、南向 1 条），洪水期分流量较大，其中一条在汊 3 以下；2006 年汛后河门重新由东南方向调整为东北方向，与 2003 年方向基本一致，只是沿东方向向外延伸，在距河门处增加 1 条向南串沟（此时汊 3 以下共 4 条较大汊沟），同时 2005 年形成的 3 条串沟有展宽趋势，特别是汊 3 下游向北串沟。

2007 年口门发生了较大变化，在汊 3 断面以下的地方，出现了向北方向的入海水流，暂称为新汊河，过流占整个河道的 80%以上，河口原河道仍然有水流动；汊 3 以下仍然保留着 6 条汊沟，2007 年汛期（调水调沙期间）均能够出水。

2007 年 8 月形成的黄河河道，经过一年多的自然调整，使得河道顺畅，其主河道走向为北偏东方向，2007 年汛期形成的西北股经过 2008 年调水调沙后淤死，至 2013 年汛前为一股入海。2013 年汛后，入海水流变为两股，其中主河为北偏西方向，为船只出海航道；另一股河为北偏东方向，水深较小、过流量较小、渔船不能进出；两股河道之间形成一较大沙滩，低潮时显现，高潮时露出较小，至 2015 年，一直在东北方向分两股河入海，流路基本顺畅。

2011 年 6 月，在清加 9 至汊 2 之间实施了人工裁弯取直工程，汊 2 以下仍按原河道入海。黄河河口清水沟流路河势演变见图 8-6。

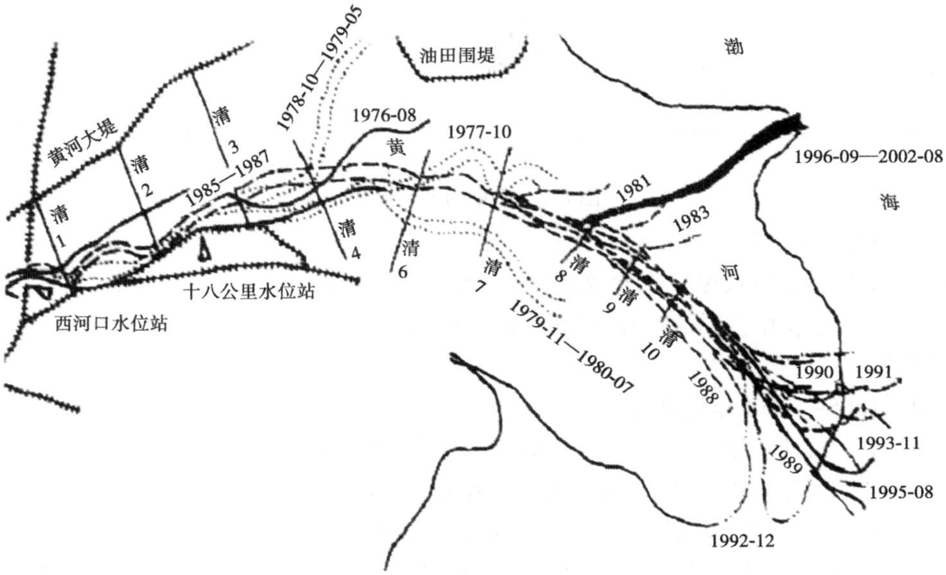

图 8-6　**黄河河口清水沟流路河势演变**

8.4.1　黄河河口（包括清水沟老河口）海岸的变化分析

现行黄河河口海岸主要包括孤东围堤南侧至甜水沟河口，其海岸主要由黄河冲积的亚沙土组成。现行河口 1996 年 7 月由汊河入海，此前在现行口门以南 18 km 左右的清水沟老河口入海。

黄河三角洲海岸线的确定是根据历史资料判读及实测资料确定的，本次根据历史和实测资料分析 1855 年、1954 年、1968 年、1976 年、1980 年、1992 年、2000 年七条海岸线绘制出黄河三角洲不同年份的海岸线，如图 8-7 所示。

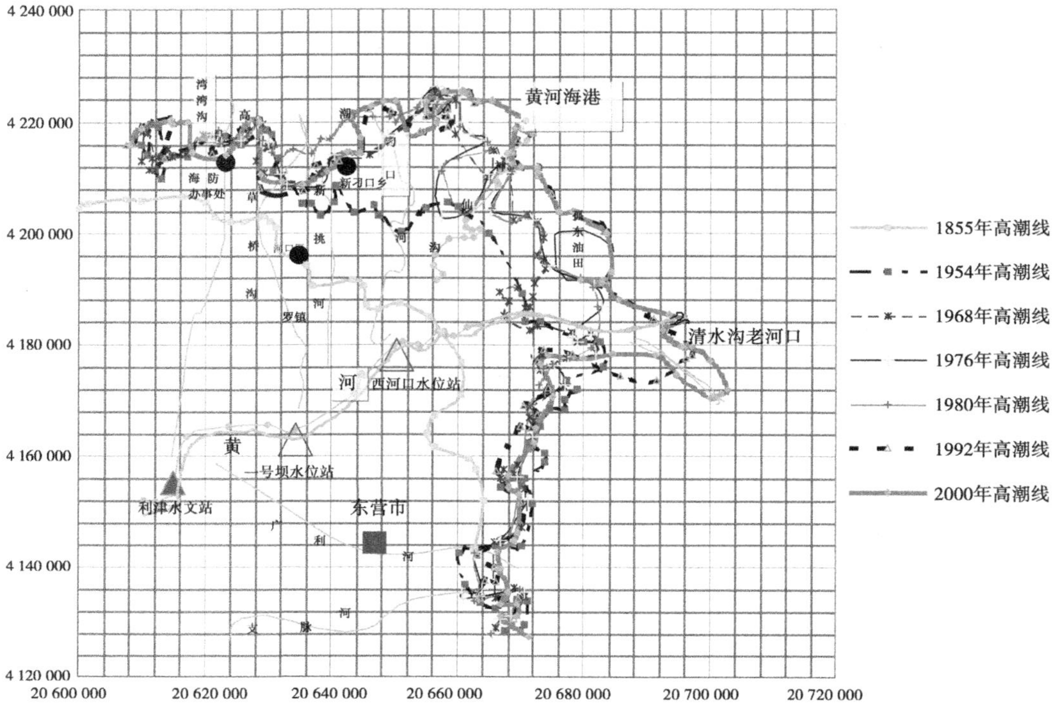

图 8-7　三角洲海岸变化

8.4.1.1　**1855 年海岸**

1855 年的高潮线根据庞家珍等的研究，粗略确定为北起套儿河口，经耿家屋子、老鸹嘴、大洋堡、北混水旺、老爷庙、罗家屋子和幼林村附近，南至南旺河口，为近代黄河三角洲的最初岸线。

8.4.1.2　**1855—1954 年海岸变化**

1954 年三角洲海岸线基本是在 1855 年海岸线的基础上普遍向海淤进，其中在三角洲东北方向淤进突出最为明显，这期间黄河入海流路在三角洲面上自然摆动、改道，遵循自然演变规律，海岸淤进与蚀退交替进行，行河岸段附近海岸剧烈淤进，不行河海岸蚀退，总的变化特点是在三角洲洲面上循环淤进。据统计 1855—1954 年 99 年期间，黄河入海流路在近代三角洲上实际行河 64 年。

8.4.1.3　**1954—1976 年海岸变化**

1954—1976 年，三角洲新的海岸主要是神仙沟流路和刁口河流路时期形成的，因此在新挑河至现清水沟流路北部之间剧烈淤进，其余岸段出现不同程度的蚀退，主要蚀退部位在新挑河以西区域。另根据实测资料分析这个时段三角洲海岸的变化特点是：1964 年以前三角洲的主要淤进部位在三角洲东北方向神仙沟流路入海处，淤出海岸形成一扇形突出区；1964—1976 年为刁口河流路时期，三角洲主要淤进部位为西起新挑河、东至刁口河以东的五河淤积区；现清水沟流路以南海岸淤进蚀退变化不大，基本稳定。

8.4.1.4　1976 年以后海岸变化

1976 年以后实测几条岸线，均为黄河入海流路改走清水沟以后形成，并且部分岸段由工程措施控制，海岸变化具有新的特点。

1976 年黄河入海流路改走清水沟后，由于改道之初河口附近为原神仙沟与甜水沟之间的洼地，水深较浅，海岸当年就在原来洼拉处向海突出。1976 年岸线是在改道 3 个月以后实测，以清水沟附近 1968 年岸线作为改道前岸线，发现河口附近行水几个月就突出非常明显；同时由于清水沟流路初期的 1976—1980 年，河口河道处于淤滩成槽阶段，河口河道清 3 以下无大堤约束，流路散乱，河口海岸在河口两侧各 20 km 范围内平面淤进，主要是 1976 年、1980 年海岸高潮线定位不确切所致的，但从滨海区 2 m 等深线的变化可明显反映出这种变化趋势。1980 年以后，河口入海流路趋于稳定单一，并且根据三角洲工农业生产发展的需要加大了河口治理措施，河口河道两岸修有导流堤约束水流，再加上一直没有大的洪水，入海水流基本约束在狭窄的范围内入海，造成河口海岸的变化是基本在河口两侧 20 km 范围内向海延伸，形成一突出海岸的巨大沙嘴。

1992—2000 年三角洲海岸的变化主要集中在清水沟流路附近，1996 年以前，海岸沿清水沟老河口方向淤积延伸（1992 年汛后至 1996 年汛前形成），1996 年汛前实施清 8 出汊工程后，在清 8 出汊河口也淤出一尖状沙嘴（1996 年汛期开始至 2000 年汛后形成），清水沟老河口沙嘴南部则出现蚀退（1996 年汛期开始蚀退），其他区域的变化不是很明显，这主要是 1996 年以后清水沟老河口不行河，南部缺少泥沙来源造成老河口南侧蚀退，而清 8 出汊河口附近由于入海泥沙的补给淤出新的海岸。这期间三角洲海岸的变化从 2 m 等深线的变化看，更加直观。

1976 年黄河入海流路改道清水沟后，三角洲海岸变化出现新的特点，由于受到高标准防潮堤的约束，1992 年后的海岸线与以前的相比变化较大，最突出的就是在原刁口河以东至清水沟以北的胜利油田孤东围堤之间修有稳固的防潮堤，这一段海岸相对稳定，但这种海岸的稳定是人工措施控制下的稳定，从 2 m 等深线的变化可以看出这部分海岸如果没有防潮堤的约束，是要蚀退的。这个时段刁口河以西海岸没有防潮堤约束，出现不同程度的蚀退；清水沟流路以南的海岸表现基本稳定。

8.4.1.5　三角洲海岸变化特点

以上分析得出黄河三角洲海岸变化的最大特点是：三角洲行河岸段剧烈淤进，停止行河岸段，由于缺少泥沙补给，在最初几年剧烈蚀退，而后蚀退速率减缓，直至趋向相对稳定；在长时间不行河的岸段，海岸基本稳定；在修有稳固的防潮堤的海岸，海岸相对稳定；黄河三角洲海岸线的长度稳定增加。

1. 1992—2000 年海岸演变分析

图 8-8 为黄河现行河口 1992—2000 年海岸线变化。从图 8-9 中可以看出，由于现行的黄河汊河河口以北为海岸工程控制海岸，以南为清水沟老河口，而清水沟老河口在 1996 年才开始断流，因此清水沟老河口在 1996 年之前为淤积延伸，1996 年以后开始逐渐

蚀退，受此影响，在现行口门海岸延伸非常明显，形成了口门两侧蚀退而口门明显延伸的现象，延伸的横向分布呈现以口门为中心，向两侧逐渐减少的现象，随着水深的逐渐加深，其减小的程度就越小。

通过分析知道在该段时间内，清水沟老河口为延伸和蚀退同时存在，其浅水为蚀退，深水依然保持延伸状态；现行汊河河口为淤积延伸，其延伸程度为自口门向两边逐渐减小。

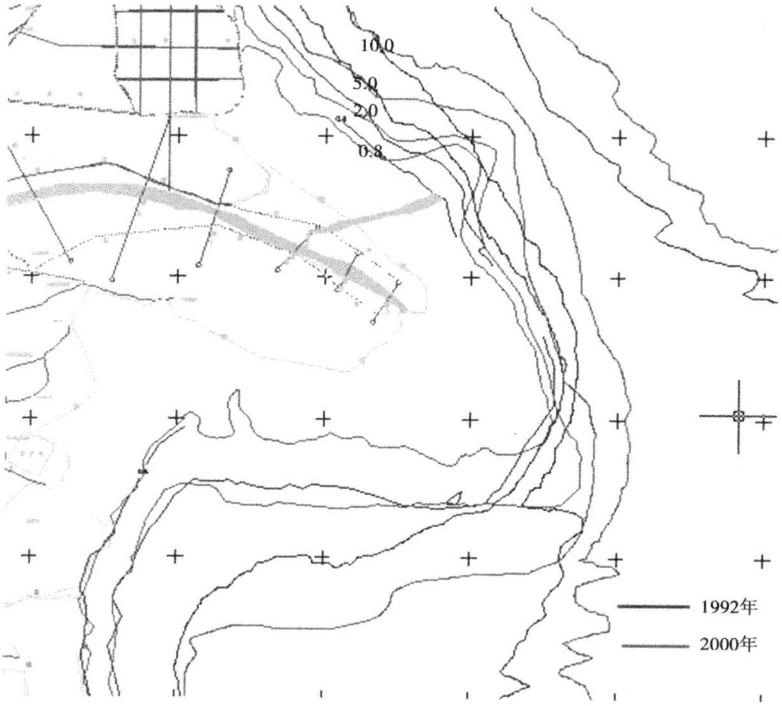

图 8-8　黄河现行河口 1992—2000 年海岸变化

2. 2000—2007 年海岸演变分析

黄河现行汊河河口 2000—2007 年为淤积延伸阶段，由于口门在一定范围内的摆动，使该区域整体向外延伸（见图 8-9）。该河口淤积延伸距离也由口门向两侧递减，口门向北在 9 km 左右由淤积延伸变为蚀退，口门以南 8 km 左右淤积延伸变为蚀退。

由图 8-9 可以看出，2000—2007 年清水沟老河口在 5 m 水深以内表现为蚀退，蚀退最大部位为清水沟老河口口门，蚀退分布也是以口门为中心，向两侧逐渐减少的，向北和现行黄河河口结合，在口门以北 11 km（现行黄河河口以南 8 km）处变为延伸，口门以南和莱州湾的固定海岸相结合，在口门以南 3 km 左右变为蚀退和延伸相间；10 m 等深线为延伸和蚀退相间。

3. 1992—2007 年海岸演变分析

黄河河口 1992—1996 年行河清水沟老河口，1996 年以后行河清水沟汊河，1996 年汊河行水以来，至 2007 年已经行水 11 年。如图 8-10 所示，1992—2007 年，黄河口海岸的具体表现就是现黄河河口的淤积延伸和清水沟老河口的蚀退，在黄河汊河流路，形成了一个顺河走向的沙嘴。

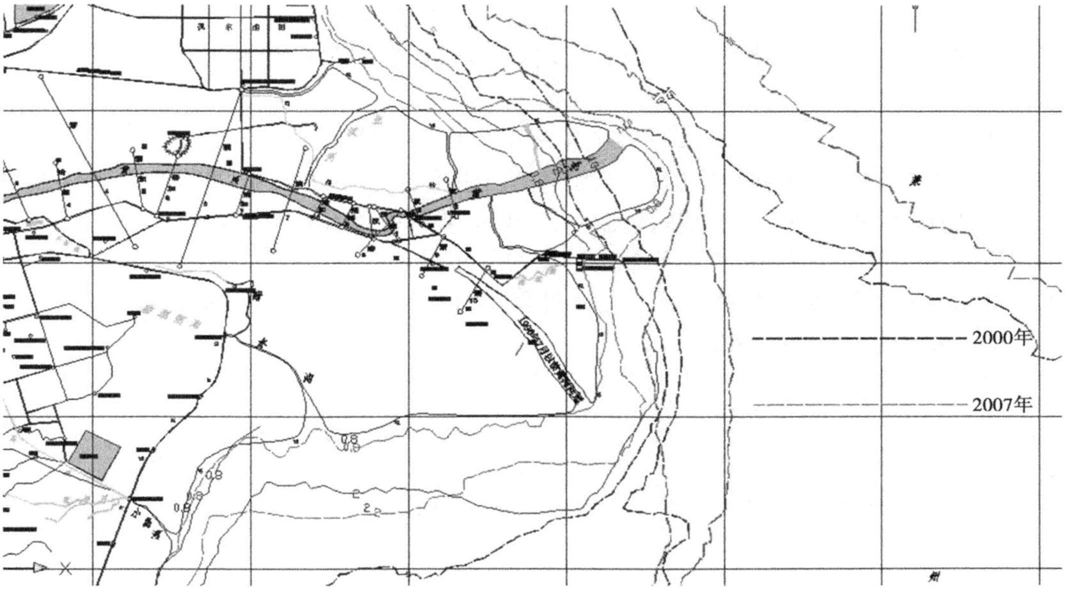

图 8-9　黄河现行河口 2000—2007 年海岸变化

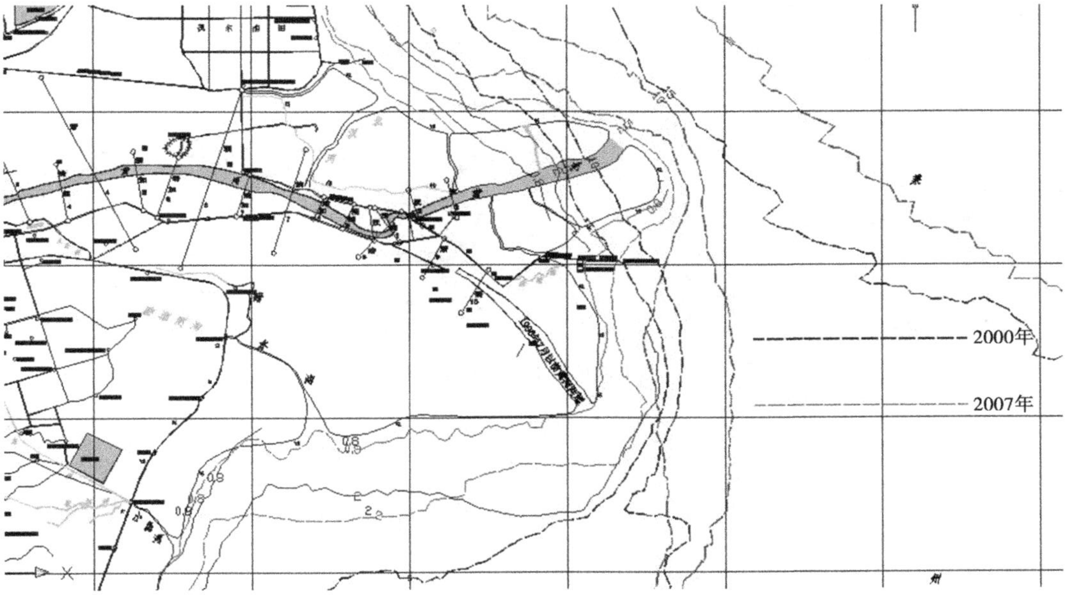

图 8-10　黄河现行河口 1992—2007 年海岸变化

1992—2007 年黄河河口海岸变化的另一个特点就是清水沟老河口的蚀退，从图中可以看出，清水沟老河口的蚀退呈现由北向南蚀退逐渐增大的趋势，且浅水蚀退大于深水的。

8.4.2　刁口河口海岸的变化分析

刁口河口海岸西自涵洞沟口，东至一零六沟口，海岸为亚砂质海岸，刁口河行水年限为 1964—1976 年，1976 年黄河改走清水沟后该流路断流，在该流路 12 年的行水中，由于口门的摆动，在该海域形成了以涵洞沟、二河、三河、四河、五河以及黄河故道组成的刁口河河口。

图 8-11 为刁口河河口 1992—2007 年海岸变化。此处变化的明显特征就是该海域 10 m 水深以内存在着不同程度的蚀退，海岸蚀退的纵向分布为 2 m 水深处蚀退最为严重，分别向深水和浅水两个方向依次递减，至 10 m 等深线除在黄河故道口门以东有明显的蚀退外，其余海区淤蚀相间，海岸蚀退的横向分布以黄河故道口门外蚀退最为明显，依次向两侧蚀退减弱；从该海域的海岸变化过程看，1992—2000 年，其蚀退速度明显变缓，0. 8 m 等深线还有轻微的淤伸。

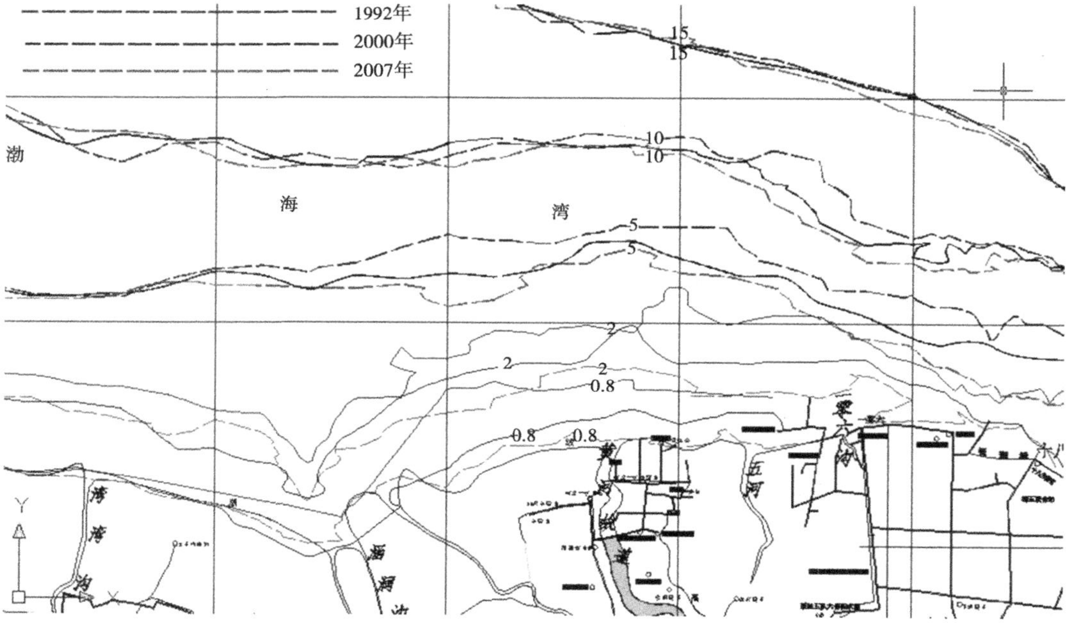

图 8-11　刁口河河口 1992—2007 年海岸变化

第 9 章　黄河三角洲附近海区演变分析

黄河三角洲附近海域包括刁口河河口及以西海域、一零六沟口至黄河海港岬角海域、黄河海港至孤东油田海域、黄河汊河河口、清水沟老河口海域和莱州湾海域的 10 m 水深以内的海域。

9.1　黄河三角洲附近海区冲淤分布及水下地形变化特点

9.1.1　黄河三角洲滨海区水下地形特点

为了解较长时间内滨海区泥沙淤积、分布情况，黄河口滨海区测量 1960 年起开始测水下地形。水下地形测量施测范围较大，施测面积 6 000～14 000 km^2，断面间距 1～2 km。1964—1972 年除 1968 年和其他单位协作采用英制"哈菲克斯"无线电坐标仪定位，采用 LAZ117-CT 型及测深-3 型回声测探仪测深外，其他均采用高标，用三标两角后方交会法定位，距海岸较远时用测轮航速航向粗略定位，用回声测深仪或测深杆测深。1973 年以后，采用 CWCH-10D 型无线电定位仪定位。1982 年引进 304-1 型高精度无线电定位仪，定位精度 5 m。1989 年购进美制 UHF-547 三应答距离测量定位系统，测量最大误差 1 m，最大有效距离 120 km。1997 年后全面应用 GPS 联测数字化测深仪开始数字化自动测量，进行剖面地形测量的同时，在沿岸设置 10～20 处潮位站进行同步潮水位观测以进行水深改正。

为全面了解黄河三角洲滨海区水下地形历史真实面貌，现应用 1968 年、1972 年、1976 年、1980 年、1992 年、2000 年六次水下地形测量资料绘制水下地形图，再现当时海岸带尤其是黄河河口流路的场景以及当时的水深情势。

9.1.1.1　1968 年黄河三角洲滨海区水下地形特征

地形图共分 3 幅，断面间距 2 km。

1964 年凌汛，罗家屋子以下河道卡凌壅水，与 1 月 1 日有组织地在罗家屋子破开民埝，水经草桥沟由钓口河入海。5 月后，新河道过流达六成以上。汛期河无主槽，漫流入海。以后主流分三股入海，其中两股分别于 1966 年及 1967 年先后淤闭，仅存东股独流入海。

9.1.1.2　1972 年黄河三角洲滨海区水下地形特征

地形图共分 1 幅，断面间距 2～4 km。

1972 年以后，刁口河流路临河门附近多次出汊摆动，行水多不持久，且改道点多次上移。

1972 年 9 月黄河由三个口门入海，主口门由南向北延伸，在相应滨海区 CS8 剖面位置，北坐标 4233000 位置处入海，比 1968 年口门延伸 6 km。

由于河口延伸,1972 年口门突出于海中形成一个巨大沙嘴。

9.1.1.3　1976 年黄河三角洲滨海区水下地形特征

地形图共分 2 幅,断面间距 2 km。

1975 年汛前,山东河槽淤积严重,认为是河口的淤坏影响,于是 1976 年 5 月,在罗家屋子以上 3 km 处的西河口实施人工改道。老刁口河长 64 km,新河清水沟长 27 km。人工引河宽 200 m,长 8 km,下接 30 m 宽的龙沟,清水沟口外为原甜水沟沙嘴和汉河沙嘴所钳制形成的大海湾,水深宽浅。5 月 20 日改道时,先堵截钓口河,而后炸开引河隔堤。

1976 年河口改走清水沟流路,最初几年,由于河口附近水域较浅,水沙较丰沛,河口海岸延伸较快,河口附近海岸即延伸 16 km;1976 年 6 月至 1979 年 10 月,清水沟流路处于淤滩成槽阶段,河口海岸在较宽广的范围内延伸,计延伸 18 km,年均延伸 5.29 km;改道之初先是上游强烈壅水,直到 8 月中旬壅水才消失;接着 6 月引河两岸弃土堤被冲破而向南分流,9 月引河淤死到原地面以上 2 m 多,不起作用。

9.1.1.4　1980 年黄河三角洲滨海区水下地形特征

清水沟流路直到 1980 年以后水沙条件好转,河口形势才摆脱几年的淤积漫流散乱时期,形势逐渐好转。河口流路比较单一稳定,河口已延伸至较深海域,1979 年 10 月至 1985 年 10 月,河口海岸延伸速率为 1.33 km/a。

9.1.1.5　1992 年黄河三角洲滨海区水下地形特征

为取得小浪底水库修建前河口对水库运营方式影响的本底资料,加之自 80 年测绘以来未进行大比尺水下地形项目,黄河口水文水资源勘测局于 1992 年 5—10 月完成了 130 个断面的黄河三角洲滨海区水下地形测量任务。

9.1.1.6　2000 年黄河三角洲滨海区水下地形特征

1996 年河口在清 8 附近实施人工出汊,由于出汊河口附近水域较浅,虽然河口来沙较少,河口海岸在出汊当年还是延伸了 9 km,1996 年汛后至 1998 年 10 月仅延伸了 3 km,延伸速率为 1.5 km/a。1998—2000 年,由于河口来水来沙非常少,河口延伸变化情况较小。2000 年 7 月汛后至 2004 年 7 月仅延伸了 2.1 km,延伸速率为 0.5 km/a。

2000 年是小浪底水库蓄水运用的第一年,为详细了解黄河三角洲滨海区水下地形的形状及演变模式,为小浪底水库运用方式研究、河口流路规划及河口治理等提供重要依据,黄河口水文水资源勘测局于 2000 年 6—10 月完成了 130 个断面的黄河三角洲滨海区水下地形测量任务,这是自 1992 年黄河三角洲滨海区大面积测绘以来,又一次黄河三角洲滨海区大面积测绘。

2000 年黄河三角洲滨海区水下地形特征是:除 1996 年清 8 出汊的河口向海延伸了 12 km 外,其余海域均表现为冲刷蚀退,没有防潮堤的岸线同时表现为蚀退;蚀退较大的浅水海域有桩西飞燕滩海域、孤东海域、清水沟老黄河口海域。这三处蚀退较大的浅水海域的海岸线凸出于海,而 1992—2000 年黄河入海水沙相对较少,海域缺少了泥沙的补给,因而产生了冲刷蚀退。

黄河三角洲滨海区由于所处的地理位置及受黄河入海泥沙淤积造陆的影响,海域内的水深变化、海域内的潮汐潮流等水文要素具有一定的特点。

(1)黄河入海口附近,由于受到涨落潮和盐淡水混合的影响,入海水流的流速、流向、含沙量等水流结构都出现重要的变化。涨潮时,因潮汐顶托流速减小,泥沙大量落淤,盐淡水混合对泥沙产生絮凝作用,也使泥沙大量落淤,因此黄河口附近发育着拦门沙,河口拦门沙对黄河入海水流起到阻水和使水流分汊的作用,对河口的稳定产生重要影响。

(2)由于黄河三角洲滨海区处于我国半封闭内海—渤海的渤海湾南部和莱州湾西部海区,海域内水深普遍较浅。滨海区水深在平面上变化可分为三个区域,神仙沟以西海区(渤海湾)水深为0~20 m,神仙沟以南至小清河海区(莱州湾)水深为0~16 m,神仙沟岬角处向东北方向海区水深较深,最大水深达27 m左右。

滨海区水深在河口附近变化梯度大,在河口附近等深线非常密集,清水沟口附近2 m等深线与5 m等深线仅相距1 km,5 m等深线与10 m等深线相距也只有2~3 km。远离河口的区域,等深线逐渐变得稀疏,等深线之间的距离变大。

黄河三角洲滨海区水下岸坡或水下三角洲可以从垂直于海岸方向的水下地形概化模式反映出来(见图9-1),三角洲滨海区水下分三个区,第一区为浅水平缓区,水深一般在0~2 m;第二区为前缘急坡区,水深一般在2~12 m;第三区为海底平缓区,水深一般在12 m以外。在河口附近,水下岸坡可形象地称之为河口水下三角洲,其变化程度相对于远离河口的滨海区要剧烈得多,水下的三个区也可以称为顶坡段、前坡段(前缘急坡)和尾坡段;特别是前坡段变化十分剧烈,水深变化梯度可超过2‰,这一部位也是冲淤变化最为急剧的部分。

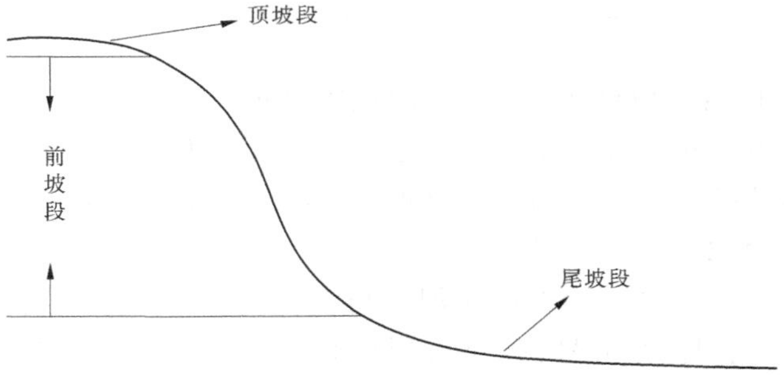

图9-1 三角洲滨海区水下地形概化模式

黄河三角洲滨海区的大部分岸段属于不规则半日潮,在神仙沟口附近的部分岸段则表现为不规则日潮或规则日潮。中国近海的潮波基本保持前进波性质,潮波进入渤海以后,由于半封闭渤海海底地形形态及海岸阻挡的影响,而产生反射波。潮波的入射波和反射波在神仙沟口外形成驻波节点,从而出现无潮点,使三角洲滨海区潮汐性质在地理分布上显著不同。

9.1.2 黄河三角洲滨海区等深线的要素分析

利用1968年、1972年、1976年、1980年、1992年、2000年6个年份的黄河三角洲滨海区加密断面实测资料,进行了等深线的绘制和套绘,并进行了统计、计算、分析。

9.1.2.1　2 m 等深线

把 1968 年、1972 年、1976 年、1980 年、1992 年、2000 年 2 m 等深线冲淤情况统计于表 9-1。

表 9-1　2 m 等深线冲淤情况

年份	冲淤面积/m^2	岸线长度/m	平均冲淤距离/m	海岸线范围
1968—1972	120 997 549	54 834	2 207	1～18 断面
1972—1976	63 041 630	22 256	2 833	8～18 断面
1976—1980	76 702 397	68 179	1 125	8～27 断面
1980—1992	69 325 441	105 993	654	1～27 断面
1992—2000	−29 797 027	132 846	−224	1 断面西 14 km 至 27 断面

2 m 等深线在 1968—2000 年 5 个比较时段中，1968—1992 年 4 个比较时段均表现为淤进，只有 1992—2000 年表现为蚀退。淤进最大时段为 1972—1976 年，淤进 2 833 m，年淤进 708 m；蚀退时段为 1992—2000 年，蚀退 224 m，年蚀退 28 m。

1. 1968—1972 年 2 m 等深线冲淤情况

1968—1972 年 2 m 等深线所对应黄河三角洲岸线在黄河三角洲滨海区固定测深断面 1～18 断面（湾湾沟口门至五号桩码头）（见图 11-7）。1968—1972 年 2 m 等深线表现为向海淤进，平均淤进距离 2 207 m；淤进最大处在 8 断面附近，淤进距离 7 653 m；1～3 断面（从湾湾沟口门向东 10 km）2 m 等深线表现为蚀退，蚀退最大处在湾湾沟口门附近，蚀退距离 1 020 m。

2. 1972—1976 年 2 m 等深线冲淤情况

1972—1976 年 2 m 等深线所对应黄河三角洲岸线在黄河三角洲滨海区固定测深断面 8～18 断面（一零六口门至五号桩码头）。1972—1976 年 2 m 等深线表现为向海淤进，平均淤进距离 2 833 m；淤进最大处在 16 断面附近（东营港附近），淤进距离 4 618 m；8～12 断面 2 m 等深线表现为蚀退，蚀退最大处在一零六口门附近，蚀退距离 3 000 m。

3. 1976—1980 年 2 m 等深线冲淤情况

1976—1980 年 2 m 等深线所对应黄河三角洲岸线在黄河三角洲滨海区固定测深断面 8～27 断面（一零六口门至清水沟口门）。1976—1980 年 2 m 等深线表现为向海淤进，平均淤进距离 1 125 m；淤进最大处在 25 断面附近，淤进距离 4 585 m；8～17 断面（一零六口门至五号桩码头）2 m 等深线表现为蚀退，蚀退最大处在 8 断面东 4 km 附近（一零六口门东 6 km 附近)，蚀退距离 2 713 m。

4. 1980—1992 年 2 m 等深线冲淤情况

1980—1992 年 2 m 等深线所对应黄河三角洲岸线在黄河三角洲滨海区固定测深断面 1 ~ 27 断面(湾湾沟口门至清水沟口门)。1980—1992 年 2 m 等深线表现为向海淤进，平均淤进距离 654 m；淤进最大处在 27 断面附近(清水沟口门)，淤进距离 13 862 m；3 ~ 20 断面(草桥沟口门至孤东)2 m 等深线表现为蚀退，蚀退最大处在 5 ~ 6 断面(刁口河口门附近)，蚀退距离 4 271 m。

5. 1992—2000 年 2 m 等深线冲淤情况

1992—2000 年 2 m 等深线所对应黄河三角洲岸线在黄河三角洲滨海区固定测深断面 1 断面西 14 km 至 27 断面(洼拉沟口门 2 km 至清水沟口门)。1992—2000 年 2 m 等深线总情况表现为蚀退，平均蚀退距离 224 m；蚀退最大处在 14 ~ 15 断面，蚀退距离 2 916 m；21 ~ 25 断面(现黄河口门及两侧)2 m 等深线表现为淤进，淤进最大处在 22 断面(现黄河口门附近)，淤进距离 3 525 m。

9. 1. 2. 2　5 m 等深线

把 1968 年、1972 年、1976 年、1980 年、1992 年、2000 年 5 m 等深线冲淤情况统计于表 9-2。

表 9-2　5 m 等深线冲淤情况

年份	冲淤面积/m^2	岸线长度/m	平均冲淤距离/m	海岸线范围
1968—1972	153 356 000	54 834	2 797	1 ~ 18 断面
1972—1976	55 154 216	22 256	2 478	8 ~ 18 断面
1976—1980	46 198 860	68 179	678	8 ~ 27 断面
1980—1992	157 676 052	105 993	1 488	1 ~ 27 断面
1992—2000	-1 462 831	132 846	-11	1 断面西 14 km 至 27 断面

从表 9-2 可以看出，5 m 等深线在 1968—2000 年 5 个比较时段中，1968—1992 年 4 个比较时段均表现为淤进，只有 1992—2000 年表现为蚀退。淤进最大时段为 1968—1972 年，淤进 2 797 m，年淤进 699 m；蚀退时段为 1992—2000 年，蚀退 11 m，年蚀退 1 m。

1. 1968—1972 年 5 m 等深线冲淤情况

1968—1972 年 5 m 等深线所对应黄河三角洲岸线在黄河三角洲滨海区固定测深断面 1 ~ 18 断面(湾湾沟口门至五号桩码头)。1968—1972 年 5 m 等深线总情况表现为向海淤进,平均淤进距离 2 797 m;淤进最大处在 8 断面附近,淤进距离 7 954 m;1~2 断面(从湾湾沟口门向东 4 km)5 m 等深线表现为蚀退,蚀退最大处在湾湾沟口门附近,蚀退距离 483 m。

2. 1972—1976 年 5 m 等深线冲淤情况

1972—1976 年 5 m 等深线所对应黄河三角洲岸线在黄河三角洲滨海区固定测深断面 8~18 断面(一零六口门至五号桩码头)。1972—1976 年 5 m 等深线表现为向海淤进,平均淤进距离 2 478 m;淤进最大处在 16~17 断面(东营港至五号桩码头),淤进距离 3 786 m;8~11 断面 5 m 等深线表现为蚀退,蚀退最大处在一零六口门附近,蚀退距离 1 786 m。

3. 1976—1980 年 5 m 等深线冲淤情况

1976—1980 年 5 m 等深线所对应黄河三角洲岸线在黄河三角洲滨海区固定测深断面 8~27 断面(一零六口门至清水沟口门)。1976—1980 年 5 m 等深线表现为向海淤进,平均淤进距离 678 m;淤进最大处在 25~26 断面,淤进距离 3 642 m;8~17 断面(一零六口门至五号桩码头)5 m 等深线表现为蚀退,蚀退最大处在 16 断面附近(东营港附近),蚀退距离 2 137 m。

4. 1980—1992 年 5 m 等深线冲淤情况

1980—1992 年 5 m 等深线所对应黄河三角洲岸线在黄河三角洲滨海区固定测深断面 1~27 断面(湾湾沟口门至清水沟口门)。1980—1992 年 5 m 等深线表现为向海淤进,平均淤进距离 1 488 m;淤进最大处在 27 断面附近(清水沟口门),淤进距离 13 314 m;3~19 断面(草桥沟口门至孤东)5 m 等深线表现为蚀退,蚀退最大处在 10 断面附近(一零六口门东 5 km),蚀退距离 2 716 m。

5. 1992—2000 年 5 m 等深线冲淤情况

1992—2000 年 5 m 等深线所对应黄河三角洲岸线在黄河三角洲滨海区固定测深断面 1 断面西 14 km 至 27 断面(洼拉沟口门 2 km 至清水沟口门)。1992—2000 年 5 m 等深线表现为蚀退,平均蚀退距离 11 m;1 断面西 14 km 至 21 断面(洼拉沟口门至北汊河口门)均为蚀退;蚀退最大处在 11~12 断面(一零六口门东 3 km),蚀退距离 1 598 m;21~25 断面(现黄河口门及两侧)5 m 等深线表现为淤进,淤进最大处在 21~22 断面(现黄河口门附近),淤进距离 4 476 m。

9.1.2.3 10 m 等深线

把 1968 年、1972 年、1976 年、1980 年、1992 年、2000 年 10 m 等深线冲淤情况统计于表 9-3。

表 9-3 10 m 等深线冲淤情况

年份	冲淤面积/m^2	岸线长度/m	平均冲淤距离/m	海岸线范围
1968	193 945 940	54 834	3 537	1~18 断面
1972				

续表 9-3

年份	冲淤面积/m^2	岸线长度/m	平均冲淤距离/m	海岸线范围
1972 1976	37 599 081	22 256	1 689	8～18 断面
1976 1980	33 737 463	68 179	495	8～27 断面
1980 1992	210 230 060	105 993	1 983	1～27 断面
1992 2000	113 642 681	132 846	855	1 断面西 14 km 至 27 断面

从表 9-3 中可以看出，10 m 等深线在 1968—2000 年 5 个比较时段中，均表现为淤进；淤进最大时段为 1968—1972 年，淤进 3 537 m，年淤进 884 m；淤进最小时段为 1976—1980 年，淤进 495 m，年淤进 123 m。

1. 1968—1972 年 10 m 等深线冲淤情况

1968—1972 年 10 m 等深线所对应黄河三角洲岸线在黄河三角洲滨海区固定测深断面 1～18 断面（湾湾沟口门至五号桩码头）。1968—1972 年 10 m 等深线表现为向海淤进，平均淤进距离 3 537 m；淤进最大处在 8～9 断面，淤进距离 7 378 m；1 断面（湾湾沟口门）附近、17～18 断面（五号桩码头）附近，10 m 等深线表现为蚀退，蚀退最大处在 1 断面（湾湾沟口门）附近，蚀退距离 500 m。

2. 1972—1976 年 10 m 等深线冲淤情况

1972—1976 年 10 m 等深线所对应黄河三角洲岸线在黄河三角洲滨海区固定测深断面 8～18 断面（一零六口门至五号桩码头）。1972—1976 年 10 m 等深线表现为向海淤进，平均淤进距离 1 689 m；淤进最大处在 16～17 断面（东营港至五号桩码头），淤进距离 2 391 m；8～10 断面 10 m 等深线表现为蚀退，蚀退最大处在一零六口门东 3. 5 km 附近，蚀退距离 944 m。

3. 1976—1980 年 10 m 等深线冲淤情况

1976—1980 年 10 m 等深线所对应黄河三角洲岸线在黄河三角洲滨海区固定测深断面 8～27 断面（一零六口门至清水沟口门）。1976—1980 年 10 m 等深线表现为向海淤进，平均淤进距离 495 m；淤进最大处在 20～21 断面，淤进距离 2 576 m；8～18 断面（一零六口门至五号桩码头）10 m 等深线表现为蚀退，蚀退最大处在 8 断面附近（一零六口门东 3 km 附近），蚀退距离 2 093 m。

4. 1980—1992 年 10 m 等深线冲淤情况

1980—1992 年 10 m 等深线所对应黄河三角洲岸线在黄河三角洲滨海区固定测深断

面 1～27 断面(湾湾沟口门至清水沟口门)。1980—1992 年 10 m 等深线表现为向海淤进,平均淤进距离 1 983 m;淤进最大处在 26 断面附近(清水沟口门北侧),淤进距离 12 011 m;6～18 断面(刁口河口门东 4 至 5 号桩码头南 14 km)10 m 等深线表现为蚀退,蚀退最大处在 15～16 断面(黄河海港附近),蚀退距离 1 695 m;整个 10 m 等深线表现为中间部分蚀退,两侧淤进。

5. 1992—2000 年 10 m 等深线冲淤情况

1992—2000 年 10 m 等深线所对应黄河三角洲岸线在黄河三角洲滨海区固定测深断面 1 断面西 14 km 至 27 断面(洼拉沟口门 2 km 至清水沟口门)。1992—2000 年 10 m 等深线表现为淤进,平均淤进距离 855 m;淤进最大处在 21～22 断面(现黄河口门附近),淤进距离 4 186 m;蚀退最大处在 7～8 断面(五河口门至一零六口门),蚀退距离 1 384 m。

9. 1. 2. 4　15 m 等深线

把 1968 年、1972 年、1976 年、1980 年、1992 年、2000 年 15 m 等深线冲淤情况统计于表 9-4。

表 9-4　15 m 等深线冲淤情况

年份	冲淤面积/m²	岸线长度/m	平均冲淤距离/m	海岸线范围
1968 1972	130 367 812	54 834	2 377	1～18 断面
1972 1976	-894 988	22 256	-40	8～18 断面
1976 1980	4 858 632	68 179	71	8～27 断面
1980 1992	459 294 154	105 993	4 333	1～27 断面
1992 2000	271 982 690	132 846	2 047	1 断面西 14 km 至 27 断面

从表 9-4 中可以看出,15 m 等深线在 1968—2000 年 5 个比较时段中,只有 1972—1976 年时段均表现为蚀退,其余 4 个时段表现为淤进。淤进最大时段为 1980—1992 年,淤进 4 333 m,年淤进 361 m;蚀退的时段为 1972—1976 年,蚀退 40 m,年蚀退 10 m。

1. 1968—1972 年 15 m 等深线冲淤情况

1968—1972 年 15 m 等深线所对应黄河三角洲岸线在黄河三角洲滨海区固定测深断面 1～18 断面(湾湾沟口门至五号桩码头)。1968—1972 年 15 m 等深线表现为淤进,平均淤进距离 2 377 m;淤进最大处在 9～10 断面,淤进距离 3 718 m;蚀退最大处在 1 断面(湾湾沟口门)附近,蚀退距离 4 642 m。

2. 1972—1976 年 15 m 等深线冲淤情况

1972—1976 年 15 m 等深线所对应黄河三角洲岸线在黄河三角洲滨海区固定测深断面 8～18 断面(一零六口门至五号桩码头)。1972—1976 年 15 m 等深线表现为蚀退,平均蚀退距离 40 m;8～13 断面 15 m 等深线表现为蚀退,蚀退最大处在 9～10 断面(一零六口门东 7 km)附近,蚀退距离 1 083 m;淤进最大处在 15 断面附近(黄河海港附近),淤进距离 1 130 m。

3. 1976—1980 年 15 m 等深线冲淤情况

1976—1980 年 15 m 等深线所对应黄河三角洲岸线在黄河三角洲滨海区固定测深断面 8～27 断面(一零六口门至清水沟口门)。1976—1980 年 15 m 等深线表现为向海淤进,平均淤进距离 71 m;淤进最大处在 21 断面附近,淤进距离 2 020 m;8～15 断面(一零六口门至一零六口门东 8 km)、23～26 断面 15 m 等深线表现为蚀退,蚀退最大处在 25 断面附近,蚀退距离 1 821 m。

4. 1980—1992 年 15 m 等深线冲淤情况

1980—1992 年 15 m 等深线所对应黄河三角洲岸线在黄河三角洲滨海区固定测深断面 1～27 断面(湾湾沟口门至清水沟口门)。1980—1992 年 15 m 等深线表现为向海淤进,平均淤进距离 4 333 m;淤进最大处在 25～26 断面附近(清水沟口门北侧),淤进距离 9 598 m;12～13 断面 15 m 等深线表现为蚀退,蚀退最大处在 12～13 断面中间,蚀退距离 237 m;整个 15 m 等深线只有小部分蚀退,绝大部分淤进。

5. 1992—2000 年 15 m 等深线冲淤情况

1992—2000 年 15 m 等深线所对应黄河三角洲岸线在黄河三角洲滨海区固定测深断面 1 断面西 14 km 至 27 断面(洼拉沟口门 2 km 至清水沟口门)。1992—2000 年 15 m 等深线表现为淤进,平均淤进距离 2 047 m;淤进最大处在 21～22 断面断面(现黄河口门附近),淤进距离 5 425 m;3～4 断面、8 断面附近有局部微小蚀退,蚀退最大处在 3～4 断面(湾湾沟口门东 10 km),蚀退距离 375 m。

综合上述,胜利滩海等深线的变化有下列特征:

(1)等深线的变化与黄河入海泥沙多少及黄河口门位置有着密切的关系。入海泥沙多,等深线就向海里淤进得多,反之入海泥沙少,等深线就向海里淤进得少,甚至出现平衡或蚀退;口门等深线淤进距离最大,向口门两侧等深线进距离逐渐减小。

(2)2 m 等深线在 1968—1972 年、1972—1976 年、1976—1980 年、1980—1992 年、1992—2000 年 5 个比较时段中,1968—1992 年 4 个比较时段均表现为淤进,只有 1992—2000 年表现为蚀退。淤进最大时段为 1972—1976 年,淤进 2 833 m,年淤进 708 m;蚀退时段为 1992—2000 年,蚀退 224 m,年蚀退 28 m。

(3)5 m 等深线在 1968—1972 年、1972—1976 年、1976—1980 年、1980—1992 年、1992—2000 年 5 个比较时段中,1968—1992 年 4 个比较时段均表现为淤进,只有 1992—2000 年表现为蚀退。淤进最大时段为 1968—1972 年,淤进 2 797 m,年淤进 699 m;蚀退时段为 1992—2000 年,蚀退 11 m,年蚀退 1 m。

(4)10 m 等深线在 1968—1972 年、1972—1976 年、1976—1980 年、1980—1992 年、1992—2000 年 5 个比较时段中,均表现为淤进。淤进最大时段为 1968—1972 年,淤进 3 537 m,年淤进 884 m;淤进最小时段为 1976—1980 年,淤进 495 m,年淤进 123 m。

(5)15 m 等深线在 1968—1972 年、1972—1976 年、1976—1980 年、1980—1992 年、1992—2000 年 5 个比较时段中,只有 1972—1976 年时段表现为蚀退,其余 4 个时段表现为淤进。淤进最大时段为 1980—1992 年,淤进 4 333 m,年淤进 361 m;蚀退时段为 1972—1976 年,蚀退 40 m,年蚀退 10 m。

9.1.3　黄河三角洲附近海区冲淤分布及水下地形变化研究

利用 1968 年、1972 年、1976 年、1980 年、1992 年、2000 年 6 个年份的黄河三角洲滨海区加密断面实测资料,进行了相邻年份冲淤计算,得出了 1968—1972 年、1972—1976 年、1976—1980 年、1980—1992 年、1992—2000 年 5 个滩海高程差值数据文件,利用这 5 个数据文件,绘制了 1968—1972 年、1972—1976 年、1976—1980 年、1980—1992 年、1992—2000 年 5 幅滩海冲淤分布图,并进行了冲淤计算,计算结果列入表 9-5。

表 9-5　胜利滩海冲淤成果

时段		1968—1972 年	1972—1976 年	1976—1980 年	1980—1992 年	1992—2000 年
淤积面积/km²		1 367	357	737	4 782	7 856
淤积量/亿 m³		27.6	5.1	7.8	51.4	56.8
冲刷面积/km²		175	291	2 342	497	1 592
冲刷量/亿 m³		-0.7	-1.7	-19.3	-6.8	-5.9
统计	冲淤量/亿 m³	26.9	3.4	-11.6	44.5	50.9
	总面积/km²	1 542	647	3 079	5 279	9 448
	冲淤厚度/m	1.75	0.52	-0.38	0.84	0.54
	最大淤积厚度/m	12.7	5.7	6.7	14.3	11.5
	最大冲刷厚度/m	-1.6	-7.2	-6.2	-5.7	-4.4

9.1.3.1　1968—1972 年冲淤分布情况

从 1968—1972 年冲淤分布和表 9-6 可以看出,1968 年和 1972 年两次地形测量的公共海域所对应的海岸线在黄河三角洲滨海区固定测深断面 1～18 断面(湾湾沟口门至五号桩码头);1972 年和 1968 年相比较,该海域发生了普遍的、较大淤积,淤积总量为 26.9 亿 m³,平均淤积厚度为 1.75 m;最大淤积厚度为 12.7 m,最大冲刷厚度为 1.6 m。

表 9-6　1968—1972 年淤积面积统计

大于部分淤积厚度/m	面积/km^2	部分淤积厚度/m	面积/km^2	淤积位置
≥12	9.57			1972 年黄河口门附近海域
≥11	23.45	11~12	13.88	
≥10	44.26	10~11	20.81	
≥9	66.57	9~10	22.31	
≥8	88.10	8~9	21.53	
≥7	109.20	7~8	21.10	
≥6	134.94	6~7	25.74	
≥5	166.80	5~6	31.86	
≥4	214.33	4~5	47.53	
≥3	288.68	3~4	74.35	
≥2	433.58	2~3	144.90	
≥1	984.74	1~2	551.16	

从 1968—1972 年冲淤分布和表 9-6 可看出，淤积厚度大于 12 m 的淤积范围为 9.57 km^2；淤积中心位置在 1972 年口门外 3 km 附近；黄河口门 1972 年较 1968 年向北偏西延伸了 6 km。在该海域西边缘的局部发生微弱冲刷。

9.1.3.2　1972—1976 年冲淤分布情况

从 1972—1976 年冲淤分布和表 9-7 可以看出，1972 年和 1976 年两次地形测量的公共海域所对应的海岸线在黄河三角洲滨海区固定测深断面 8~18 断面（一零六口门东 2 km 至五号桩码头）；1976 年和 1972 年相比较该海域总的情况是发生了淤积，淤积总量为 3.4 亿 m^3，平均淤积厚度为 0.52 m；最大淤积厚度为 5.7 m，最大冲刷厚度为 7.2 m。

表 9-7　1972—1976 年淤积面积统计

大于部分淤积厚度/m	面积/km^2	部分淤积厚度/m	面积/km^2	淤积位置
≥5	9.77			十八井至五号庄码头
≥4	52.72	4~5	42.95	
≥3	91.78	3~4	39.06	
≥2	120.99	2~3	29.21	
≥1	156.94	1~2	35.95	

从 1972—1976 年冲淤分布和表 9-7 可以看出，淤积厚度大于 5 m 的淤积范围为 9.77

km², 淤积位置在黄河海港外 2 km、平行于海岸线的、宽度在 1 km、长度在 11 km 左右的带状区域;1976 年 5 月由于清水沟人工改道,黄河口门较 1972 年向东南移了 52 km。

从 1972—1976 年冲淤分布和表 9-8 可以看出,在 8 断面东 2.5 km,距海岸线 13 km ,即 1972 年口门外 6 km 附近(一零六口门北偏东 14 km)的海域发生了冲刷,冲刷厚度 7 m 以上的范围 0.05 km², 冲刷厚度 5 m 以上的范围为 1.40 km²。

表 9-8 1972—1976 年冲刷面积统计

大于部分淤积厚度/m	面积/km²	部分淤积厚度/m	面积/km²	冲刷位置
≥7	0.05			1972 年黄河口门附近海域
≥6	0.57	6~7	0.52	
≥5	1.40	5~6	0.83	
≥4	5.04	4~5	3.64	
≥3	10.79	3~4	5.75	
≥2	20.13	2~3	9.34	
≥1	28.77	1~2	8.64	

9.1.3.3 1976—1980 年冲淤分布情况

从 1976—1980 年冲淤分布和表 9-9 可以看出,1976 年和 1980 年两次地形测量的公共海域所对应的海岸线在黄河三角洲滨海区固定测深断面 8~27 断面(一零六口门东 2 km 至 1996 年清水沟南侧);1980 年和 1976 年相比较该海域总的情况是发生了冲刷,冲刷总量为 11.6 亿 m³,冲刷面积为 2 342 km²,平均冲刷厚度为 0.38 m;最大冲刷厚度为 6.2 m,最大淤积厚度为 6.7 m;该海域表现为北半部分(17 断面以北)冲刷,南半部分(19 断面以南)淤积;中间部分(17~19 断面)冲淤平衡。

表 9-9 1976—1980 年冲刷面积统计

大于部分淤积厚度/m	面积/km²	部分淤积厚度/m	面积/km²	冲刷位置
≥6	0.14			1972 年黄河口门附近海域
≥5	2.14	5~6	2	
≥4	6.2	4~5	4.06	
≥3	12.78	3~4	6.58	
≥2	20.57	2~3	7.79	
≥1	42.46	1~2	21.89	

从 1976—1980 年冲淤分布和表 9-9 可以看出,冲刷厚度 6 m 以上的范围为 0.14 km²,冲刷位置在 8 断面东 2 km、距岸线 9.7 km 处。该海域有两处冲刷较为剧烈,一是在一零六口门北偏东约 10.5 km 处,二是在黄河海港东 3 km 处。

从 1976—1980 年冲淤分布和表 9-10 可以看出,淤积厚度 6 m 以上的范围为 3.9 km^2,淤积位置在 25 断面附近、1980 年黄河口门南约 8.3 km。

表 9-10　1976—1980 年淤积面积统计

大于部分淤积厚度/m	面积/km^2	部分淤积厚度/m	面积/km^2	淤积位置
≥6	3.86			1980 年口门附近海域
≥5	17.36	5~6	13.50	
≥4	56.91	4~5	39.55	
≥3	104.10	3~4	47.19	
≥2	174.07	2~3	69.97	
≥1	188.98	1~2	14.91	

9.1.3.4　1980—1992 年冲淤分布情况

从 1980—1992 年冲淤分布和表 9-11 可以看出,1980 年和 1992 年两次地形测量的公共海域所对应的海岸线在黄河三角洲滨海区固定测深断面 1~26 断面(湾湾沟口门至 1996 年清水沟口门北侧);1992 年和 1980 年相比较该海域总的情况是发生了淤积,淤积总量为 44.5 亿 m^3,淤积面积 4 782 km^2,平均淤积厚度为 0.84 m,最大淤积厚度为 14.3 m,最大冲刷厚度为 5.7 m。该海域冲淤特征:由最西部基本冲淤平衡(1~2 断面、湾湾沟口门海域),向东冲刷最大(8 断面东 4.6 km、一零六口门东 6.6 km),向南基本冲淤平衡(20 断面),向南淤积最大(26 断面附近)。

表 9-11　1980—1992 年淤积面积统计

大于部分淤积厚度/m	面积/km^2	部分淤积厚度/m	面积/km^2	淤积位置
≥14	0.60			1980 年、1992 年口门附近海域
≥13	5.41	13~14	4.81	
≥12	11.75	12~13	6.34	
≥11	43.27	11~12	31.52	
≥10	50.94	10~11	7.67	
≥9	58.08	9~10	7.14	
≥8	72.26	8~9	14.18	
≥7	87.59	7~8	15.33	
≥6	104.80	6~7	17.21	
≥5	121.62	5~6	16.82	
≥4	140.43	4~5	18.81	
≥3	171.14	3~4	30.71	
≥2	216.28	2~3	45.14	
≥1	726.54	1~2	510.26	

从 1980—1992 年冲淤分布和表 9-11 可以看出,淤积厚度 14 m 以上的范围为 0.60 km^2,最大淤积位置在 26 断面附近、2000 年老黄河口门北约 2 km。

表 9-12　1980—1992 年冲刷面积统计

大于部分淤积厚度/m	面积/km^2	部分淤积厚度/m	面积/km^2	冲刷位置
≥5	1.64			1972 年黄河口门附近海域
≥4	11.85	4~5	10.21	
≥3	27.53	3~4	15.68	
≥2	99.15	2~3	71.62	
≥1	226.93	1~2	127.78	

从 1980—1992 年冲淤分布和表 9-12 可以看出,冲刷厚度 5 m 以上的范围 0.9 km^2,冲刷位置在 8 断面东 4.6 km(一零六口门东 6.6 km)、距海岸线 7.2 km。

9.1.3.5　1992—2000 年冲淤分布情况

从 1992—2000 年冲淤分布和表 9-13 可以看出,1992 年和 2000 年两次地形测量的公共海域所对应的海岸线在黄河三角洲滨海区固定测深断面 1 断面西 14 km 至 27 断面(洼拉沟口门 2 km 至 2000 年清水沟口门);2000 年和 1992 年相比较该海域总的情况是发生了淤积,淤积总量为 50.9 亿 m^3,淤积面积为 7 856 km^2,平均淤积厚度为 0.54 m;最大淤积厚度为 11.5 m,最大冲刷厚度为 4.4 m。该海域冲淤特征:1~7 断面(洼拉沟东 2 km 至五河)海域基本冲淤平衡;8~15 断面(五河至十八井)海域冲刷;15~19 断面海域基本冲淤平衡;19~21 断面的近堤海域冲刷,深水海域少淤;21~27 断面海域淤积(现黄河口门至 2000 年清水沟口门)。

表 9-13　1992—2000 年淤积面积统计

大于部分淤积厚度/m	面积/km^2	部分淤积厚度/m	面积/km^2	淤积位置
≥11	0.27			2000 年口门附近海域
≥10	3.13	10~11	2.86	
≥9	7.99	9~10	4.86	
≥8	16.80	8~9	8.81	
≥7	25.04	7~8	8.24	
≥6	34.67	6~7	9.63	
≥5	49.31	5~6	14.64	
≥4	67.19	4~5	17.88	
≥3	93.94	3~4	26.75	
≥2	220.38	2~3	126.44	
≥1	559.12	1~2	338.74	

从 1992—2000 年冲淤分布和表 9-13 可以看出,淤积厚度 11 m 以上的范围为 0.27

km^2,最大淤积位置在 22 断面、现行口门外 1 km 附近;另一淤积较大的部位在 27 断面、2000 年清水沟口门外 3.6 km 附近。

从 1992—2000 年冲淤分布图和表 9-14 可以看出,冲刷厚度 4 m 以上的范围为 0.04 km^2,冲刷位置在 8 断面东 2.5 km(一零六口门东 4.5 km)、距海岸线 7.6 km。

表 9-14　1992—2000 年冲刷面积统计

大于部分淤积厚度/m	面积/km^2	部分淤积厚度/m	面积/km^2	冲刷位置
≥4 m	0.04			1972 年黄河口门附近海域
≥3 m	0.43	3~4 m	0.39	
≥2 m	1.68	2~3 m	1.25	
≥1 m	50.85	1~2 m	49.17	

9.1.4　最大冲刷海域情况

从表 9-15 可看出,最大冲刷海域在 8 断面东 2~5 km(一零六口门东 4~7 km),距现海岸线 7~13 km 海域;冲刷位置 1972—1980 年由深水向陆地方向移动,至 1980 年冲刷位置由深水向陆地方向移动 6.8 km;1980—2000 年冲刷位置基本稳定在距海岸线 7 km 附近;最大冲刷厚度 1972—2000 年逐渐减小。

表 9-15　最大冲刷海域情况

时段	位置		最大冲刷厚度/m	备注
	8 断面东公里数	距现海岸线公里数		
1972—1976 年	2.5	13.0	7.2	8 断面在一零六口门东 2 km
1976—1980 年	2.0	9.7	6.2	
1980—1992 年	4.6	7.2	5.7	
1992—2000 年	2.5	7.6	4.4	

综上所述,胜利滩海的冲淤变化与黄河口门的位置及黄河入海水沙有着密切的关系。

(1)一般淤积位置在口门附近海域,淤积范围与入海泥沙多少、口门附近海域的水深有直接的关系,即入海泥沙多,口门附近海域水深小,淤积范围就大;反之,入海泥沙少,口门附近海域水深大,淤积范围就小。

(2)海域冲刷、海岸线蚀退的位置一般发生在远离黄河行河口门或海岸线凸出于海的浅水海域。

20 世纪 90 年代以来,黄河进入河口的泥沙属于枯沙系列,在海洋动力因素作用下,三角洲浅海区水下部分总体呈现冲刷状态,但在行河的清水沟流路的河口附近呈现淤积情况。

图 9-2 为 1992—2000 年黄河三角洲附近海域冲淤分布情况,冲淤等值线越密集表明

其冲淤量越大。从图 9-2 可以看出,1992—2000 年,孤东及其以北海域、岬角海域、刁口河河口及其以西海域在近岸海区均发生冲刷,远离海岸逐渐为不冲不淤到轻微淤积,其中黄河海港至一零六沟的海岬角的近海岸海域冲刷最为严重;黄河河口及清水沟老河口淤积严重,清水沟老河口以南海区为轻微淤积。

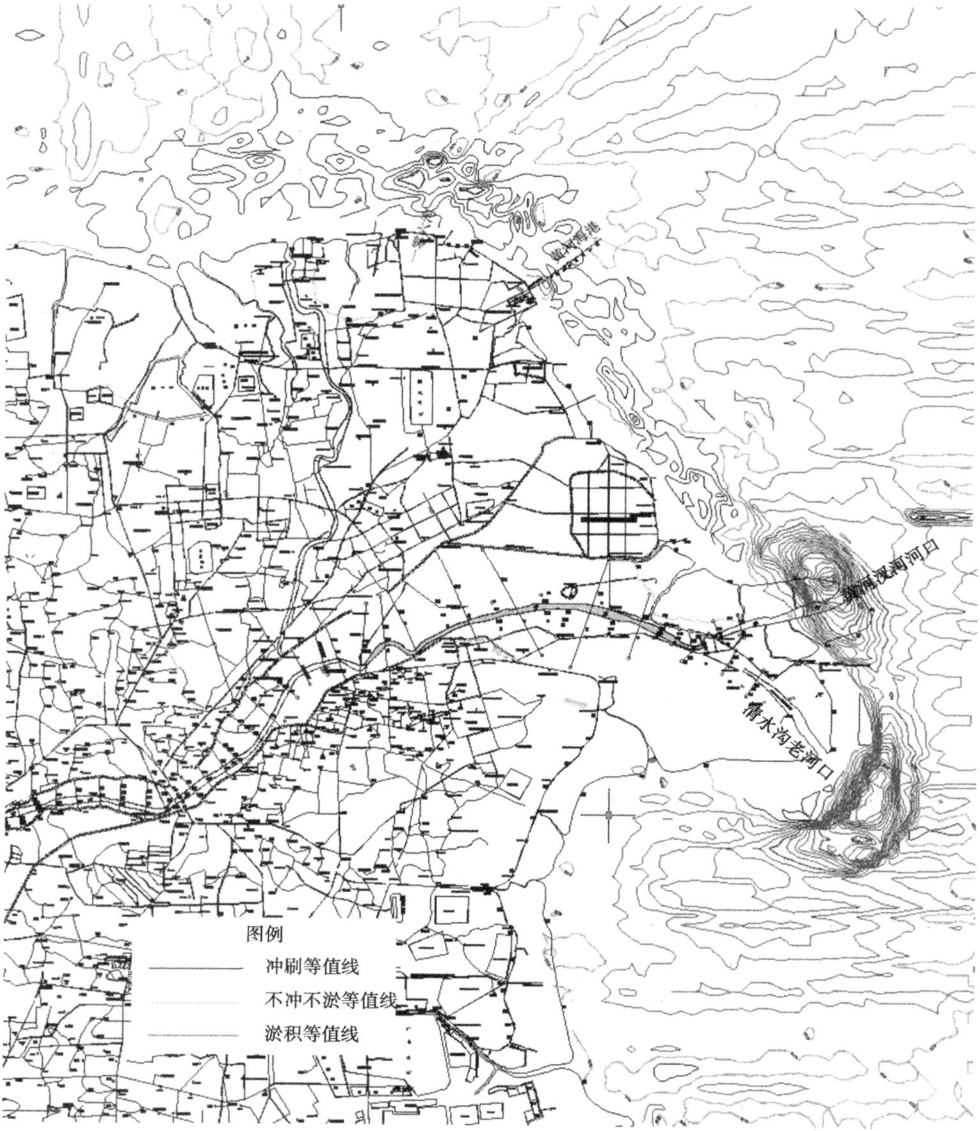

图 9-2　1992—2000 年黄河三角洲附近海域淤积分布

2000—2007 年的冲淤分布如图 9-3 所示,从图 9-3 看出,整个黄河三角洲附近海域除河口和清水沟老河口以南海域淤积外,其他海域为冲刷,在淤积的海域中以黄河现河口淤积最为明显,冲刷的海域中黄河海港以西的岬角海域和孤东海域冲刷严重,其余海域冲淤不明显。

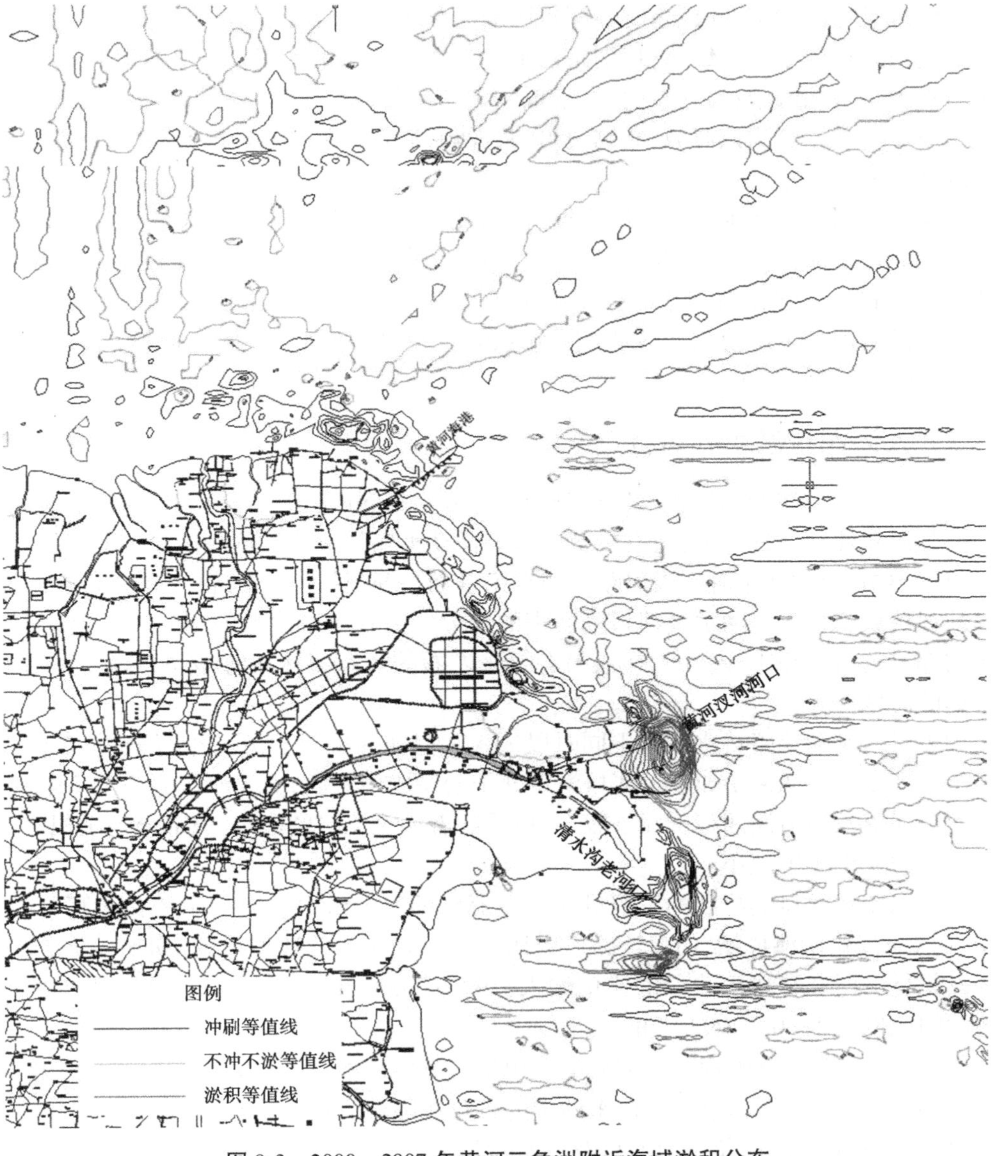

图 9-3　2000—2007 年黄河三角洲附近海域淤积分布

通过断面测验资料计算，在 10 m 水深以内，三角洲附近海域 1992—2007 年是淤积状态，其中 1992—2000 年呈现淤积状态，2000—2007 年则是冲刷的状态。

在 10 m 水深以内，海岬海域以西为冲刷，该海区以南为淤积，冲刷最明显的部位主要在刁口河口和海岬角海域，淤积最严重的部位为黄河河口，在刁口河和海岬海域，两区域均为冲刷状态，这与该海域位置有直接关系，该位置海流直接顶冲海岸，东北风掀起的海浪也直接作用于该海域的海岸，再加上非常突出的地理位置，从而造成了该海域的大量冲刷；但从冲刷过程看，其冲刷速度在逐渐减缓。孤东及以南海区在 5 m 水深以外的淤积与该海区的地理位置和本海区的海洋动力条件有关，其淤积泥沙主要来自孤东浅水区域和岬角区冲刷的泥沙和黄河现行河口的泥沙，1992—2000 年，孤东海区 5 m 以内浅水区和岬角海区也是冲刷状态，和孤东海域深水区的淤积大体相等；莱州湾海域的淤积较大，它一方面受河口口门摆动的影响，特别是清水沟老河口蚀退的大量泥沙在南北向的海流作用下将泥沙带入该海域；另一方面，由于该海域的特殊地形，顺时针旋转的海流将三山岛及龙口海岸的泥沙带到该海域，北侧突出的黄河河口阻挡了泥沙外出的路线，使泥沙很难被带到其他海域。

现黄河口附近及清水沟老河口附近海域的淤积和冲刷与黄河来水来沙有密切关系，由于有较充足的泥沙来源，因此黄河现河口海域一直在淤积中，它的淤积速度与黄河来水来沙的数量和组合有关，清水沟老河口海域在 1992—2000 年是淤积的，2000—2007 年该海域由于没有泥沙来源使该海域产生冲刷；1992—2007 年河口及附近海域（包括清水沟老河口）主要以淤积为主。

9.1.5　入海泥沙淤积分布特点

黄河进入河口泥沙的淤积大体可分为三部分，一部分淤积在河口附近河道及潮间带，另一部分淤积在河口滨海区，还有一部分被海洋动力输往三角洲滨海区较远的海域。

根据 1976—2000 年清水沟流路实测系列资料分析，清水沟流路行水期间，黄河输往河口的泥沙淤积在河口河道及河口潮间带的部分约占利津来沙量的 20%，淤积在河口滨海区的部分约占利津来沙量的 60%，另有 20%左右的入海泥沙在海洋动力因素作用下输往较远的海域。

如果对清水沟流路行水期间不同时段进入河口泥沙的淤积分布进行分析，在清水沟流路行水初期的 1976—1980 年，河口河道处于淤滩成槽阶段，由于河口流路游荡散乱，淤积在河口河道及河口潮间带的泥沙较多，以后随着入海流路的稳定，该部分的淤积量占利津来沙量的比例逐渐减小。

入海泥沙在河口滨海区的淤积量在入海流路的发展阶段也有一个变化过程，1976—1980 年入海流路淤滩成槽；河口流路形成比较稳定是在入海通道后的 1980—1992 年，滨海区淤积量占同期利津来沙量的比例增大；1992—2000 年，河口滨海区的淤积量占利津站来沙的比例与 1980—1992 年相当。

可以看出，在河口附近陆地部分的淤积量占河口来沙量的百分比随着入海流路的稳定而减小，滨海区的淤积量占河口来沙量的百分比随着流路的稳定而增大。

通过对 1996—2007 年黄河河口及清水沟流路的实测资料进行分析，自 1996 年黄河河口改走汉河以来，河口河道、口门及附近海域一直处于淤积状态。

9.2　黄河河口水下三角洲冲淤演变

由于黄河三角洲近岸水动力、水沙供给以及泥沙输运等环境不同，各区域动力地貌演变差异明显。1971—2004 年黄河三角洲滨海区 36 条断面水深数据实测获取，断面位置如图 9-4 所示。测量时，采用 AG122GPS 信标机进行实时差分定位，定位精度小于 3 m；水深测量用 SDH-13D 型数字化测深仪，测深精度为水深的 0.4%±5 cm，水深数据统一为黄海基准面。

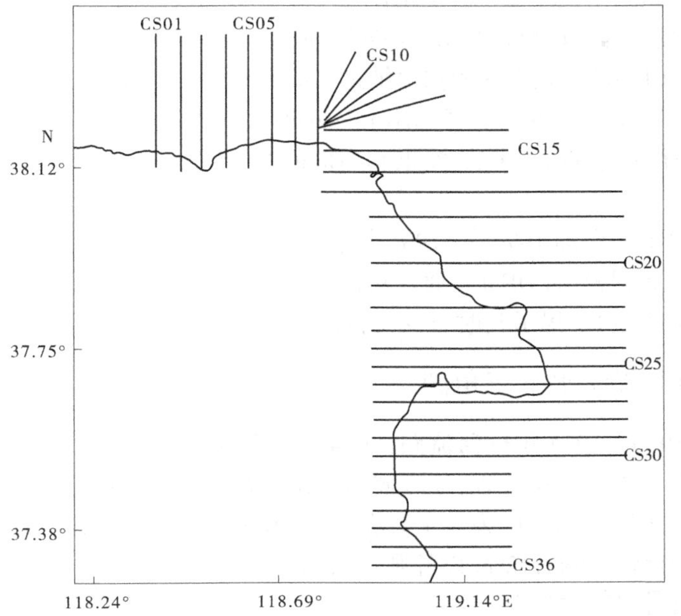

(a)旁侧声纳测线

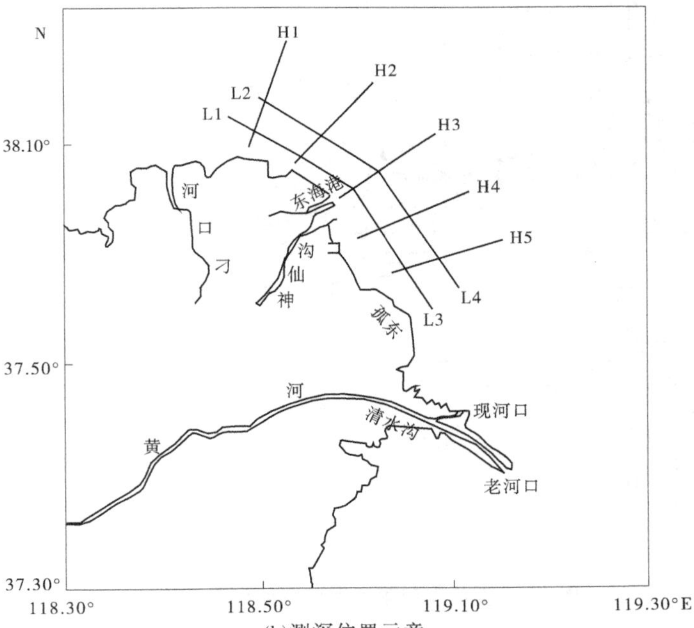

(b)测深位置示意

图 9-4　黄河三角洲滨海区测深位置示意图和浅剖及旁侧声纳测线

2010 年 4 月 23 日至 5 月 7 日在黄河三角洲滨海区共布设 9 条测线进行浅地层剖面调查,位置如图 9-4(b)所示。调查期间海况良好,测线总长度共计 180 km,采用美国

Trimble 公司生产的天宝 DGPS 定位仪,定位误差小于 1.0 m。采用 Edgetech 公司生产的 SB-216S"Chirp"浅地层剖面仪进行海底地层探测,垂直分辨率小于 10 cm。采用 Edgetech 公司生产的 4200FS"Chirp"高分辨率侧扫声纳进行海底地形地貌探测,分辨率小于 8 cm。浅地层剖面仪和侧扫声纳所获取的资料利用 Edgetech 公司提供的 Discover 系列后处理软件进行处理,主要进行速度校正、斜距校正和"Gain""TVG"(时间变化增益)等参数的调节。

本节依据黄河水下三角洲 1976 年、1985 年、1996 年、2004 年地形数据,运用 surfer 软件建立各年份的数字高程模型(DEM),通过对比不同年份的地形数据,分析 30 年来黄河水下三角洲的冲淤演变过程,揭示其时空变化特征。

9.2.1　废弃神仙沟流路水下三角洲

神仙沟流路为 1953—1964 年行河流路,1964 年断流后,该流路河口处于蚀退状态,由于修建海堤和海港等人工海岸工程,该海域的变化具有自己的变化特点,其测线剖面的变化基本一致。由于该区域的海岸为人工海堤,因此海岸线较为稳定,在海洋动力条件下 12 m 水深以内表现出略微冲刷,12 m 以外则为淤积,侵蚀临界点在 12 m 左右。

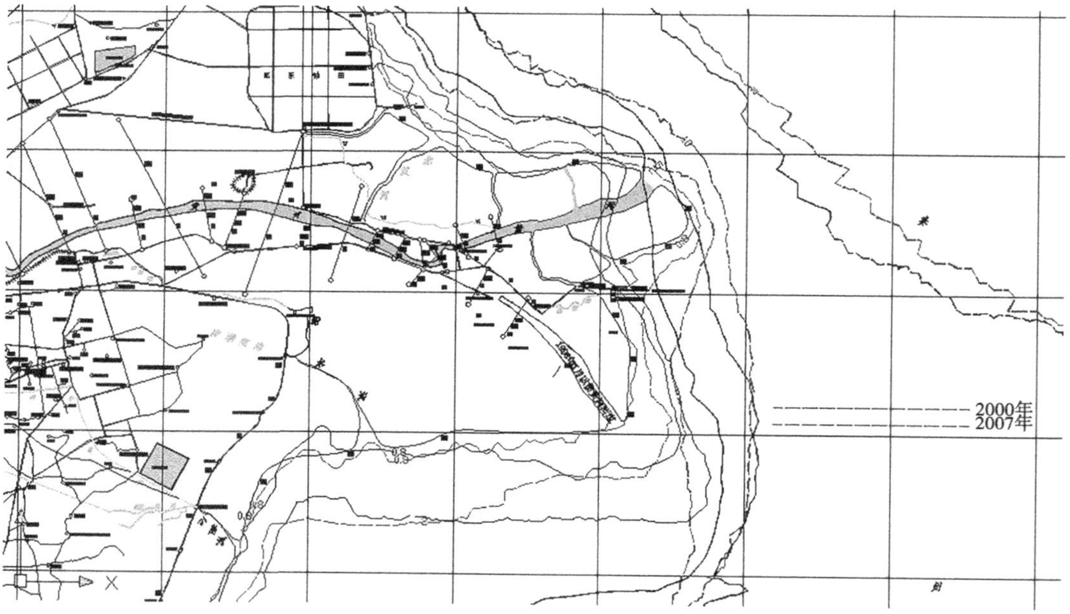

图 9-5　神仙沟口附近海域测线剖面比较

由于该海区正好处于孤东海域的北侧,受岬角海区冲刷的影响比较大,再加上浅水区冲刷泥沙的积累,从而造成了 12 m 水深外较大的淤积。

1976—2004 年 5 m、10 m、15 m 等深线分布(见图 9-6)显示,1976—1985 年 5 m、10 m、15 m 等深线在海港区域向岸侧蚀退,孤东北大堤附近海域 5 m、10 m 等深线向海侧淤积,而 15 m 等深线向海侧淤进;1985—1996 年该海域 5 m 等深线向岸侧蚀退,10 m 等深线在海港附近海域基本稳定，在孤东海域向海侧淤进，15 m 等深线则向海淤进；1996—2004 年 5 m、10 m、15 m 等深线均向岸侧蚀退。

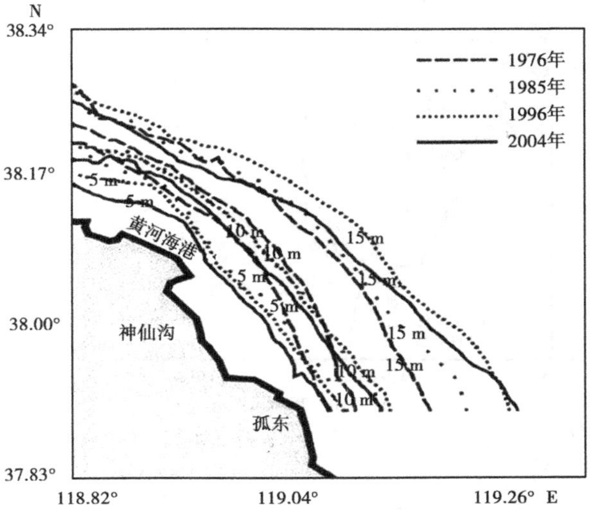

图 9-6　1976—2004 年神仙沟附近海域不同时期冲淤分布

该海域在约 15 m 等深线以深区域淤积，在以浅区域侵蚀，在黄河海港附近存在一个侵蚀中心，且在孤东附近存在冲淤转换带。从该海域 1976—2004 年冲淤分布来看，由于海域水动力条件复杂，水下三角洲不同时期冲淤分布格局也较复杂。1976—1985 年，10 m 等深线以浅的海港区域处于冲刷状态，且从海港向南，侵蚀厚度逐渐减小，而孤东附近海域处于淤积状态，向南淤积厚度逐渐增加，在海港和孤东海域间存在冲淤平衡带或者冲淤转换带，10～15m 水深区域处于轻度淤积状态，而 15 m 等深线以深区域处于侵蚀状态[见图 9-7(b)]。1985—1996 年，该海域由岸侧向海侧存在一条冲淤转换带，在海港区域该转换带大体位于 10 m 等深线处，从海港向南方向，该转换带在海港至神仙沟海域逐渐向浅水区移动，孤东海域则向海侧移动，位于 5 m 等深线处；该转换带以浅区域处于冲刷状态，以深区域处于淤积状态，淤积厚度由冲淤转换带向深水区逐渐增加，且在 15 m 等深线以深区域存在一个较明显的淤积中心；1996—2004 年，由于受到入海泥沙减少的影响，该海域整体处于弱侵蚀状态，其中 2～10 m 等深线区域侵蚀厚度相对较大，而 2 m 等深线以浅和 10 m 等深线以深区域，侵蚀厚度相对较小，且冲淤转换带向深水区移动。

1976—2004 年废弃神仙沟水下三角洲不同时期典型剖面变化如图 9-8 所示。1976—1985 年 CS15-CS17 断面剖面变化基本一致，表现为前坡段侵蚀，坡折处淤积，尾坡段处于弱侵蚀状态，其中大致以 12 m 水深为冲淤转换界；CS18 断面前坡段和尾坡段剖面形态基本保持不变，坡折处于淤积状态；CS19、CS20 断面剖面均处于均衡淤积状态，其中前坡段淤积厚度较大，尾坡段淤积厚度较小，可见 CS18 断面位置大致处于冲淤转换带。

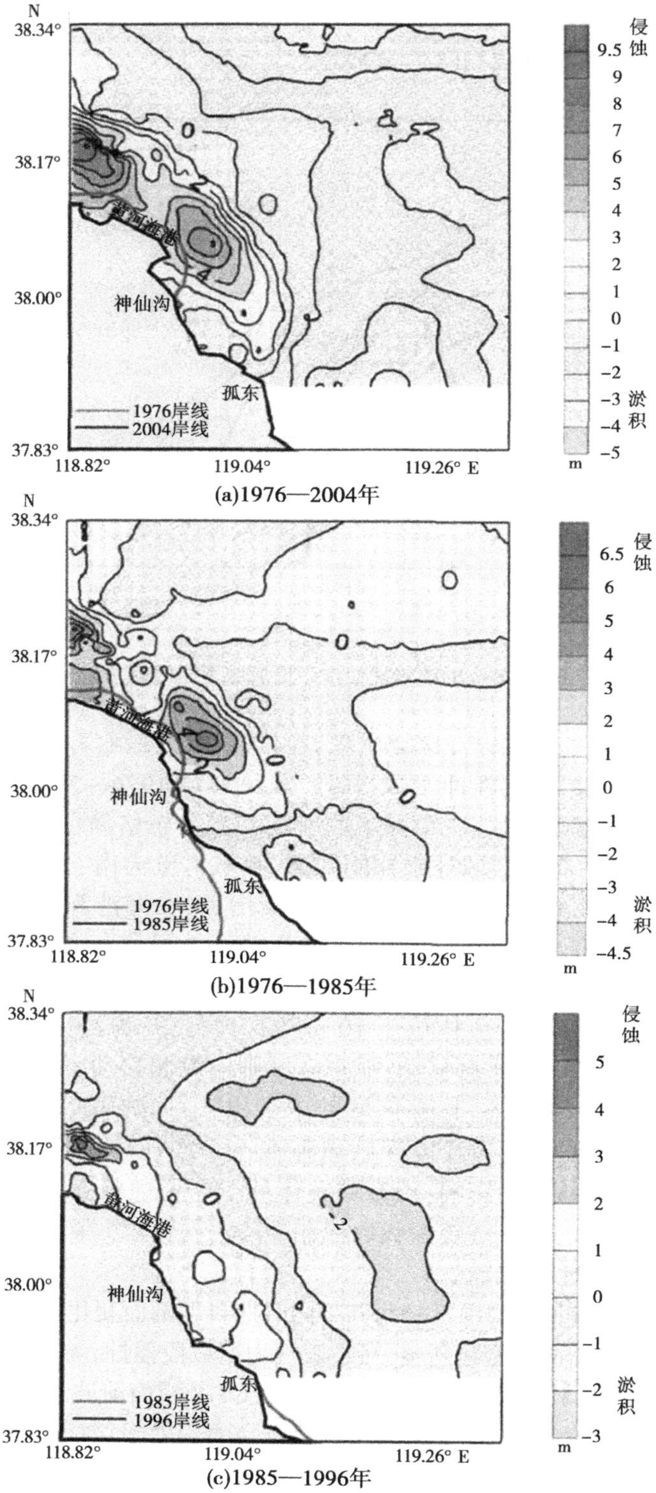

图 9-7　1976—2004 年废弃神仙沟水下三角洲不同时期冲淤分布

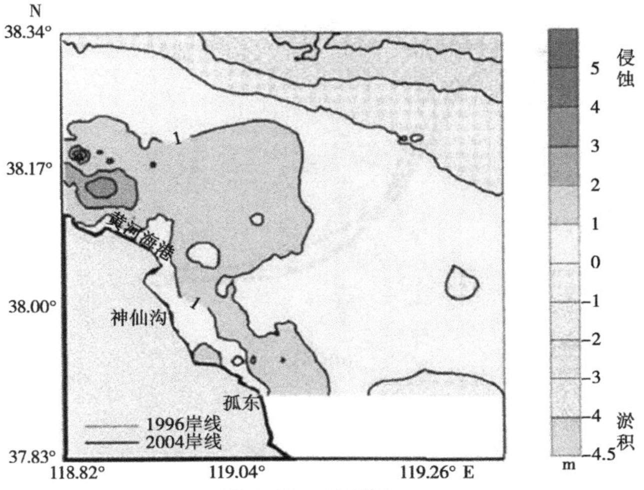

(d)1996—2004年

续图 9-7

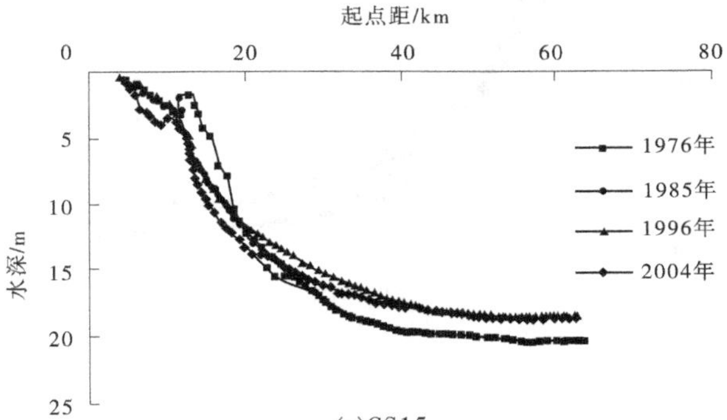

(a)CS15

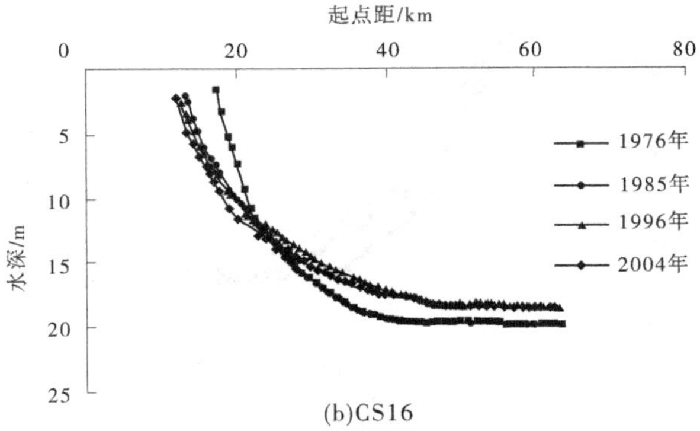

(b)CS16

图 9-8　1976—2004 年废弃神仙沟水下三角洲不同时期典型剖面变化

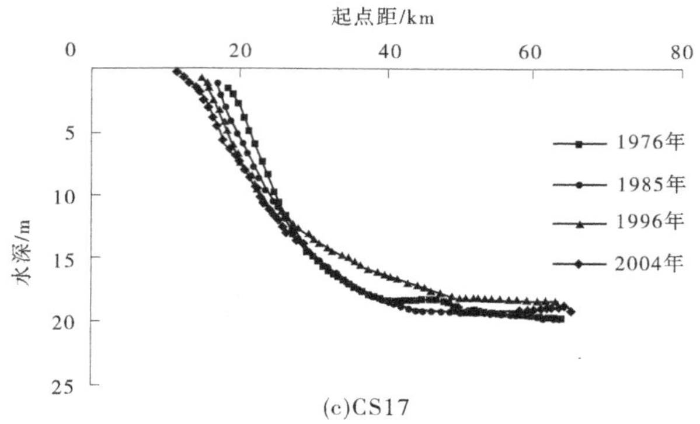

(c)CS17

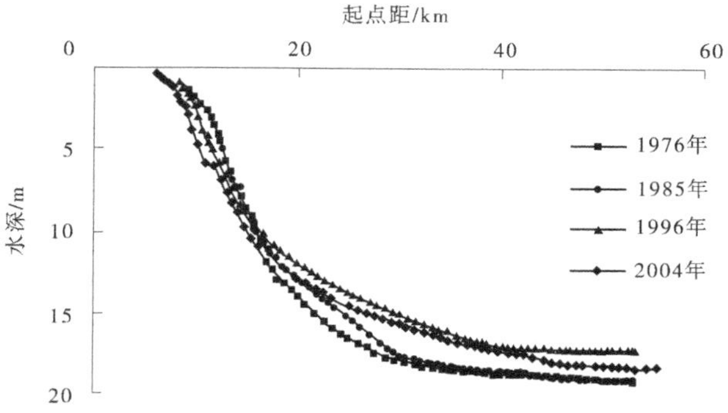

(d)CS18

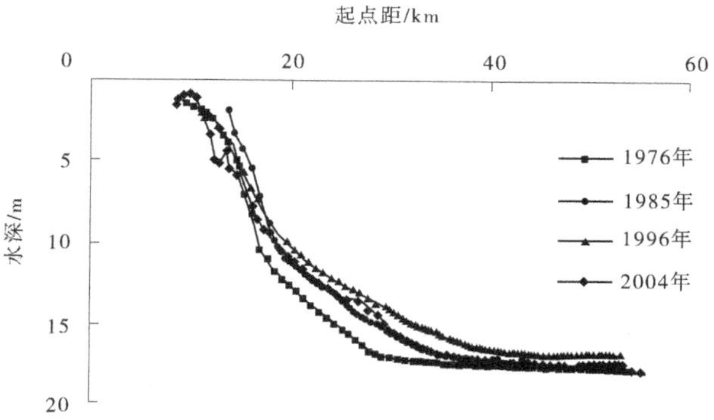

(e)CS19

续图 9-8

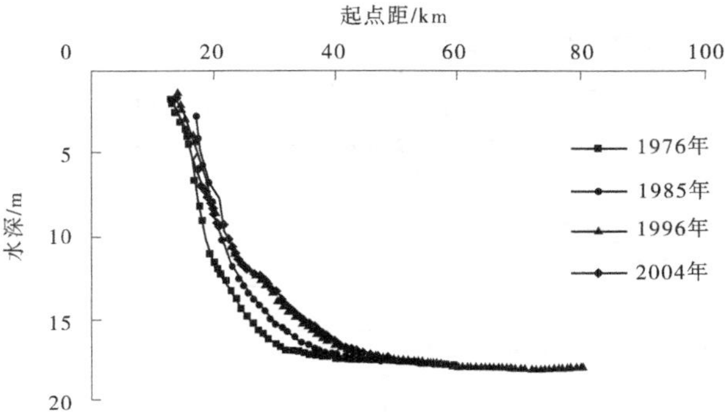

(f)CS20

续图 9-8

从 CS16、CS18、CS20 断面冲淤厚度变化(见图 9-9)来看,CS20 断面整体处于淤积状态,且前坡段淤积严重,可见该时期从海港向南淤积程度逐渐增加。1985—1996 年断面 CS15、CS20 剖面形态变化一致,均是上冲下淤,冲淤转换水深由北向南逐渐减小;从 CS16、CS18、CS20 冲淤厚度来看,CS16 断面前坡段处于冲刷状态,尾坡段处于淤积状态,且淤积厚度向深水区增大,CS18、CS20 断面前坡段处于冲刷状态,尾坡段淤积厚度较大。1996—2004 年,CS15-CS19 断面剖面形态均处于均衡冲蚀状态,侵蚀厚度从断面,CS15 ~ CS19 减小(见图 9-9),另外,CS20 前坡段冲刷,尾坡段处于冲淤平衡状态,剖面基本保持一致。

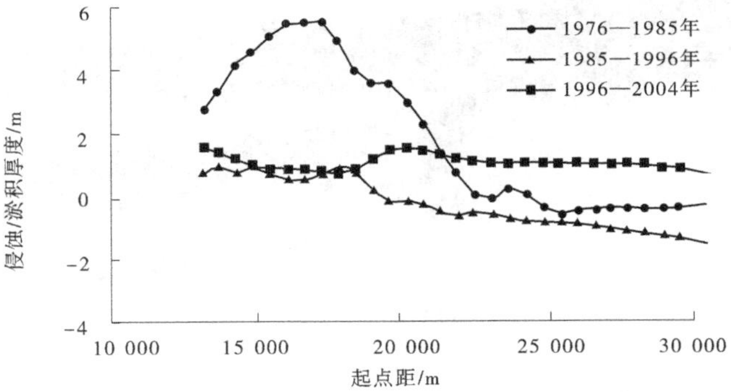

(a)CS16

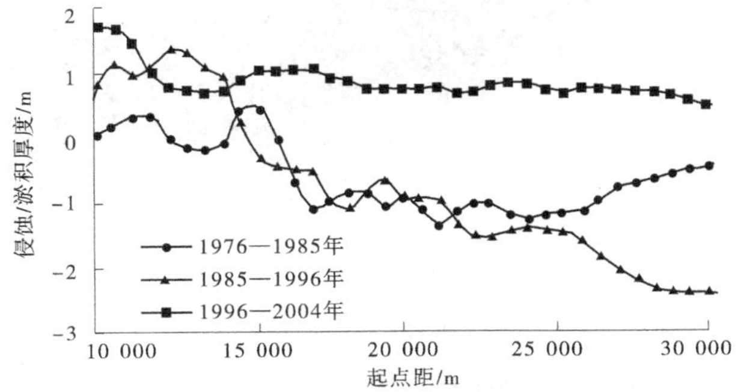

(b)CS18

图 9-9　1976 年废弃神仙沟水下三角洲不同时期典型剖面侵蚀厚度变化

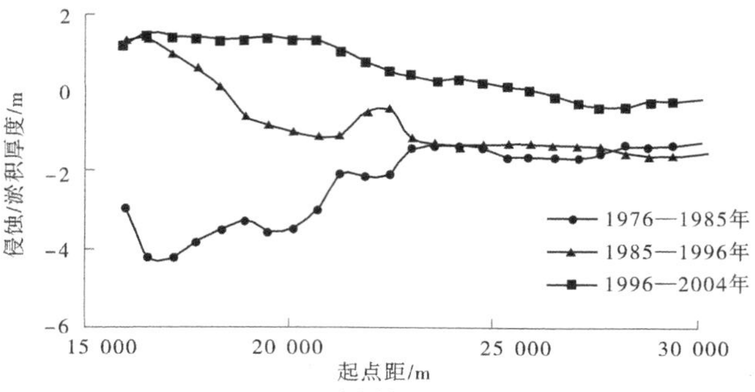

(c)CS20

续图 9-9

废弃神仙沟水下三角洲浅底层剖面如图 9-10 所示，H3、H4、H5 测线剖面坡度较平缓，海底地形平滑，冲蚀沟较少发育，表明该区域基本处于冲淤平衡状态。另外，在该域 L4 测线发现大面积密集分布的凹坑和洼地（见图 9-11），多呈椭圆形、近圆形分布，直径几米到几十米，下切深度不超过 1 m，其长轴走向与潮流流向基本一致，同时该海域处于无潮点附近，潮流流速较大，因此可以推断凹坑和洼地可能是强潮流对海底冲蚀破坏作用的结果。

(a)H3

(b)H4

图 9-10　废弃神仙沟水下三角洲浅底层剖面

(c)H5

续图 9-10

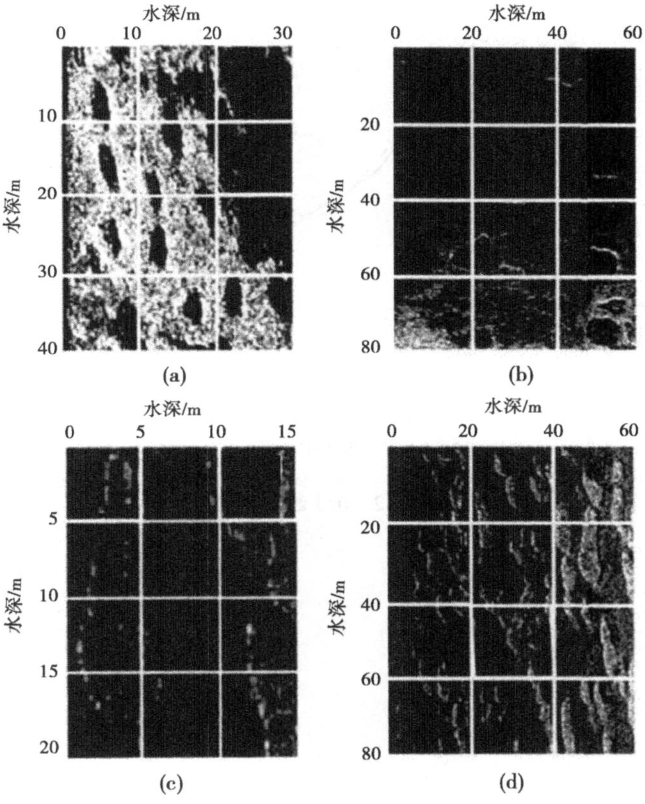

图 9-11　废弃神仙沟水下三角洲的海底凹坑与洼地

该海域地貌演变的空间特点是该海域总体呈现近岸侵蚀、海侧淤积的状况，且沿黄河海港向南，侵蚀程度减弱，在孤东海域附近存在一冲淤转换带。从该海域地貌演变的时间变化来看，1976—2004 年黄河改道清水沟入海，该海域水下三角洲整体侵蚀体积增加，而淤积体积逐渐减少，其中 1976—1996 年靠近河口的孤东海域断面处于淤积状态，而 1996—2004 年，孤东海域断面也处于侵蚀状态，水下三角洲整体处于侵蚀状态，特别是近岸区域侵蚀较强烈。另外，1976 年以来，该海域的冲淤转换带不断南移，逐渐向现行河口靠近，而到 2004 年该冲淤转换带消失，该海域发育了一些凹坑和洼地。

9.2.2　废弃刁口河水下三角洲

刁口河流路为 1964—1976 年的黄河流路，该流路自 1976 年停止行水以来，由于一直没有泥沙补给，在海洋动力作用下一直处于蚀退状态，但经过了多年的侵蚀以后，逐渐处于稳定状态。该河口位置在测验断面 008～025，从三次的测验成果来看，刁口河流路附近海区呈现逐年侵蚀冲刷状态，范围为河口两侧各 10 km 区域，分别选取 013、016、020、025 测线进行剖面图分析（见图 9-12～图 9-15），可以看出，该海域冲淤变化存在如下特点：

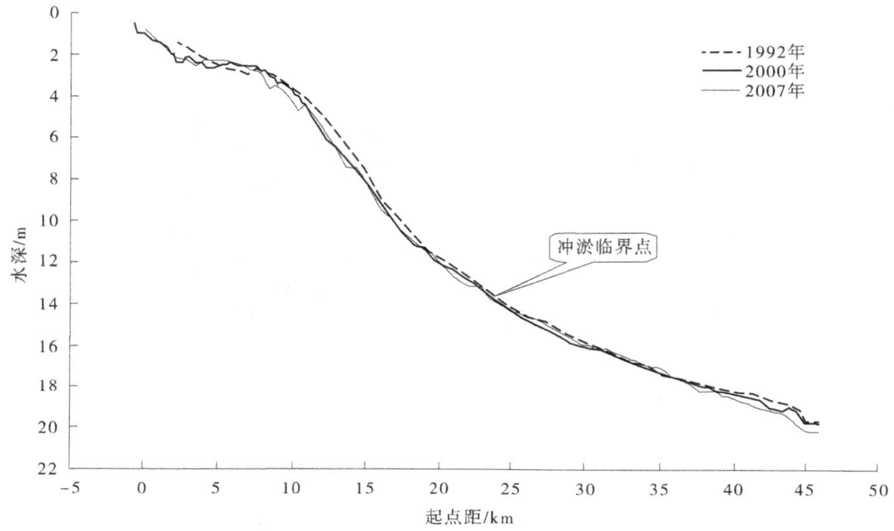

图 9-12　013 断面比较

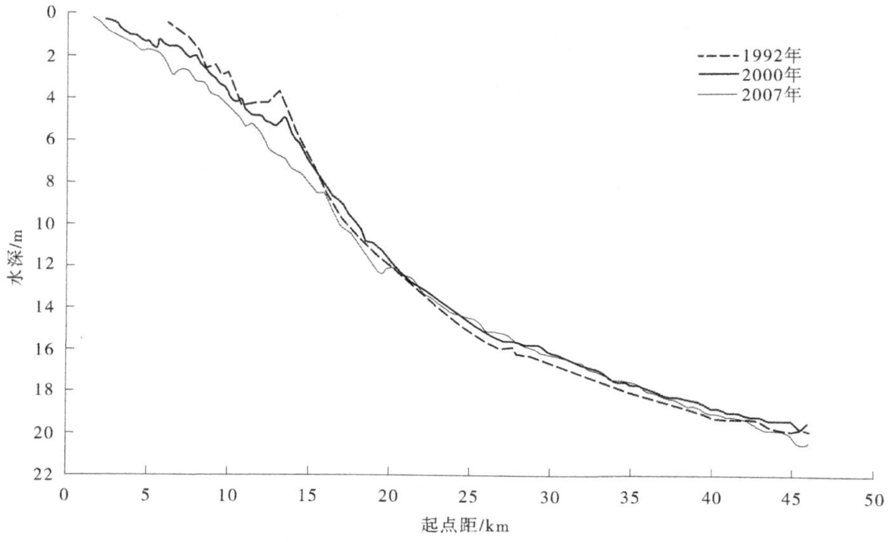

图 9-13　016 断面比较

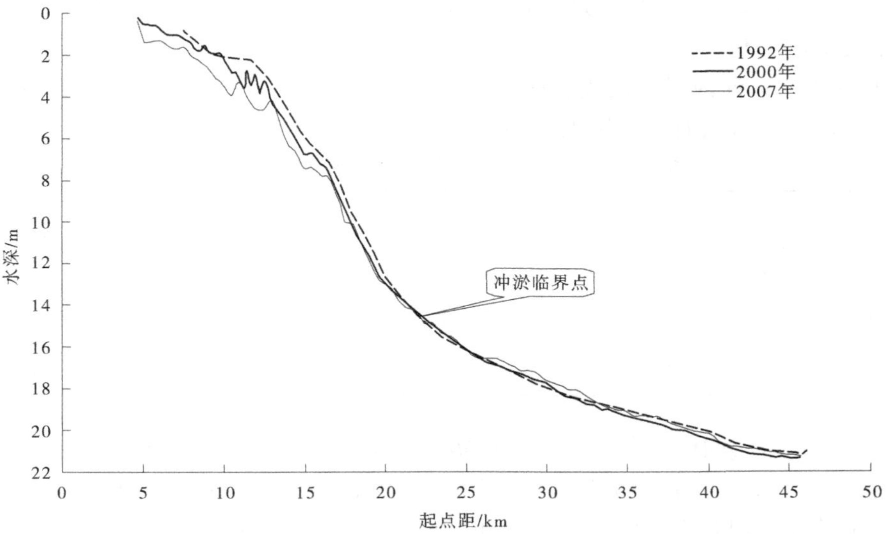

图 9-14　020 断面比较

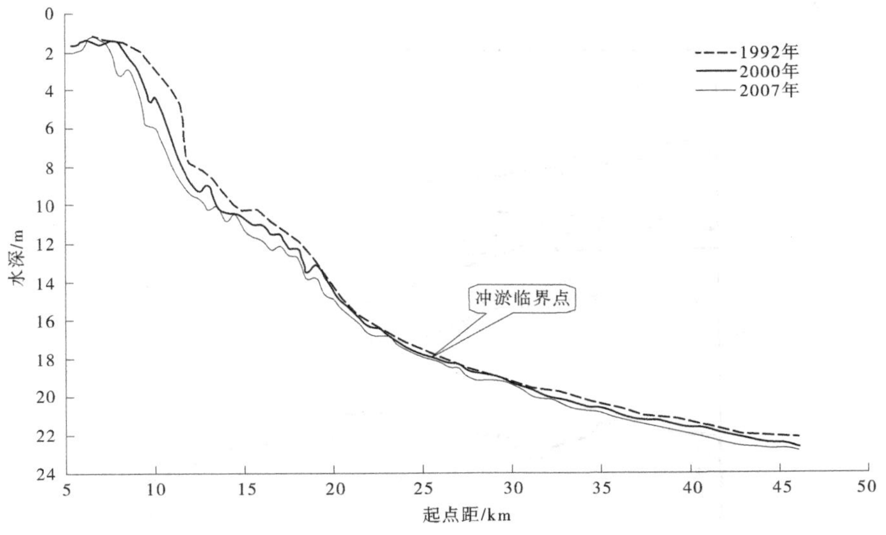

图 9-15　025 断面比较

(1)该海域自 1992—2007 年一直为冲刷,其冲刷主要发生在 10 m 水深以内,最大冲刷发生在刁口河河口东 4 km 的 25 断面。

(2)该海域侵蚀临界点水深自西向东逐渐加大。013 断面在刁口河河口西 8 km 左右,该断面在 12 m 水深附近为不冲不淤,小于 11 m 水深表现为冲刷,大于 11 m 水深表现为淤积(见图 9-12);刁口河口门的 020 断面,侵蚀临界点为水深 14 m 左右(见图 9-14);刁口河河口东 4 km 的 025 断面侵蚀临界点分别为 18 m 左右(见图 9-15)。

(3)该海域冲刷速度有逐渐变缓的趋势。从冲淤过程看,15 m 水深以内,1992—2000 年该区域处于冲刷状态,2000—2007 年也是冲刷状态,其冲刷速度有所减缓。

(4)该海域 10 m 水深以内海底自西向东逐渐变陡，且具有随着时间推移，整个海域具有逐渐变陡的趋势。

表 9-16 为刁口河河口附近代表性测线纵比降一览表，可以看出该海区的断面纵比降自西向东逐渐增大且具有逐年增大的趋势。

表 9-16　刁口河河口代表性测线纵比降一览表

年份	纵比降			
	013 线	016 线	020 线	025 线
1992 年	5.7‱	8.2‱	9.3‱	14.7‱
2007 年	5.4‱	7.0‱	8.8‱	14.4‱

图 9-16 为该海域 1976 年、1985 年、1996 年、2004 年 5 m、10 m、15 m 等深线分布图，从图中可以看出，自 1976 年以来，该海域 5 m、10 m 等深线不断向岸蚀退，到 2004 年，1976 年 5 m 等深线与该年 10 m 等深线的位置相差无几；15 m 等深线变化略有不同，1976—1985 年 15 m 等深线基本稳定，到 1996 年该等深线向海淤进，而到 2004 年该等深线又向岸蚀退。

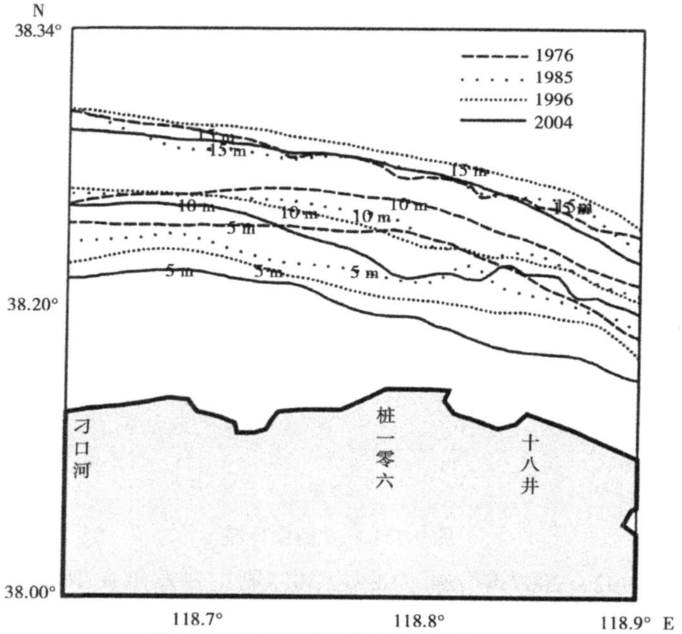

图 9-16　飞雁滩海域到年等深线变化

从该海域 1976—2004 年冲淤分布图来看，以 15 m 等深线为界，其以浅区域表现为侵蚀状态，以深区域表现为淤积状态，且在近岸区域存在一个侵蚀中心。

该海域各个时期冲淤变化如图 9-17 所示，1976—1985 年该海域冲淤变化大致约以 10 m 等深线为界，以浅海域以侵蚀为主，以深海域以淤积为主；另外，由于废弃河道和潮沟落潮流挟带的泥沙补给，刁口河到桩一零六间区域侵蚀厚度较小，桩一零六以东区域存在一较明显的侵蚀中心，在十八井以东区域存在一淤积中心［见图 9-17(b)］。该区域 15 m 等深线以浅区域内 1976—1985 年以侵蚀发生状态为主。

图 9-17(c)显示了该区域 1985—1996 年冲淤分布特征，该时期冲淤变化也大致以 10 m 等深线为界，以浅区域侵蚀，以深区域淤积，淤积厚度也在 1 m 左右；近岸侵蚀区域又可以根据侵蚀程度分为两个区域，分别为刁口河到桩一零六以东区域，侵蚀厚度较小，约为 1 m，桩一零六以东到十八井区域，存在 1 个侵蚀中心，最大侵蚀深度可达 5 m。此外，在桩一零六与十八井间存在一弱淤积区，淤积厚度在 0.5 m 以内；1985—1996 年该区域发生侵蚀。

从 1996—2004 年该区域冲淤分布［见图 9-17(d)］来看，该区域冲淤界线约在 15 m 等深线，从该区域近岸冲淤分布图来看，该时期十八井附近存在一个侵蚀中心，最大侵蚀厚度可达 5 m；从该区域等深线以浅区域冲淤变化来看，1996—2004 年发生侵蚀。

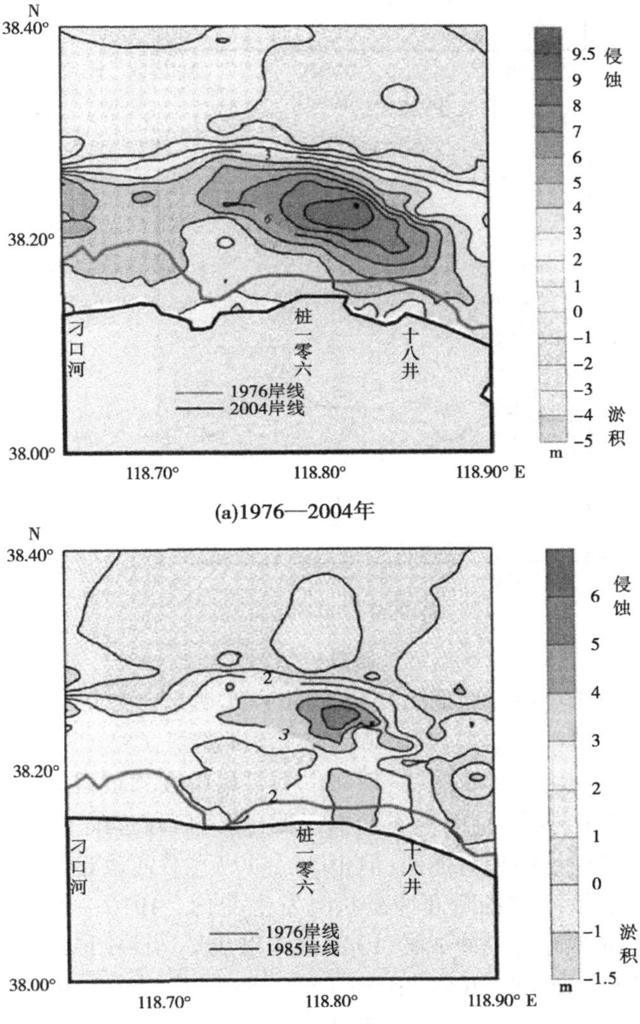

(b)1976—1985年

图 9-17　1976—2004 年废弃刁口河水下三角洲不同时期冲淤分布

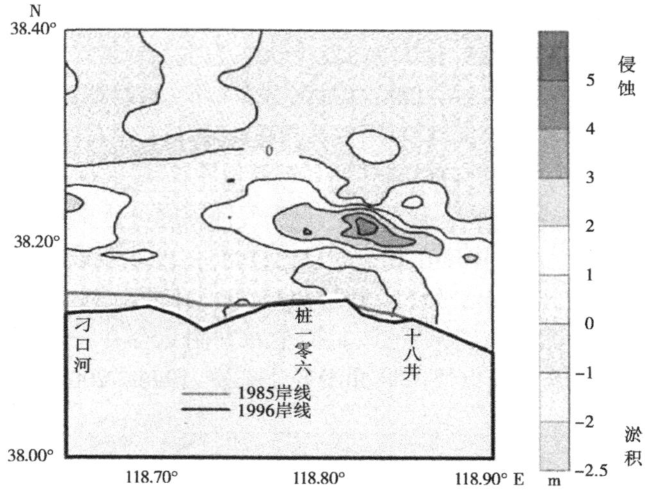

(a)1985—1996年

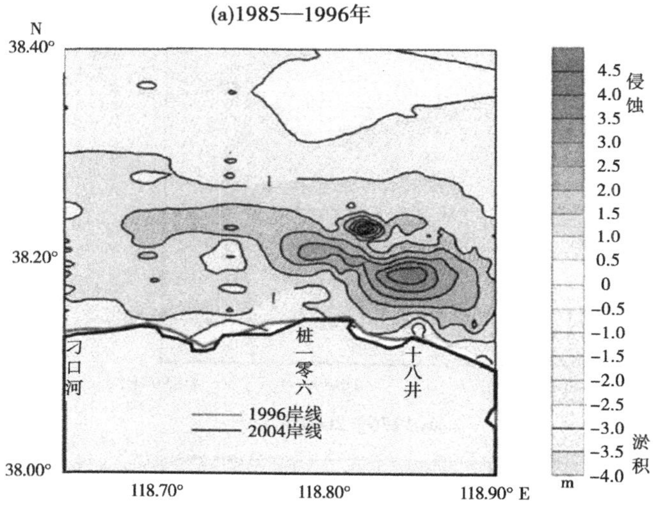

(d)1996—2004年

续图 9-17

该海域 1971—2004 年各断面剖面变化如图 9-18 所示，1971—1976 年由于黄河刁口流路入海，河流挟带大量泥沙造成刁口河水下三角洲淤积，CS5-CS8 各断面约以 13 m 为冲淤平衡点，其以浅表现为淤积状态，淤积部位主要集中在顶坡段和前坡段，以深处于冲淤平衡状态，尾坡段变化不大，剖面形态基本一致，离河口较远的 CS10-CS12 断面处于均衡侵蚀状态，其中前坡段侵蚀相对强烈；但 1976 年以后，黄河改道清水沟流路入海，刁口河流路泥沙供给锐减，该海域各断面冲淤状况发生变化。1976—1985 年，刁口河河口处断面 CS5 以水深 10 m 为界为上冲下淤，10 m 水深以浅平均冲刷厚度为 2. 25 m，其以深平均淤积厚度为 0. 43 m[见图 9-19(a)]；CS6、CS7、CS8 以及 CS612 断面除在坡折处略有淤积外，剖面其他部位均表现为冲刷状态，其中各断面的前坡段冲刷相对强烈，尾坡段冲刷程度较弱；断面 CS7 前坡段平均侵蚀厚度约为 2. 36 m，最大侵蚀厚度可达 3. 3 m，剖面其他部位平均侵蚀厚度为 0. 44 m；CS10 断面以水深 13 m 为界上冲下淤，其前坡段平均冲刷厚度为 1. 16 m，尾坡段淤积厚度较小，平均为 0. 19 m[见图 9-19(c)]。1985—1996 年，飞雁滩各断面 CS5-CS12 均表现为上冲下淤，从 CS5、CS7、CS10 冲淤厚度来看，冲淤平衡点水深从西向东逐渐增加，其中 CS5 为 8 m，其以浅平均侵蚀厚度为 0. 94 m，以深平均淤积厚度为 0. 11 m；CS7 为 12 m，以浅平均冲刷厚度为 0. 89 m，以深平均淤积厚度为 0. 86 m；CS10 为 13 m，其上部平均冲刷厚度和下部淤积厚度分别为 1. 15 m、0. 71 m。1996—2004 年，飞雁滩各断面剖面均表现为均衡冲刷状态，且各断面顶坡段、前坡段侵蚀强烈，尾坡段侵蚀相对较弱(见图 9-18)。CS5、CS7、CS10 平均冲刷厚度分别为 0. 87 m、0. 90 m、1. 29 m，可见该海域从西向东冲刷程度逐渐加强。

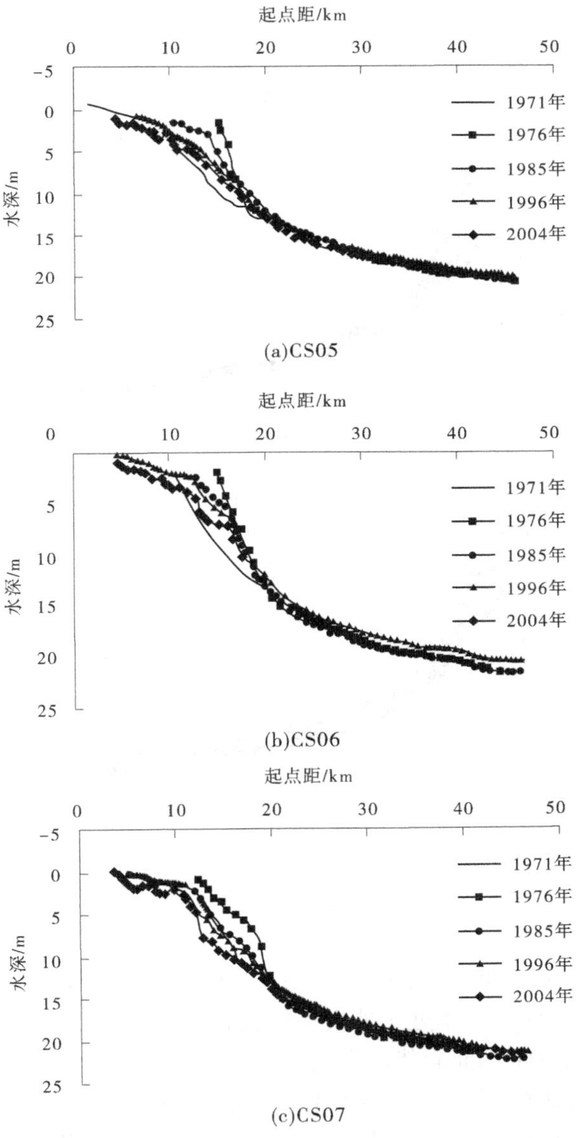

图 9-18　1976—2004 年废弃刁口河水下三角洲不同时期剖面变化

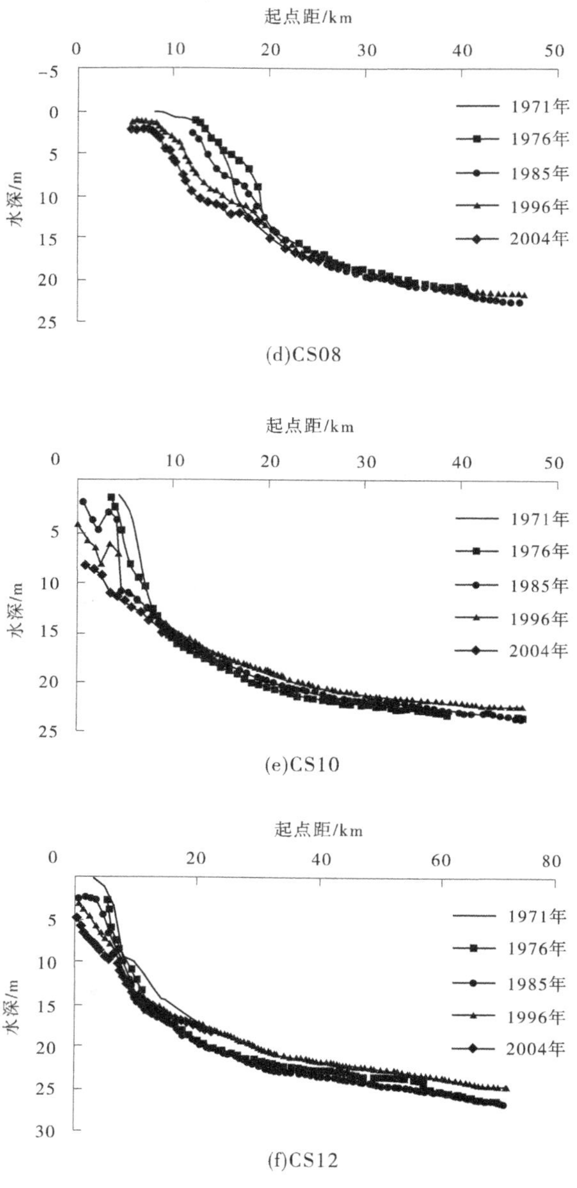

(d)CS08

(e)CS10

(f)CS12

续图 9-18

从该海域浅地层剖面(见图 9-20)来看,H1、H2 侧线剖面 10 m 水深以深海底地形较平滑,坡度较小,表明该区域基本处于冲淤平衡状态,10 m 水深以浅的近岸海底地形坡度较大,并有一定的起伏,H1 剖面起伏最大高度约 1 m,H2 剖面起伏高度较大,最大高度可达 2.5 m,为侵蚀残留地貌,表明这些区域仍处于侵蚀状态,在剖面上发育冲蚀沟,在 H2 剖面上这种地貌结构比较明显,在侧线上冲蚀沟和侵蚀残留体相间排列呈 U 形。冲蚀沟

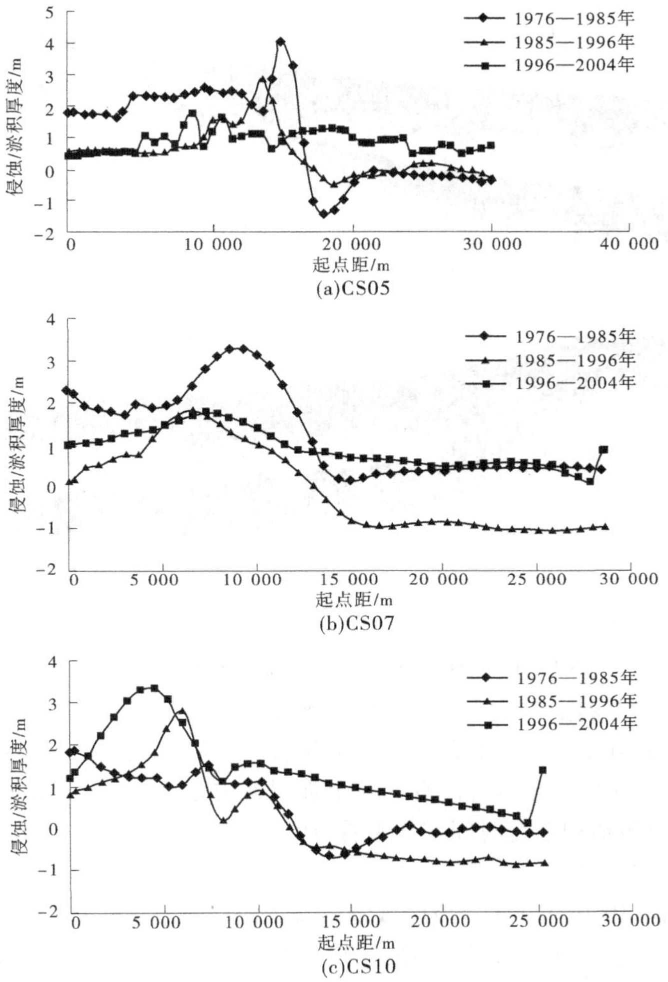

图 9-19 1976—2004 年废弃刁口河水下三角洲不同时期典型剖面冲刷厚度变化

是一种狭长弯曲的微地貌形态，是波浪和潮流等海洋动力因素作用的结果，其中波浪近底流是冲蚀沟形成的主要因素。河口行水时，河流挟带大量泥沙入海，在河口处及两侧淤积形成河口沙坝和水下三角洲，在水下三角洲前缘坡度陡峭，细颗粒表层沉积物在波浪和潮流的作用下容易起动，而河口废弃后，泥沙供给断绝，海洋动力的侵蚀作用加强，海底地形发生变形，顺流方向形成小型冲蚀沟，小型冲蚀沟在波浪和潮流的联合作用下，不断拓宽加深。此外，冲蚀沟内形成的二次流加强了对冲蚀沟边壁和底床的冲蚀作用，为泥沙的悬浮、扩散和输运提供动力，对冲蚀沟的形成和演变起到重要作用。从 H1、H2 测线剖面发育的海底微地貌——冲蚀沟来看，该区域 10 m 水深以浅区域处于侵蚀状态，且 H2 区域比 H1 侵蚀程度强。

废弃刁口河水下三角洲 1971—2004 年地貌演变具有明显的时空变化特征。首先，从

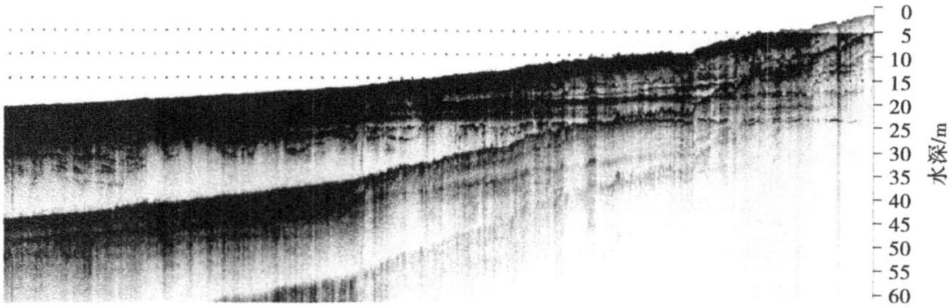

(a)H1

(b)H2

图 9-20　废弃刁口河水下三角洲浅底层剖面图谱

该海域地貌演变空间变化来看，水下岸坡的前坡段冲刷相对强烈，且从岸侧向海侧存在一个冲淤转换带，大致在 12 m 等深线左右，该冲淤转换带以浅区域受到强烈侵蚀，以深区域则呈现弱淤积；在桩 106 和十八井间存在一个强侵蚀中心，而且该侵蚀中心逐渐向岸侧和东侧移动。从该海域地貌演变时间变化来看，1971—1976 年黄河刁口入海挟带大量泥沙使河口水下三角洲向海淤进，由于东西向潮流作用，部分泥沙随潮流输运到较远处，造成该区域上坡段淤积；1976—2004 年该区域由于缺少泥沙供给，水下三角洲遭到持续侵蚀，特别是 15 m 水深以浅区域，但侵蚀速率逐渐减小，可见该区域地貌格局逐渐向冲淤动态平衡发展。

9.3　清水沟新老河口附近海区的变化情况

1976—2004 年清水沟河口区等深线变化如图 9-21 所示，1976—1996 年，黄河在老河口处入海，大量泥沙在老河口处淤积，造成各年份 5 m、10 m、15 m 等深线沿老河口淤积方向突出，并向海不断淤进，而 1996 年以后，黄河清 8 分叉改道现行河口入海，5 m、10 m、15 m 等深线沿新河口淤积方向突出，新河口处等深线向海淤进，而老河口由于泥沙供给减少，5 m、10 m、15 m 等深线向岸侧蚀退。

从 1976—2004 年清水沟河口区冲淤分布［见图 9-22(a)］来看，在该区域形成两个强淤积中心，分别位于新、老河口处，淤积最大厚度为 16 m。1976—1985 年，老河口两侧大范围内均呈现淤积状态［见图 9-22(b)］，河口附近淤积厚度最大可达 11 m，且淤积厚度向海侧逐渐减小，1976—1985 年该区域发生侵蚀。1985—1996 年，老河口处叶瓣快速向

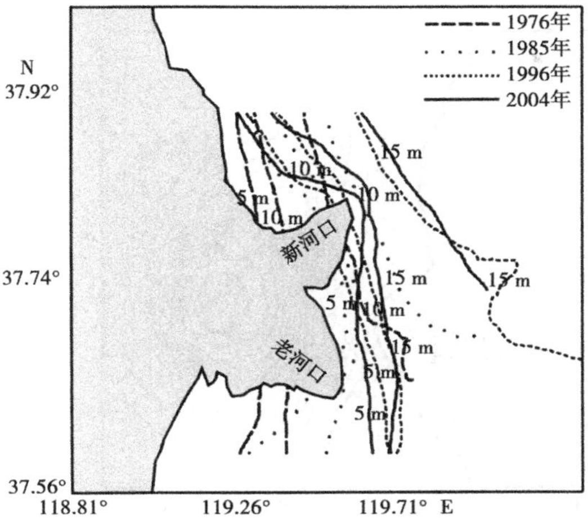

图 9-21　1976—2004 年清水沟河口等深线变化

海淤进[见图 9-22(c)],形成较大沉积体,泥沙在老河口处淤积强烈,最大淤积厚度可达 13 m,老河口的北部区域淤积较强烈,淤积厚度多在 3 m 以内,而在南部烂泥湾由于受到河口快速向海延伸和切变锋的影响,泥沙供给减少,该区域发生侵蚀,且离岸愈近,侵蚀愈强烈。1996—2004 年[见图 9-22(d)],黄河改道由清 8 入海,老河口由于泥沙供给断绝,形成一个强烈侵蚀区,最大侵蚀厚度可达 6 m,其两侧也受到侵蚀,侵蚀厚度为 0~2 m,而现行河口由于获得泥沙供给,大量泥沙在河口附近及两侧落淤,而少量泥沙在涨落潮流的作用下向河口北部、南部输运,由于河口切变锋的阻挡作用,河口大量淤积在 10 m 等深线以内,且淤积厚度向深水区减少;1996—2004 年该区域淤积。

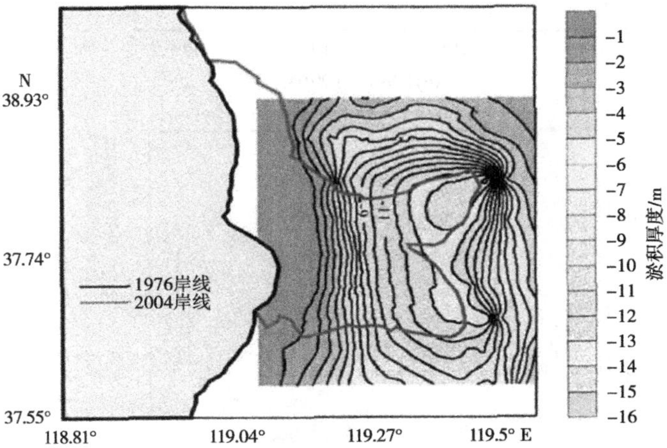

(a)1976—2004年

图 9-22　1976—2004 年清水沟水下三角洲不同时期冲淤分布

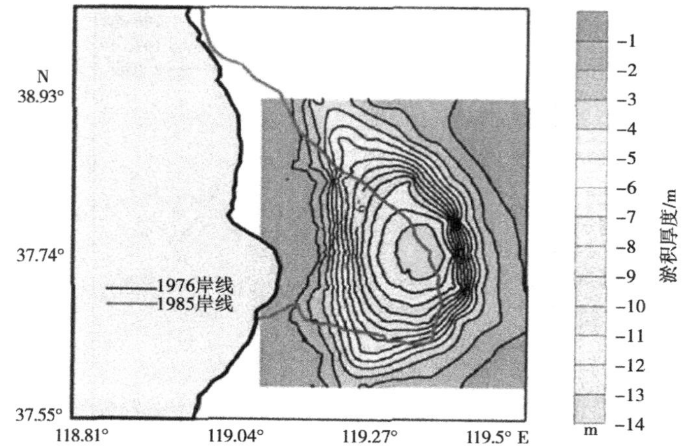

(b)1976—1985年

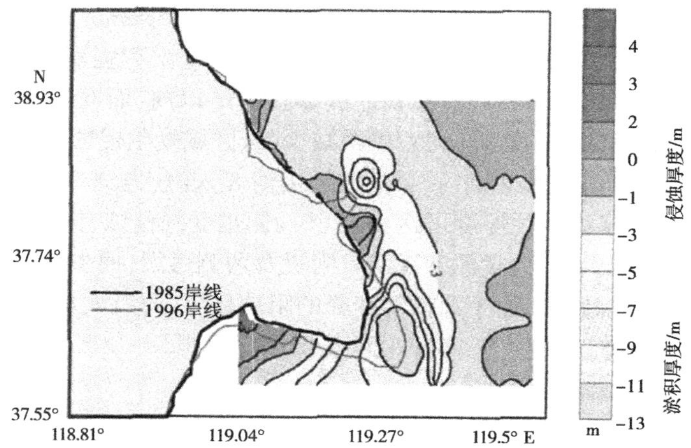

(c)1985—1996年

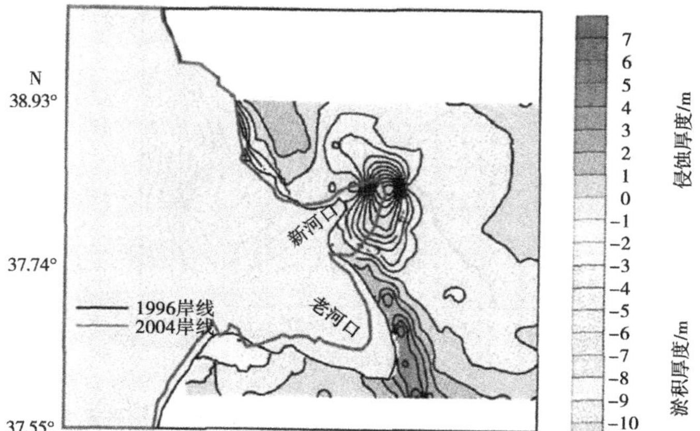

(d)1996—2004年

续图 9-22

1976—2004 年清水沟水下三角洲剖面变化如图 9-23 所示。1976—1985 年,清水沟河口各断面均呈现均衡淤积状态,其中水下三角洲 14 m 水深以浅淤积强烈,前坡段变陡,14 m 水深以深区域淤积较弱,剖面变化不大,如图 9-24 所示,河口处 CS21、CS23、CS25、CS27 断面平均淤积厚度分别为 2.65 m、1.72 m、0.98 m、2.26 m。1985—1996 年,各断面剖面呈现均衡淤积状态,特别是水下三角洲 14 m 水深以浅淤积强烈,14 m 水深以深淤积较弱,前坡段持续变陡,由于河口向海快速淤进,河口附近断面淤积较强烈,远离河口的断面淤积程度较弱,其中河口处断面 CS27 平均淤积厚度为 6.07 m,CS25 和 CS23 断面平均淤积厚度分别为 2.81 m、2.69 m,离河口较远的断面 CS21 平均淤积厚度为 1.75 m(见图 9-24)。1996—2004 年,清水沟各断面剖面变化不同,入海河口断面 CS22~CS24 剖面 15 m 水深以浅呈现淤积,且河口附近 CS22 断面淤积较强,离河口 CS24 的淤积较弱,其前坡段呈现弱侵蚀,15 m 水深以深呈现弱侵蚀;断面 CS21、CS25 剖面呈现上冲下淤,老河口断面 CS26、CS27 剖面 10 m 水深以浅呈现侵蚀,10 m 水深以深剖面基本保持一致。

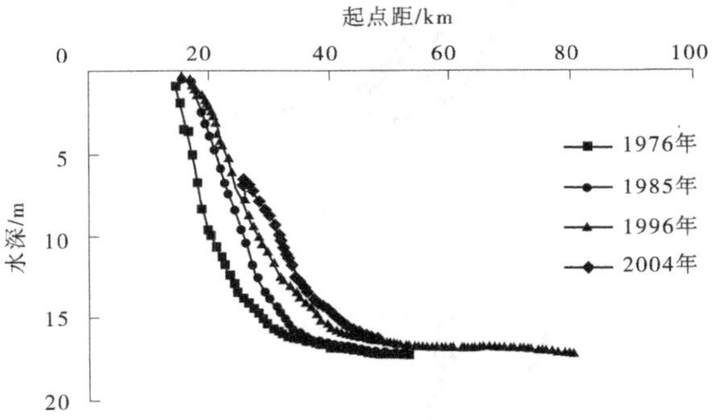

(a)CS21

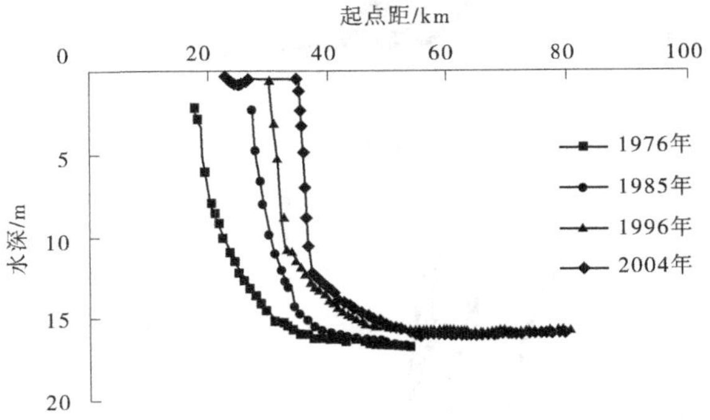

(b)CS22

图 9-23　1976—2004 年清水沟水下三角洲剖面变化

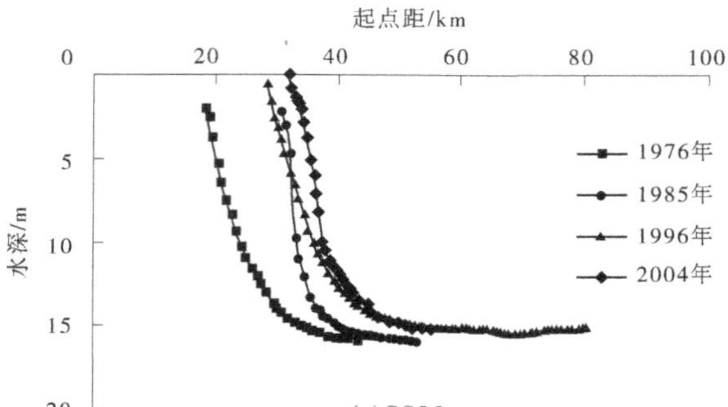

(c)CS23

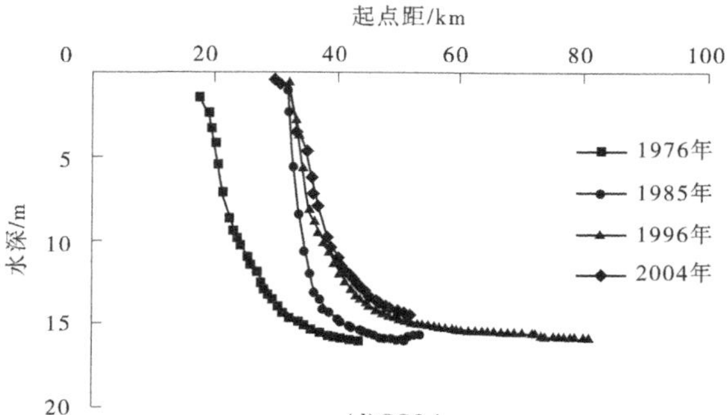

(d)CS24

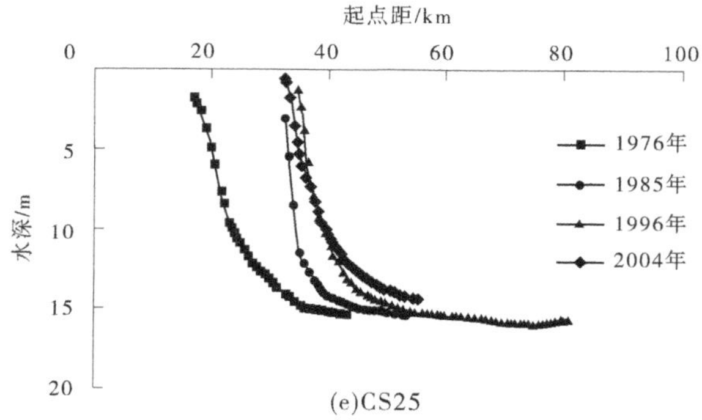

(e)CS25

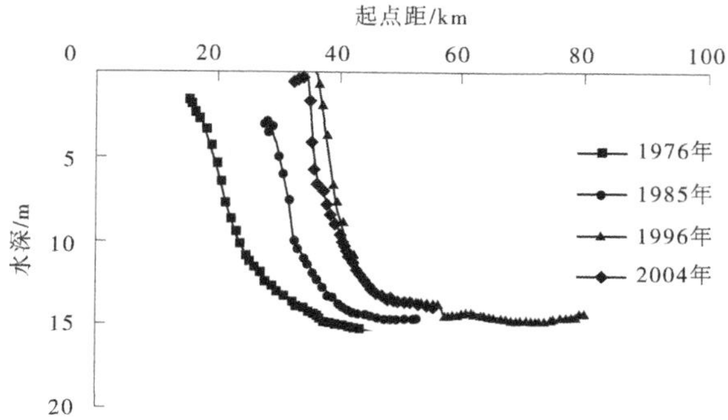

(f)CS26

续图 9-23

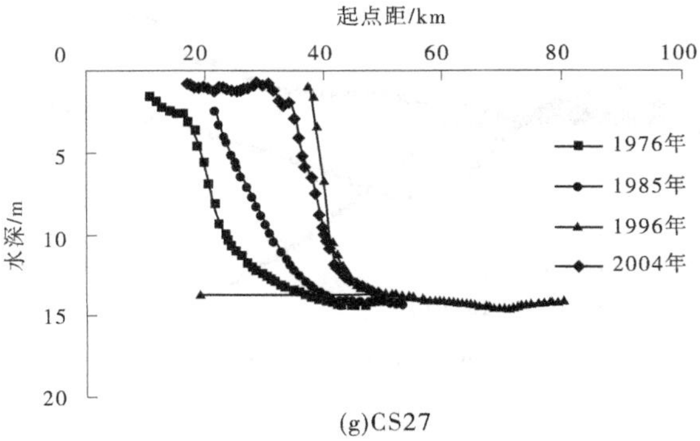

(g)CS27

续图 9-23

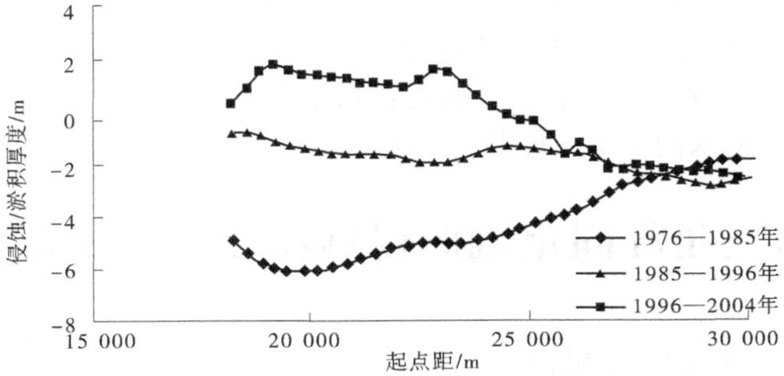

(a)CS21

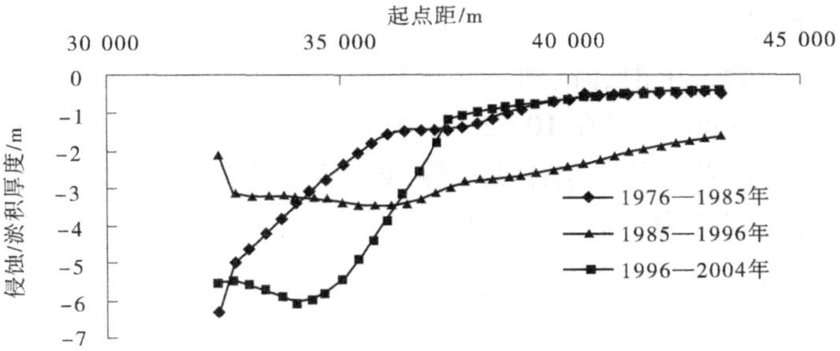

(b)CS23

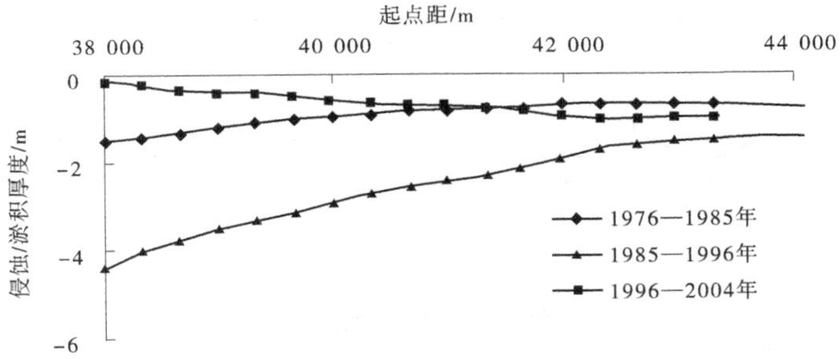

(c)CS25

图 9-24　1976—2004 年清水沟水下三角洲典型剖面冲淤厚度变化

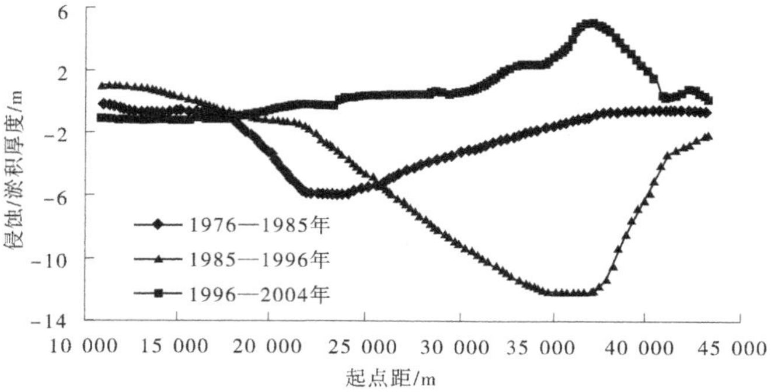

(d)CS27

续图 9-24

总体来看,1976—1996 年清水沟老河口水下三角洲快速发育,不断向海淤进形成较大的沉积体,其中上坡段变陡;1996—2004 年,清水沟老河口水下三角洲由淤积转为侵蚀,上坡段侵蚀强烈,而现行河口由于获得泥沙供给而不断向海淤积,但总体而言,由于入海泥沙减少,该时期清水沟水下三角洲淤积速率比 1976—1996 年较小。

9.4　黄河三角洲固定剖面侵蚀机制与平衡剖面的形成

9.4.1　海滨固定剖面侵蚀机制

9.4.1.1　海滨剖面结构

海滨是在海陆交会带由浪、流、潮共同作用形成的海岸堆积带,剖面外缘海底泥沙受波浪作用开始运动的深度,一般在 10~20 m 水深处。典型海滨剖面见图 9-25。由于破波带泥沙横向运动十分活跃、强烈,沿岸纵向输沙也主要集中在破波带,因此通常以最外侧的破波线为界将海滨划分为远滨区(offshore)和近滨区(nearshore)。近滨区又可进一步细分为后滨、前滨、内滨。

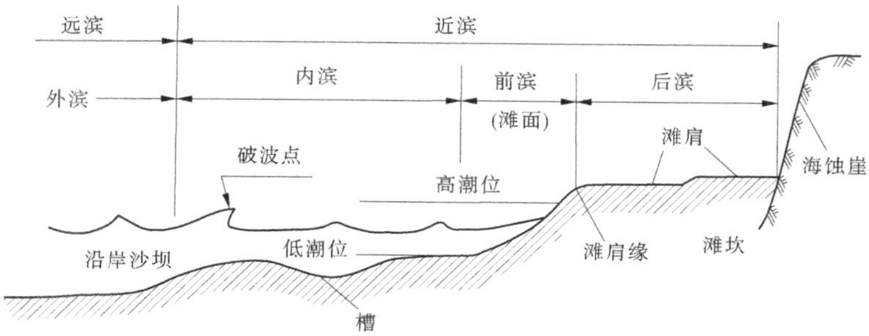

图 9-25　典型海滨剖面

后滨是从正常波况下波浪爬冲上界至暴风浪作用波及的陆缘之间的地带,通常呈平台状或阶梯平台状,一部分有植被覆盖。它与前滨交界处有肩状的明显坡折,故后滨的地貌形态称为滩肩。

前滨是从滩肩前缘至低潮位之间,时而淹没、时而出露,主要受波浪上爬冲流、回流和激浪作用的倾斜滩坡段。

内滨是从低潮位至最外侧破波线之间的缓斜滩坡段,主要受破波及波浪破碎后的激浪水流作用,破波线附近可发育破波坝(或水下沙坝)。由于不同大小波浪或不同潮位的破波位置不同,有可能存在几道破波坝。小潮差或无潮海岸较利于沙坝发育。由于破波坝一般不露出水面,故又称为水下沙坝。

海滨平均坡度取决于海滨泥沙的粒径和波能大小。泥沙粒径愈粗,渗水性愈大,则海滨坡度愈陡。在泥沙粒径相同的情况下,高波能海滨的坡度小于低波能海滨的坡度。King(1972)根据 27 个不同条件海滨的观测资料得到:

$$\tan\beta = 407.71 + 4.2D_{\phi} - 0.71\log E \tag{9-1}$$

式中:D_{ϕ} 为泥沙粒径;E 为波能。

在沙质海岸,水下沙坝和滩肩是反映海滨动态特征的重要地貌形态。海滨剖面随着波浪条件的改变不断调整剖面形态和结构,而最显著的变化是暴风浪剖面与涌浪剖面(或者是沙坝剖面与滩肩剖面)之间的转换(见图 9-26)。

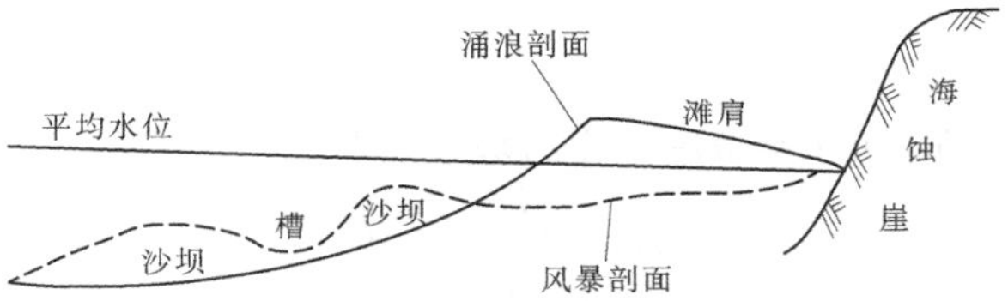

图 9-26　风暴剖面与涌浪剖面

暴风浪剖面是在暴风浪盛行期间,暴风浪的冲刷力伴随增水及表层水体向岸、底层水体向海的环流,使后滨的滩肩受冲蚀,泥沙被底层回流搬运到外滨堆积成岸外沙坝,于是海滨剖面坡度变缓,沙坝促使波浪在离岸较远的部位破碎,减弱波浪对滩肩和岸基的冲击力。由于这种剖面以沙坝的形成为特征,故又称为沙坝剖面。

涌浪剖面是在涌浪持续作用期间,淤积在外滨和远滨区的泥沙又被波浪作用为向岸输运,沙坝逐渐变低,泥沙随激浪流、上冲水流带向后滨,由于涌浪产生增水幅度小,上冲水体的一部分向下渗透,使回返水流相对上冲水流弱得多,被带至后滨的泥沙不能随回流悉数重返外滨,从而造成滩肩堆积。滩肩的高程通常就是波浪爬坡上冲达到的高程。这种剖面以滩肩为特征,故又称为滩肩剖面。涌浪剖面的坡度相对较陡。许多沙质海滨由于波况的季节性差异,出现涌浪剖面和暴风浪剖面的季节性交替,因此也有夏季剖面、冬季剖面之称。

水下滩坡是呈暴风浪剖面还是呈涌浪剖面主要取决于深水临界波陡 H_o/L_o,究竟是多少,不同研究者所得结果颇有差异。Johnson(1949)根据波浪水槽试验指出,暴风浪剖面与涌浪剖面转化的深水临界波陡 $H_o/L_o = 0.025 \sim 0.030$,波陡较大时形成沙坝剖面,波陡较小时呈滩肩剖面。King 和 William(1949)得到的临界波陡是 0.012。Rector(1954)和 Watts(1954)确定的临界波陡则为 0.016。

Dean(1973)考虑了泥沙粒径大小和波浪周期的因素,他认为床沙被波浪悬扬后,落在前方还是后方与泥沙沉速 ω 密切有关。如果下落所需时间与波浪周期 T 相比是很短的,则泥沙在沉降过程中受波浪向岸轨迹速度的作用产生向岸运动;反之,泥沙就会主要受波浪离岸轨迹速度的作用而产生向海运动。为此他根据实验资料提出一个判断指标,即 $D_0=H_0/T\omega$(H_0 为深水波高,T 为波周期,ω 为泥沙沉速,用中值粒径 d_{50} 的颗粒沉速):当 $d_{50}>0.85$ 时,为沙坝剖面;当 $d_{50}<0.85$ 时,为滩肩剖面。

这个由小尺度波浪槽试验得到的判数偏小,对于天然海滩,D_0 的临界值在 2.5 左右。美国海岸工程研究中心(1973)建议 $H_0/T\omega$ 取 1.0~2.0。

类似的指标还有 Dalrymple(1992) 指出的海滨剖面参数,即

$$P = gH_0^{\ 2}/(\omega^3 T) \tag{9-2}$$

当 $P>10\ 400$ 时,为沙坝剖面;当 $P<10\ 400$ 时,为滩肩剖面。

Sunamura、Horikawa,1974 进一步考虑滩坡初始坡度 $\mathrm{tg}\beta$ 的因素,既作了试验研究,也分析了现场观测资料,提出天然海滩剖面类型的判别指标 C 为

$$C = (\mathrm{tg}\beta)^{0.27}\frac{H_0}{L_0}\left(\frac{D}{L_0}\right)^{-0.67}\begin{cases} C > 18 & (\text{沙坝剖面}) \\ 9 < C < 18 & (\text{过度剖面}) \\ C < 9 & (\text{滩肩剖面}) \end{cases} \tag{9-3}$$

式中:D 为泥沙粒径。

Hattori、kawamata 在 1980 年考虑了岸滩坡度,提出了如下准数:

$$C = \frac{(H_0/L_0)\,\mathrm{tg}\beta}{\omega/gT} \tag{9-4}$$

根据对实验室和天然海滩资料的分析,都可以把 $C=0.5$ 作为滩肩剖面和沙坝剖面的分界判数。

9.4.1.2　海岸泥沙输运

1. 向岸-离岸搬运及“中立线”理论

在浅水中,波浪的波峰变得窄尖,波谷变得宽平,孤立的波峰逐渐为宽的波谷所分离。波峰处水质点向岸运动,波谷处相反。波峰窄,则历时短而流速大;波谷宽,则历时长而流速小。对于来回都能被波浪搬运的较细颗粒(如砂和粉砂),来回搬运的距离相等,但对于大于某一粒径的颗粒,只有波峰出现时向岸的水质点运动能将其移动一段距离,波谷出现时水质点将无力使其回到原来的位置。这样,波浪可以选取较粗的颗粒(如砾石)向岸搬运(Cornish,1898)。

Bagnold(1940) 在波槽研究中发现,最大的颗粒只有在波浪轨迹运动最强的部分时间里才被移动,并逐渐向岸蠕动,颗粒愈大愈显著。因此,最大的颗粒在海滩上堆积的位置也高。实际上,对于这种较强的向岸轨迹运动产生的这种选择性搬运作用,Comaglia 于 1898 年就已经对此进行了阐述,后来 Munch-Peterson(1950) 概述了 Comaglia 的论点。他的解释考虑的两个基本方面是:①波浪力图使颗粒向岸运动;②重力迫使颗粒朝下坡方向作离岸运动。这样,波浪垂直传入海岸的情况下,泥沙受波浪和重力作用产生向岸和离岸运动。因此,在一个波周期内,波浪使泥沙产生向岸运动,而重力作用则有利于泥沙的离岸运动。

Cornaglia 研究浅水区波浪的不对称性(asymmetry)和变形(distortion)及其对海底泥沙运动的作用,并提出海滩泥沙运动的中立线理论。他认为,存在一个使一定粒径的颗粒运动所必须的最小流速 u_c(即通常所说的临界起动流速),并证实了颗粒是否处于运动或静止主要取决于图 9-27 中的 b-C-d 的面积(阴影部分)是否相等。在某一特殊深度,波作用力和重力(促使泥沙颗粒产生向岸或离岸运动的力)达成平衡,这时颗粒只是做简单的向前或向后运动,即泥沙颗粒向岸和离岸运动的距离相等,只产生来回摆动,并不产生净位移,也不存在净输移。这个动力平衡的位置就是所谓的"中立点",即沿着垂直于波向上的某条线上特定粒度的颗粒净运动为 0 的位置。每一条海岸剖面都有一个中立点,它们的连接线称为"中立线"或"平衡线"。当水深增大(离岸距离增大),波峰和波谷的速度差值将变小,直到波浪作用本身不足以使颗粒产生向岸的净位移(net transport)。在这样的深度,使颗粒产生向下坡方向运动的重力作用变得更加重要。在中立点的向海侧,颗粒的时间运动是离岸的,而在中立点的向陆侧,颗粒的运动是向岸的。Cornaglia 认为,当波浪条件一定时,不同粒径颗粒中立点的位置不同。颗粒越粗,中立点位置就越浅。就一定的粒度而言,波浪越大,中立点的位置就越深。如果在某个给定的位置存在许多不同粒度的颗粒,那么该位置只可能成为其中一种粒度的颗粒的中立点。较粗的颗粒将在该点做离岸运动,而较细的颗粒将在该点做向岸运动。总之,中立线的深度取决于波浪的强度、海底坡度以及颗粒的大小和密度。就地中海开敞海岸而论,中立线深度的最大值可抵达 10 m 水深。Timmermans(1935)中立线的深度是在 2.5 倍波高深度的地方,这显然只能适用于某一粒径和坡度。

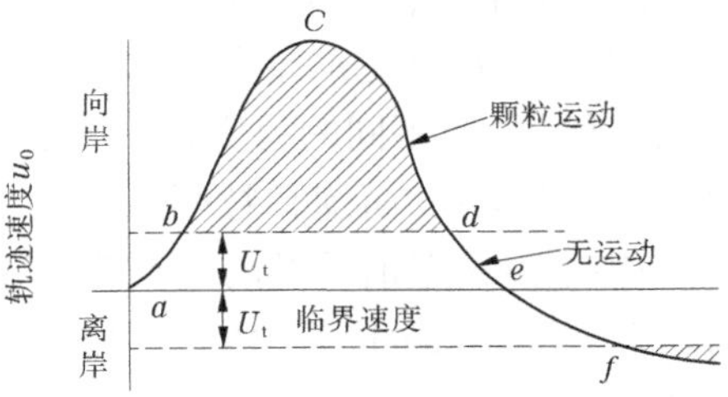

图 9-27　波浪作用下水质点运动轨迹的不对称图

如图 9-27 所示,较强而历时较短的向岸速度和较弱而历时较长的离岸速度使较粗的颗粒发生净的向岸位移。在中立点,这种向岸位移被颗粒在重力作用下的离岸位移所抵消。

Ippen 和 Eagleson(1955)使用 1∶15 的坡度,通过把沙均匀地黏结到坡面上制造出一定的糙率,然后放入单颗沉积物,观察它们在波浪作用下的运动。图 9-28 显示出其典型的结果。某些颗粒(如 2 mm 粒径颗粒)在小于临界水深的所有地方都向岸运动,另一些颗粒(如 3.17 mm 粒径颗粒)则显示出中立点的位置。在破波线附近,向岸运动受到回流的阻碍,以致所有颗粒在破波带附近达到第二个平衡摆动点。图 9-28 未给出横坐标的单位,图中的 2 mm 粒径颗粒未显示出中立点并不表示中立点不存在。根据上述理论,对 2 mm 粒径的颗粒其中立点的水深应该比 3.17 mm 粒径颗粒的中立点水深大。由图 9-28

中的直线给出了中立点的平衡关系式:

$$(H/h)^2(L/H)(C/\omega)=11.6 \tag{9-4}$$

式中:H、L 和 C 分别为实验点的波高、波长和波浪相速度(phasevelocity);h 为实验点水深;ω 是在上述波浪条件下其中立点位于水深 h 处的颗粒沉降速度;经验系数 11.6 只在实验所采用的 1:15 的坡度时才是有效的。

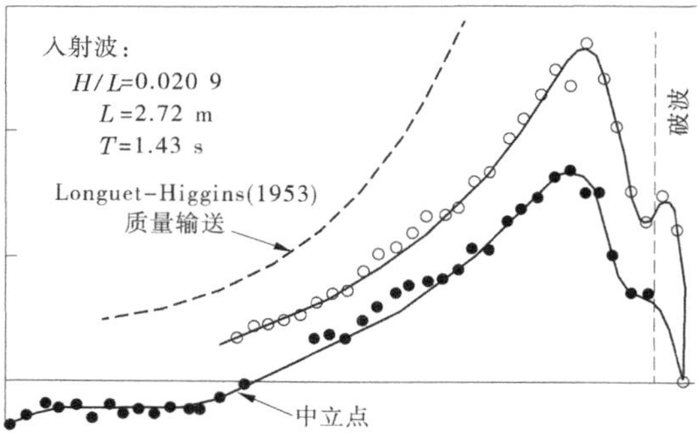

注:中立点为颗粒在波浪作用下摆动但无净向岸或离岸运动的平衡位置。

图 9-28　单颗粒在倾斜滩面上做向岸—离岸运动的典型实验(坡度 1:15)结果

根据中立点的假设、Ippen 和 Eagleson(1955)、Eagleson 和 Dean(1961)的研究结果,若将一个由粒径范围很大的沉积物样品置于破波带外侧海底,那么将只有一种粒径的颗粒处于其中立点位置。另外,比这种平衡粒径更粗的物质应该离岸运动,而较细的颗粒沿底部向岸运动并堆积在破波带内。这种理论的推断与 Zenkwitch(1946)用示踪砂得到的结果相矛盾。Zenkwitch 用不同的颜色对不同的粒度颗粒做了标记,并把这些混合物施放于滨外带。他发现,最粗的颗粒向岸运动,而细颗粒则离岸运动,粒径接近于原地颗粒的那些物质则在摆动平衡的某一中立点位置前后摆动。虽然 Zenkovitch 的试验结果指出了中立点的存在,但这些结果并不支持 Cornagli 等(1955)、Eagleson 和 Dean (1961)关于颗粒在中立点位置以外的横向搬运的理论推导。Coraagli 等的理论推导也与观测结果相矛盾。据观测,投入深水中的卵石(cobble and shingle)和生铁块向岸移动到海滩上,而不是像上述假设预报的那样向海运动。在讨论 Cornagli 等的假说时,Munch-Peterson(1950)坚持认为,无论深度或海底坡度如何,与波浪力相比,重力微不足道,所以 Cornagli 等的假说是不成立的,然而 Ippen 和 Eagleson(1955)、Eagleson 和 Dean(1961)的实验结果确实表明重力可能是重要的,虽然其结果不一定是结论性的。

更大的一种可能是:在颗粒的横向搬运中,没有被 Cornagli 等(1955)考虑到的机制比他们已经考虑到的那些机制的作用更大。他们假定:颗粒保持在底部附近(推移质占优势),所以运动颗粒的高度(高出底床的尺度)与时间无关。Inman 和 Bowen(1963)以及其他人的实验表明:砂质底床上波痕的存在对颗粒被掀起脱离底床以及控制颗粒搬运的方向来说是重要的。在这种情况下,较粗的颗粒可能向岸迁移,而较细的沉积物离岸迁移。Ippen 和 Eagleson(1955)、Eagleson 和 Dean(1961)在平缓的、粗糙化的斜坡上对单颗粒运动所做的实验,不能很好地反映在出现波痕的松散沉积海底上颗粒的自然运动。

上冲流与回流之间的能量损失可能是由于底摩擦或渗透作用造成的,这种能量损失导致能量消耗的不对称并控制着海滩坡度。底摩擦是沉积边界对水流的阻力,粒级越大底摩擦越大。渗透能够发生在出露的滩面和水下。在露出的滩面上,它削弱上冲流的强度,在水下则是由于波峰与波谷位置之间的压力梯度而使渗透水平地发生于整个海底(Putnam,1949),但就两者来说,在暴露的滩面上渗透程度要大得多,且粒级越粗,渗透率越大。

King 和 Williams(1949) 得到了破波带向海侧和向岸侧泥沙横向搬运的波槽观测结果。他们的观测是在三种不同的海滩坡度(1∶12,1∶15 和 1∶20)和波浪条件变化的情况下进行的。在所有情况下都发现,在破波带的向海侧,颗粒是向岸搬运的;随着水深减小、波高增大和波浪周期变长,搬运也增强。当波浪条件一定时,坡度越陡,产生的向岸搬运就越少。颗粒的普遍向岸搬运可能与波浪生成的近底向岸流有关。这就产生了一个问题,既然颗粒始终向岸搬运,为何海滩不向海淤涨? King 和 Williams(1949) 认为,盛行的向岸风使表层水向岸推进,然后水体又沿底部离岸流回,从而产生近底离岸流,这种离岸流可能会抵消波浪作用造成的上述泥沙搬运。在破波带内侧,搬运方向取决于波高与波长之比(波陡),波浪陡时离岸搬运,而波浪平坦时泥沙向岸搬运,这种方向变化的临界波陡大约为0.012。这与风暴剖面到涌浪剖面的转变相吻合。当波陡大时,激浪带内产生的离岸搬运与破波带向海侧的向岸搬运汇聚在一起,泥沙因而堆积在破波带形成沙坝。若存在叠加的向岸风,则可以发现,甚至在波陡小于临界波陡时,由于风生流的作用,激浪带内的搬运连同破波带外的搬运都倾向于朝着离岸的方向运动。

2. 沿岸输运

1)沿岸输沙的方式和动力机制

严格地说,沿岸输沙应该包括推移质和悬移质。沿岸输沙的原因有波浪折射引起的沿岸流、沿岸潮流、径流(河口区)以及沿岸风漂流(因风吹刮引起的水体沿岸流动)。水下岸坡的沿岸悬移质输沙率可以通过以下方法求得:

(1)定点观测。在横断面上设若干个观测点,每个点上从表层到底层分若干层进行流速和含沙量的全潮同步观测(全日潮和不正规半日潮一般不少于25 h,正规半日潮不少于12.5 h);理论上,观测点和观测层之间的距离越短越好,各次观测之间的时间间隔越短越好,但从实际情况出发,观测点一般不少于3个,观测层用“六点法”(适用于水深h>3 m的情况,分别对表层、0.2 h层、0.4 hE层、0.6 h层、0.8 h层和底层进行观测)或“三点法”(适用于水深h<3 m的情况,分别对表层、0.6 h层和底层进行观测);各次测量之间的时间间隔一般不超过1 h。

(2)走航Ⅰ式观测。利用ADCP(声学多普勒流速剖面仪)进行全潮横断面的流速和含沙量观测(汪亚平等,1999; 高抒和汪亚平,2002)。以上两种方法都可以通过流速和含沙量的乘积来获得单位横断面积的沿岸输沙率。

2)海滩推移质的“Z”字形运动

“推移质” (bed load)是在床面滚动、滑动或跳跃前进的那部分泥沙,其中以滚动、滑动方式前进的泥沙常与床面接触,因此又称为触移质,而以跳跃方式前进的泥沙则称为跃移质。当波浪斜向入射坡度较大的海滩时,波浪在岸边破碎后上冲流(swash)挟带颗粒以一定的角度冲上海滩;在回流(backwash)过程中,水流及其挟带的颗粒在重力的作用下沿滩坡倾斜的方向流下。经过一个冲流-回流周期(波浪周期),颗粒回到原来的高程水平,但不是回到原来的位置,而是向波浪入射的下方作一段净位移(见图9-29)。这样的"Z"字形或锯齿形运动事件反复发生,颗粒实际上是在作沿岸运动。

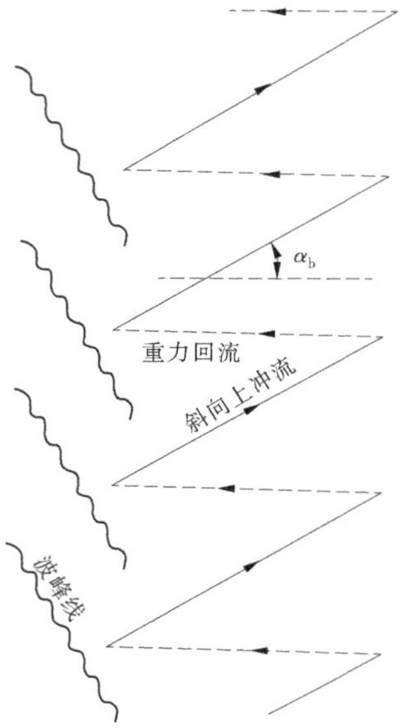

图9-29 波浪斜向入射条件下海滩颗粒作"Z"字形运动图示

3)海滩悬移质-推移质输沙比

沿岸输沙包括悬移质输沙和推移质输沙,悬移质(suspended load)是随水流浮游前进的泥沙,由于水的涡动而使它们能够悬浮于水中。输沙率指单位时间被输送的泥沙的数量,反映水体搬运泥沙的能力。如前所述,河流输沙率被公认以悬移质为主(Chemicoff and venkatakrishman,1995)。在波浪作用为主的海岸环境,这种观点被越来越多的人质疑。实际上,绝大多数的泥沙常常以一种贴近海底的层状推移形式运动,而不是靠水体漏流涡动所支持的悬移质进行不规则的运动。

Komar(1976)介绍了悬移质和推移质输沙率及其相对重要性的推导过程。他们从激浪带和破波带内用泵取样的手段获得泥沙浓度的资料,并用于粗略估计悬移质输沙率。若 c 为平均悬沙体积浓度(每单位体积混水中悬沙的体积),假定悬沙是由沿岸流速挟运的,悬沙的沿岸通量可由下式求得:

$$Flux = cv1A$$

式中:A 为近岸区总横断面面积。

若把沿岸通量作为一个稳定的悬移质输沙体积项,则有

$$S_{1(s)} = \frac{Flux}{\alpha'} = \frac{cv1A}{\alpha'} \tag{9-5}$$

式中:$S_{1(s)}$ 为含孔隙的沉积物体积;α' 为孔隙率,取0.6。

式(9-5)代表含孔隙的沉积物,与自然状态的沉积物相似。把式(9-5)改为浮重,则

得到

$$I_{1(s)} = (\rho_s - \rho) g\alpha' S_{1(s)} = (\rho_s - \rho) gcv1A \tag{9-6}$$

如图 9-30 所示，近岸区横截面面积可近似地用三角形来表示，边长 X_b 即近岸带宽度；h_b 破波带水深为 h_b，这样它的截面面积为

$$A = \frac{1}{2}X_b h_b = \frac{1}{2\gamma_b^2}\frac{H_b^2}{\mathrm{tg}\beta} \tag{9-7}$$

式中：H_b 为破波的波高；γ_b 为破波带波高和水深的比值；tgβ 为海滩坡度。

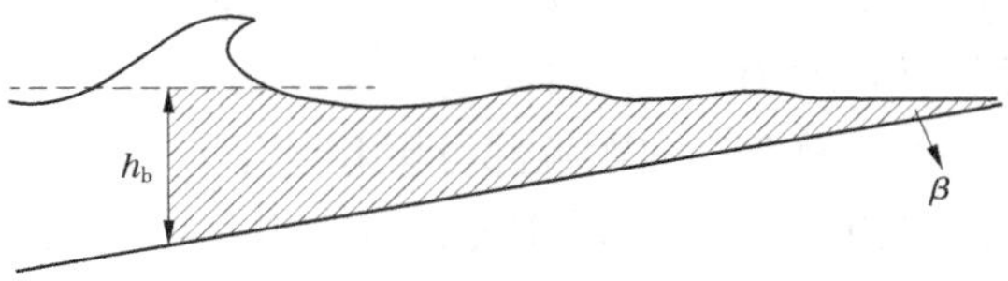

图 9-30　近岸带（near shore zone）的横断面积近似为一个直角三角形

结合式(9-7)即可得到最佳预报关系式

$$I_{1(s)} = \frac{2.7}{2\gamma_b^2\mathrm{tg}\beta}(\rho_s - \rho) gcumH_b^2\sin a_b\cos a_b \tag{9-8}$$

式中：um 为破波带的最大水平轨迹速度；α 为波浪的入射角。把悬移质输沙率方程式(8-6)和下式给出的总输沙率方程进行比较：

$$I_1 = 0.77(ECn)_b\sin\alpha_b\cos\alpha_b = 0.77(\frac{1}{8}\rho gH_b^2C_b^2)\sin a_b\cos a_b \tag{9-9}$$

E 为总波能密度（total wave energy density）；C_n 为波群速度。悬移输沙率与总输沙率之比为

$$\frac{I_{1(s)}}{I_1} = \frac{\text{悬移质输沙率}}{\text{总输沙率}} = \frac{7.0c}{\gamma_b\mathrm{tg}\beta}(\frac{\rho_s - \rho}{\rho}) \tag{9-10}$$

式(9-10)利用了 $um/C_b=r_b/2$，这样就可以近似估算悬移质输沙率与总输沙率的比值。由式(9-10)知道，这个比值在很大程度上取决于 c 值，即在激浪带和破波带实测的悬沙浓度。

瓦茨(1953 年)在激浪带用泵所取样品得到，含沙浓度大约是 $c=4.6\times10^{-4}$(每单位总体积中的泥沙体积)。把 c 带入式(8-8)，并设细沙海滩的平均坡度 tgβ=0.035，得

$$\frac{I_{1(s)}}{I_1} = \frac{7.0\times4.6\times10^{-4}}{0.80\times0.035}(\frac{2.65-1.03}{1.03}) \approx 0.2 \tag{9-11}$$

这说明，悬移质输沙率 $I_1(s)$ 大约是总输沙率的 20%，推移质占了输沙总量中的大部分，约为 80%。这个粗略估算也证实了 Komar 和 Inman(1970)以及 Brenninkmeyer(1975)的结论，即推移质输沙要比悬移质输沙重要得多。实际上，这对悬移质输沙的估算还是过高的，因为模式中假定悬浮泥沙是以沿岸流的流速运动的，未考虑含沙量相对于流速往往有滞后现象。总之，推移输沙大于悬移输沙乃是海质海岸(以波浪作用为主)的特征。

推移质优势这一特征也可以部分地用细粒泥沙离岸流失的现象来解释。能够保持悬

浮的任何物质总是容易被裂流或单纯的向岸外扩散的流带出近岸带。这就是海滩上缺少细粒泥沙的原因,也是海滩上缺乏像云母那样的沉降慢的颗粒的原因。只有物质粗到足以使其处于推移质状态时,它们才能保留在这样的以波浪作用为主的环境中。

4)潮滩泥沙输运

影响潮滩泥沙输移的因素很多,主要包括潮流、波浪、水深及潮水淹没时间等。

在单纯的水流作用下,流速和颗粒大小之间的对比决定侵蚀、堆积或搬运过程。如图9-31所示:①类似于抛物线的曲线代表侵蚀和搬运之间的临界状态,当流速和粒径的坐标交点位于这条曲线的上方时,床面沉积物侵蚀或本来处于搬运的泥沙继续搬运。曲线反映0.1~0.5 mm粒径的沉积物所需的临界侵蚀速度最小(约20 cm/s),无论是颗粒增大还是减小,临界侵蚀速率都增大。细颗粒部分颗粒越细,所需流速越大的原因是沉积物的黏性。②图中近似为直线的斜线是运动中泥沙处于继续搬运或落淤的临界线。当流速和粒径交点位于近直线的右下方时,运动中的泥沙发生堆积。③当流速和泥沙粒径的交点落在曲线和近直线之间的喇叭形区域内时,泥沙保持搬运状态。

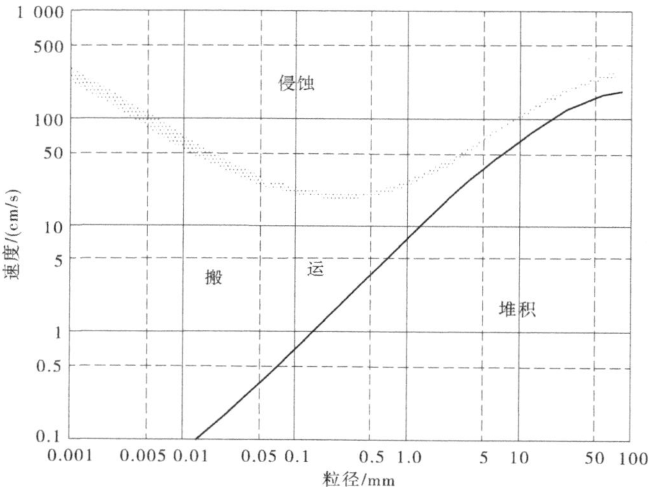

图9-31　水流作用下的泥沙搬运、堆积和侵蚀过程

大潮和小潮的交替出现使潮滩上被淹没的范围以及各高程的淹没时间、水深和流速大小发生周期性的变化,从而使较粗和较细颗粒沉积的范围移动,而出现粗、细颗粒交替的沉积带。图9-32是一个理想的模式。图中的*A*点为大潮的粗颗粒沉积的上界(*A*点向岸一侧的一定范围内在大潮期间可沉积细颗粒),*B*点为小潮的粗颗粒沉积的上界(*B*点向岸一侧的一定范围内在小潮期间可沉积细颗粒),在一次从小潮—大潮—小潮的周期中,将在潮滩中留下一个向岸尖灭的粗颗粒沉积层,大小潮周期的多次重复,在*A*和*B*之间的潮滩剖面上便形成粗、细交替的沉积层。以江苏潮滩为例:大潮流速是小潮流速的2倍,大潮时沉积物粒度为33 μm,小潮时沉积物粒度为15 μm(王颖和朱大奎,1994)。尽管都属于泥质沉积范围,但粗、细的交替变化可谓明显。

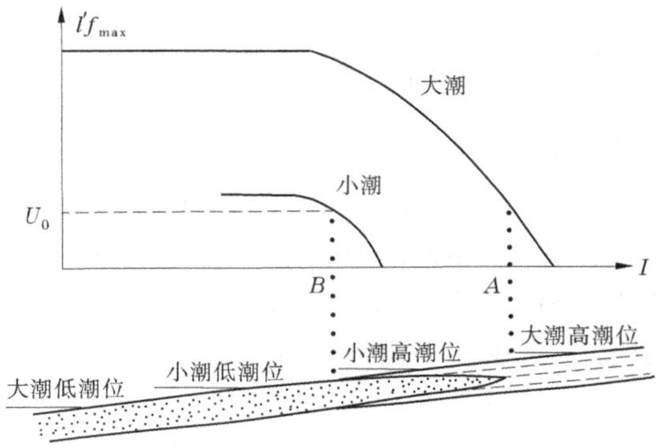

图 9-32 小潮变化对潮滩泥沙颗粒沉积的影响

5)波-流共同作用下的泥沙输运

以上对海滩泥沙输运的讨论实际上忽略了潮汐的作用,而对潮滩泥沙输运的讨论又忽略了波浪的作用。由于问题本身的复杂性及数值模拟条件等多方面因素的制约,早期往往根据侧重点的不同,将它们分割开来,形成潮流输沙(林秉南等,1981)和波生流输沙(Komar,1971)两大体系,而对波生流又主要集中于沿岸输沙的研究上(Bijker,1971;王尚毅等,1991)。事实上,在自然条件下往往同时存在这两种作用,尽管可能其中的一种是主要的。到目前为止,同时考虑这两种因素的研究理论尚不够成熟。

"波浪掀沙,潮流输沙"是波、流共同作用下海岸泥沙运动机制的一种比较流行的说法。波、流共同作用使悬沙浓度场比无浪情况下可增加40%~100%。因此,波浪和潮流对泥沙运动的控制作用往往具有同等重要的意义。波浪对潮流和泥沙能够产生综合效应,研究波流共同作用下的泥沙输运,可引入"波浪辐射应力"来反映波浪对水体的驱动力。在研究波浪对泥沙运动的综合效应时,除考虑"波浪辐射应力"对泥沙运动的影响外,还考虑波浪对底部泥沙作用力及波浪对水流挟沙能力的影响。

在近岸浅水区,波浪具有强烈的掀沙作用,是维持高背景悬沙浓度(background suspended sediment concentration:一个潮周期中的最低悬沙浓度)的主要动力。由于波浪为周期性振荡,掀起的泥沙主要在潮流的作用下输移。河口、海岸环境在波浪、潮流的共同作用下易产生大冲大淤的变化(例如风暴期间),其重要的环节就是泥沙输移。波、流共同作用下的床面泥沙运动和泥沙输运极为复杂。正因为如此,一般采用经验分析、因次分析、明渠水流挟沙能力公式的移植和能量平衡等方法建立波流共同作用下的泥沙输运公式,以回避床面泥沙交换的微观机制(曹文洪,舒安平,1999)。床面附近的泥沙交换主要表现为重力作用下悬沙的沉积和床面泥沙颗粒在涸流运动作用下的上扬。随着对涸流猝发现象研究的深入,泥沙起动的间歇性和突然性被联系到涸流(或称紊动)猝发现象。事实上,河口海岸地区由于波、流的作用,近底床面更易发生紊动猝发现象。

曹文洪等将湍流猝发理论用于潮流与波浪共同作用下挟沙能力的研究。基于湍流猝发的时空尺度得到波浪和潮流作用下床面泥沙上扬通量,然后根据连续律,建立了平衡近底含沙量的理论表达式。进而根据波浪掀沙和潮流输沙的模式,推导得出了物理概念清晰和充分考虑床面附近泥沙交换力学机制的潮流和波浪共同作用下的挟沙能力公式(曹文洪,张启舜,2000)。

$$S_* = \frac{\rho_s \delta}{vT + B} dS_{vm} \frac{u_*^4}{wu_*^2 k}\left[(1 + \frac{\sqrt{g}}{C_f k})J_1 - \frac{\sqrt{g}}{C_f k}J_2\right] / (\frac{1 - \xi_b}{\xi_b})^z \tag{9-12}$$

式中:ν 为水流运动黏滞系数;$T+B$ 为近壁区低流速带无因次间隔;S_{vm} 为单位面积床面层的极限体积含沙量;k 为卡门常数,一般取 0.4;z 为悬浮指标。

式(9-12)推导的基本思路与 Einstein 方法是一致的,不同之处在于:①J 基于湍流猝发理论求解平衡近底含沙量 SB,考虑了床面附近泥沙交换的力学机制;②根据黄河河口波浪掀沙和潮流输沙的模式,在输沙平衡的情况下,推导得出式(9-12)中的水动力因子(如 u_*)反映了波浪和潮流的共同作用。

式中:u_* 为波浪和单向流共同作用下的摩阻流速,采用 Bijker(1971)的研究成果

$$u_* = u_{*c}\,[1 + 1/2(\xi u_m/U)^2]^{1/2} \tag{9-13}$$

式中:u_* 为单向流的摩阻流速;U 为垂线平均流速;u_m 为床面波浪质点运动最大水平分速;$u_m = \pi H/T\sinh 2\pi\ h/L$。

在不同的水动力条件下,淤泥输移的主要方式往往不同。在强流弱波条件下常以悬移质输移为主,而在强波弱流条件下往往以底泥输移(浮泥层或底泥层的质量输移)起主要作用。底泥(沙)输移常常是风暴期间港口、航道骤淤的重要原因,对污染物的扩散也有重要影响。由于波浪不规则特征、波流共存条件及泥的非线性特性等的影响,淤泥质海岸波、流共同作用下的泥沙输运较复杂。

练继建等(1999)通过研究淤泥的流变特性,提出了非线性黏弹性模型,建立了波流共同作用下的底泥计算的理论方法,并考虑了波浪不规则特征的影响,其计算结果与水槽实验结果大致吻合。

河口浮泥层或底泥层在波、流动力作用下的质量输移(mmtmsFM),与单颗粒泥沙特征没有直接关系,而与细颗粒泥沙因絮凝作用形成的水沙混合体的整体物理力学特性(流变特性)直接相关。淤泥的流变特性不但与其物理特性,如密度、矿物组成、颗粒级配、含盐度和温度等密切相关,同时还取决于其所受的应力应变状态。水流作用下淤泥运动处于单向剪切应变状态,当应力超过屈服极限时,应变可呈现出无限增大的趋势,流变特性只能反映应力与应变率的关系,常表现为宾汉体特征;波浪作用下淤泥运动则处于双向剪切应变状态,淤泥应变在有限范围内交变,流变特性可反映应力与应变或应变率的关系(应变与应变率之间存在定量关系),呈现弹塑性或非线性特征。在河口、海岸波流共存动力环境中,仍可认为淤泥运动基本属于双向剪切应变状态。这是因为一般波浪的剪应力较水流剪应力大,波浪对河床压力作用较水流剪切力作用可大 1~2 个量级。波浪对泥床泥沙输移起主要作用,水流存在主要是通过改变波要素来间接影响底床泥沙输移特征的。

在波流动力作用下泥床会发生动力响应,由此产生质量的净输移。由于实际海洋的波浪为不规则波,研究不规则波浪和水流共同作用下的底泥输移更具有实际意义。当不规则波假定为由多个不同频率的余弦波叠加而成,则不规则波作用下的底泥输移速度等于各组成波作用下质量输移速度的叠加,但考虑到淤泥流变参数的非线性特征,单个组成波作用下泥床的应力应变状态与实际不规则波作用下的应力应变状态存在较大差异。

9.4.2 海滩平衡剖面的塑造过程

9.4.2.1 海滩剖面塑造的理论分析

海滩剖面在波浪和水流的作用下,引起泥沙搬运并导致海滩剖面塑造。曾科维奇(1946)根据泥沙运动的中立线理论,首先提出了海滩平衡剖面塑造的模式。他将影响海滩斜坡的几种主要因素加以简化:假设波浪传播方向与岸垂直;波浪在水下岸坡上的作用强度恒定不变;水下岸坡是均一的;整个岸坡由相同的泥沙颗粒组成的;在海滩剖面塑造过程中,海平面是稳定的,虽然这种假设与自然界海滩剖面的动力过程有着显著的差别,但是为了从理论上或方法论上阐述平衡剖面的塑造过程,还是有它的科学意义。

在波场中泥沙颗粒的向岸运动或离岸运动是在波浪作用力和泥沙颗粒本身在斜坡上的重力分量所造成的。然而,对后一种力也即重力作用却有着不同的看法。孟奇-彼得森(Mufch-Peterson,1950)认为:无论深度或海底坡度如何,它与波力比较起来,重力的影响小到不起重要作用。而伊彭、伊格尔森等的实验结果都指出重力可能是重要的,虽然其结果不是结论性的。曾科维奇认为在平坦的底部,波浪速度不变的情况下,水质点及水流挟带的泥沙颗粒在每次波动的过程中产生向岸和离岸的来回摆动,不产生位移现象。但是,在倾斜的海底剖面上,在水流曲线不变形的情况下,当波峰通过时,泥沙颗粒向岸移动。这种向岸移动由于受到重力作用,而缩短了泥沙颗粒向岸移动的距离。相反,当波谷通过时,在向海方向水流和重力的作用下,加大了泥沙颗粒向海方向移动的距离。因此,在水下岸坡上水深较大的地点,经过每次波动后,泥沙颗粒都沿着岸坡向下移动一定距离。

随着岸坡深度逐渐变浅,波浪和流速曲线产生不对称。在岸坡上的某一地点,当向岸流的作用力与回流和重力向量的作用力相等时,泥沙颗粒向岸移动一段距离以后,又重新回复到原来的位置。这个地点就是海滩剖面上中立点的位置(见图9-33)。

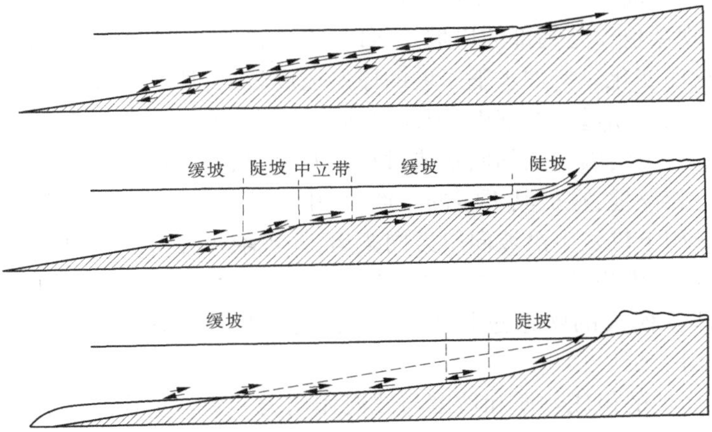

图9-33 平衡剖面的塑造过程

在中立线向岸方向的岸坡地段,深度较小,流速曲线的不对称性更为显著。因此,向岸流的速度超过回流的速度,促使泥沙颗粒向岸移动,而且愈靠近海岸,流速曲线的不对称和泥沙颗粒向岸移动的距离也愈大。而在中立线向海方向的岸坡地段,在回流和重力作用下，泥沙颗粒向海方向移动。结果，在水下岸坡上形成以中立线为分界的泥沙颗粒向岸和向海移动的两个平行地带。在这两个地带之间的中立线，实际上是自然界中动力条件相对平衡的平衡带，随着海水动力条件的变化而产生位置上的变化。

从图9-33可以看出：沿着中立线的向岸和向海两侧，泥沙沿坡向上和沿坡向下的搬移进一步发展，因而在中立线两侧形成两段冲刷凹地。在中立线以上凹地中的大部分泥沙被搬移至岸边堆积，形成堆积海滩。而中立线以下凹地的泥沙颗粒被搬移到水下岸坡的坡脚堆积，即堆积在波浪对海底作用力已失去影响的地带，因而使这一海底地段填高且变得平缓。结果，水下岸坡的剖面改变了原剖面形态。在中立线以下的冲刷地带，剖面变得比原始岸坡平缓，而在中立线以上的冲刷带剖面，从中立线至岸滩的剖面形态由平缓逐渐地变陡。

由于中立线两侧冲刷地带的发展，在中立线以下的冲刷凹地不断地向中立线方向推进，并把冲刷物质向坡脚方向搬运，使堆积地形不断增高和平缓。因此，在波浪每次运动过程中，颗粒下移时所受重力分量的推动作用就愈来愈小，最后使这一岸坡剖面地段上颗粒只产生往复摆动，不产生位移现象，形成与海水动力相平衡的中立带。同样，在中立线以上的冲刷凹地也因冲刷作用的发展，冲刷凹地也不断地向岸方向推移，使这一岸段的剖面增深和变陡。在波浪每次运动过程中，颗粒沿坡上移时受到重力分量的阻力愈来愈大，并逐渐地抵消波浪沿坡向上的推动力，使颗粒产生来回摆动，不再产生净移动现象，最终成为中立带的状态。

在这两个冲刷带发展和达到动力平衡的过程中，在原剖面上的中立线位置也随之不断地变化。结果，整个水下岸坡的上、下两个中立带汇合成均一的平衡的剖面。这时，剖面上每点的倾角与波浪作用力都是相适应的。从理论上来说，剖面上泥沙只产生来回摆动，不产生冲刷和净搬移，这种剖面曲线称为平衡剖面。

从上述理论分析中，除了已有的假设条件外，还可以看出一种与自然界现象不相符合的问题，即在平衡剖面塑造中，海岸线的位置不产生位移现象。这与实际情况是不相符合的，即使有这种现象也仅是局部的岸坡。所以，平衡剖面也同中立线一样，都是随着许多自然因素的变化而变化。例如水下岸坡的原始坡度较大，那么波浪将对岸坡产生侵蚀，以便达到与波浪作用力相适应的剖面，因此岸线发生侵蚀和向陆方向推进。在这种岸坡情况下，中立线就不存在，因为从剖面塑造过程一开始，只发生颗粒沿坡下移，这样就形成冲刷类型的海岸。相反地，在极其平缓的岸坡上，中立线可能位处坡脚的某一地点，剖面上的泥沙在波浪作用下仅发生沿坡向岸方向搬运，并被堆积在海滨线附近，从而引起岸线向海方向移动，形成了堆积型海岸[图9-34(d)]。介于这两种岸坡之间的过渡型海岸，剖面塑造与上述的理论模式的塑造过程近于一致，也即形成两个冲刷带和两个堆积带[见图9-34(b)、(c)]。

显然，如果岸坡的组成物质和坡度与波浪作用力一致，剖面塑造过程中，岸线不会遭受侵蚀和破坏。如果岸坡倾斜角度大于波浪作用的临界值，海岸必遭受侵蚀。如果临界角度变小，必将使海岸堆积和向海方向推进。在上述条件下，海滩剖面可分别形成上冲下淤和下冲上淤的混合型海岸。由此可见，在其他条件相同的情况下，海岸处于侵蚀或淤涨与原始岸坡倾角的大小有密切关系。然而岸坡的倾角又与组成物质粒径的大小相关。一般由巨砾组成的岸坡坡度为45°，卵石的岸坡为20°~30°。由于岸坡的组成物质不同，岸

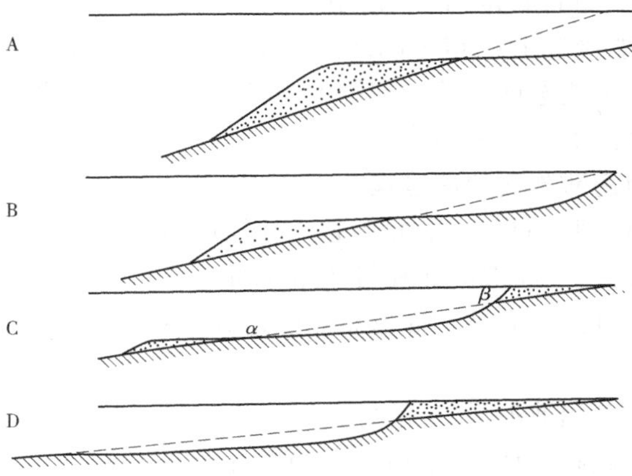

图 9-34　在不同岸坡情况下，剖面塑造过程

滩的宽度也就不同，波浪作用力的强度也就不同。因此，在自然界中只能观察到接近于平衡的海滩剖面。

在过去几十年中，对海滩剖面塑造的研究，不论从实验研究或者现场测量都已经取得了相当可观的资料，都注意到了海滩剖面的自然变化和影响变化的物理因素。英曼和巴格谙尔德提出了反映平衡海滩坡度的模式，这种平衡海滩坡度受制于向岸与离岸波浪轨迹运动的能量消耗不对称。由于波浪上冲受到摩擦阻力影响和水体渗透到海滩内，所以较多的泥沙倾向于向岸搬运而不是向海搬运。然而，对抗这种向岸运动的是当地的海滩坡度。由于海滩倾斜，重力加强了泥沙的离岸运动。当处于平衡状态时，在波浪作用下沿滩坡向上搬运和向下搬运的泥沙量必须达到平衡。就这对平衡来说，英曼和巴格诺尔德取得了反映局部海滩坡度的关系式：

$$\mathrm{tg}\beta = \mathrm{tg}\Phi\left(\frac{1 - C}{1 + C}\right) \tag{9-14}$$

式中：C 为局部离岸能量消耗速率；而 $\mathrm{tg}\Phi$ 为颗粒与介质剪切力之间的内摩擦系数，约等于沉积物的休止角。

在搬运中的沉积物数量受局部能量消耗速率控制。由于这种原因，平衡海滩坡度是 C 的函数，而 C 是局部离岸和局部向岸能量消耗速率的比值。如果向岸和离岸能量消耗程度没有差异，则 $C=1$，$\mathrm{tg}\beta=0$，海底将不需要有底部坡度来抵消和平衡因向岸—离岸能量消耗不对称所造成沙的向岸搬移。在另一种特殊情况下，如果因明显的摩擦和渗透效应导致很大的不对称性，那么 C 趋向于 0，则 $\mathrm{tg}\beta$ 趋向于 $\mathrm{tg}\Phi$，海滩坡度将接近泥沙的休止角。在这种情况下，需要有一个平衡坡度来平衡向岸-离岸能量消耗的不对称。

向岸流和离岸流之间的能量损失可能是底部摩擦或渗运作用造成的。这种能量损失导致能量消耗的不对称性并控制着海滩坡度。底摩擦也就是沉积物边界对水流的摩擦阻力，对于较大的粒级来说，摩擦阻力将是较大的。渗透能够发生在暴露的滩面和水下。在滩面上，渗透作用削弱上冲流的强度，在水下则因波峰与波谷位置之间的压力梯度而使渗透水平地发生于整个海底。就两者而言，在暴露的滩面上渗透程度当然要大得多。如同底摩擦一样，渗透效应也是在颗粒较粗的情况下较大。当粒级从沙粒增大到细砾时，渗透速率迅速增大。在波浪上冲的上界，上冲流的能量损失达到最大。由于这种原因，C 值向海滩顶部逐渐减小并可能接近于0，该地的回流很小或者没有回流。因此，在模拟的和天然的细砾海滩上，海滩坡度逐渐向海滩顶部增大，有时接近于休止角。如果在沙砾海滩的滩面下设置不透水层，海滩坡度就有减小的趋势。

9.4.2.2　涌浪和暴风浪海滩剖面塑造过程

海滩平衡剖面是一种理想的海滩剖面形态。在风向有明显季节性变化的海岸，海滩存在两种典型的剖面形态——涌浪剖面和暴风浪剖面形态。随着风向的季节性变化，海滩剖面形态随之变化。因此，各海滩剖面形态只能达到相对的平衡状态。

1. 涌浪剖面

在涌浪持续作用时期，当波浪进入浅水区域时，底部泥沙搬运量增大，大量物质向岸运动，并被带到波浪最后破碎的地区，最后随上冲水流带到滩面堆积。由于上冲水流覆盖滩面时（见图9-35），大部分水体通过沙的空隙下渗到水平面上，而在每一次波浪上冲之间有一段时间间隔，这样滩面沉积物中的水体一直处于非饱和状态。因此，上冲水流受渗透作用的控制，任何一次波动的回返水流将变得很小，回流无法将上冲水流带至滩面的泥沙重新带回外海滨，从而造成滩面堆积。只要岸外海滨泥沙补给充分，涌浪将引起海滩加积。当岸外海滨地带具有足够的深度和坡段时，涌浪不再能搬运物质进入海滩，这时从滩肩到岸外海滨的整个剖面变得相当稳定。

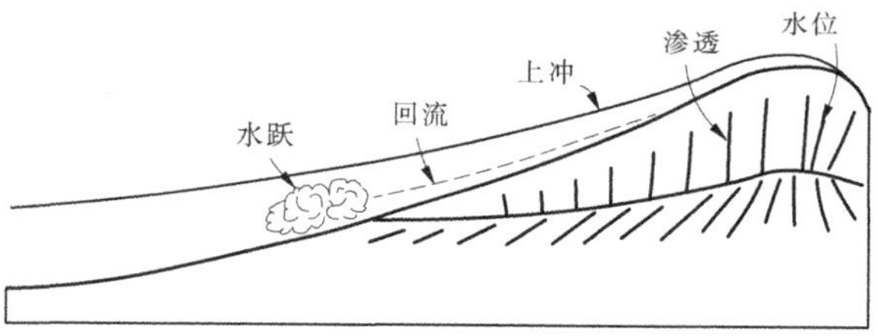

图9-35　涌浪条件的海滩过程

海滩迅速加积的时候，泥沙颗粒受到轻微的压实。这种压实是借助上冲水流的渗透作用。当岸外海滨的泥沙供应已经停止时，海滩仍然受到波浪撞击，也将使沉积物继续压实。

水体的波动作用将使滩面沉积物产生分选，较粗的颗粒留在滩面的顶部和滩肩上。滩面的坡度受到沉积物粒级粗细的影响，细砂和粗砂组成的滩面坡度分别为1∶30和1∶10，而卵石的滩坡约为1∶4。这种坡度本身又决定了波浪的反射程度。物质越粗，滩面越陡，引起波浪的反射作用越大，因此增大了波浪对泥沙悬浮和滚动的能力。陡峭的海滩斜坡和海崖前形成的部分立波可以掀起海底的巨大砾石。

2. 暴风浪剖面

暴风浪具有极其陡峭的波陡。当它抵达海滩时，波列方向极其不定，海面起伏十分紊乱，几乎每秒都有波峰抵达海滩。巨大的水体源源不断地涌上滩面，海滩很快达到饱和，地下水位变得与滩面一致，渗透作用几乎等于零（见图9-36）。因而，回返水体几乎等于上冲水体。接近休止状态的滩面物质遭受大量侵蚀，而重力作用则加强了回返水流对滩面的侵蚀。滩面侵蚀下来的泥沙随回流向海搬运，而滩脚附近产生巨大水跃。这种水跃使处于沉降阶段的泥沙重新悬浮，因此有利于泥沙的向海运移。往往在暴风浪开始的几个小时内大片海滩可以很快地消失。

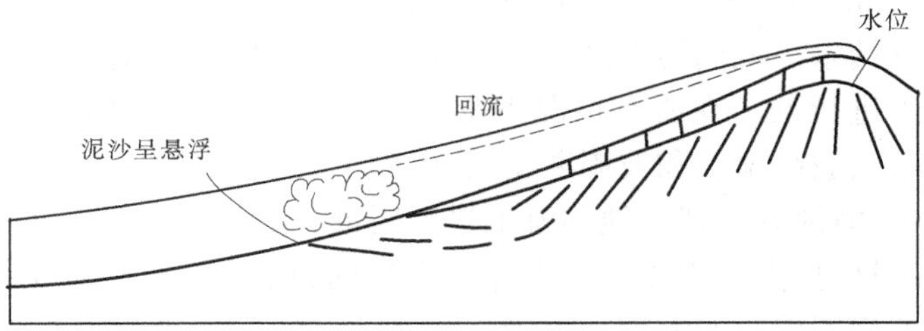

图 9-36　暴风浪条件的海滩过程

另外，暴风浪增水以及表面水体向岸，底层水体向海的环流，扩大了暴风浪侵蚀的范围和能力，使近底部向海流动回流的挟沙能力增大。由于回流速度往海递减，挟沙率降低，往外运移的泥沙在外海滨一定的地方沉积，形成岸外沙坝(见图 9-37)。这种沙坝继续发育直至它的顶部增高，使大多数向岸传播的暴风浪在沙坝顶部破碎。暴风浪破碎还受到向海水流的影响，向海水流受到沙坝内侧沿岸槽超量水体的补给，从而促使暴风浪剖面的不对称并提前破碎。暴风浪破碎后，能量迅速衰减，虽然还有波动起伏的水体继续向岸流动，但是相应的离岸水流也大大地削弱了，此时暴风浪对海滩的侵蚀作用相应减弱。

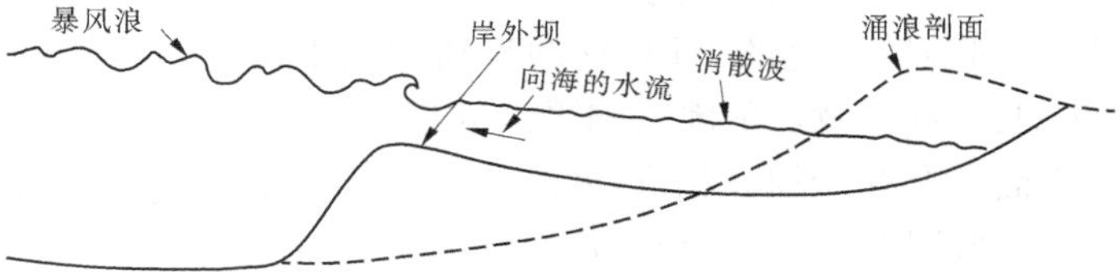

图 9-37　在暴风浪条件下的海滩剖面

波浪在沙坝附近破碎使表层水体向岸，而底层水体则形成向海的补偿流，这种环流促使沿岸沙坝的加积和海滩侵蚀的加强。因此，暴风浪序列有可能导致侵蚀作用略为增大，但这种侵蚀与沙坝开始塑造时的侵蚀情况完全不同。

从以上情况可以看出，在涌浪持续作用的海岸线上，当暴风浪侵袭时将导致海滩极其迅速和最大规模地侵蚀，在几个小时内侵蚀作用可抵达海滩的顶部。暴风浪以后，海滩物质又得到部分恢复，但是要把沙坝物质完全搬回到海滩上则需要经历几个星期甚至几个月的时间。在暴风浪季节里，任何连续的暴风浪都不太可能导致海滩侵蚀作用大规模增大。因为岸外沙坝很快地形成，并起着消耗波能的作用，从而削弱了波能对海滩的更大侵蚀。然而，伴随着暴风浪而产生的高水位或者暴风浪增水，使海滩侵蚀加强以增高沙坝，并促使增水时的波浪在沙坝上发生破碎。

当海滩处于恢复时期，由破碎波涛所引起的水体仍不断地流入沿岸凹槽内，这些水体通常是在沙坝低洼的地方以裂流的形式流注海洋。在暴风浪以后，这种裂流的流速非常大,对游泳者来说是相当危险的,因此海岸研究人员应该在该海岸地段上标明裂流危险区域的标志。

金和威廉斯(King and Williams,1959)从波槽实验观测到,破波带向海一侧和向岸一侧泥沙横向搬运的结果。他们的观测是在三种不同的海滩坡度,即1:12、1:15、1:20的波浪条件变化情况下进行的。在所有情况下都发现破波带向海一侧的泥沙是向沿岸搬运的,再随着水深减小、波高增大和波周期变长而增加。这就提出了一个问题:如果搬运总是向海滩的,为什么海滩并不持续地向海推进?对此,金和威廉斯推断,盛行的向岸风可能会使表层水向岸推进,然后水体又沿底部离岸流回,从而产生近底离岸流,这种离岸流可能会抵消波浪作用所引起的泥沙向岸搬运。利用13 m/s的向岸风反复地进行试验后发现,单由波浪作用产生的向岸运动可转变为微弱的向海搬运。

在破波带内侧泥沙搬运的方向取决于波陡(见图9-38),即取决于波高与波长之比。随着波浪变陡,沙发生离岸运动,而平缓的波浪,泥沙则发生向岸搬运。这种搬运方向变化的临界波陡大约为0.012。显然这与风暴剖面到涌浪剖面的转变相吻合。在陡峭波浪作用的情况下,激浪带内的泥沙产生离岸搬运而破波带外侧的泥沙向岸搬运。二者汇聚一起,因而泥沙在破波带内堆积并形成沙坝。如有迭加的向岸风,可以发现即使波陡小于临界波陡,由于风生流的作用,激浪带内的搬运连同破波带外的泥沙搬运都趋于离岸的方向。

3. 涌浪剖面与暴风浪剖面的演替

海滩对涌浪和暴风浪的适应,形成了两种特征性的剖面形态——涌浪剖面与暴风浪剖面。在风向有明显周期性变化的海岸,这两种典型的剖面随着波浪的变化相互交替。夏季为涌浪作用时期,剖面以宽广的滩肩和平滑的近岸带为特征,除了在相当深的水中可能有沙坝外,近岸剖面不存在沙坝。相反,冬季剖面几乎没有滩肩,原来滩肩的泥沙已被搬离海岸转移到一系列沙坝的塑造过程。从总体来说,整个剖面所含有的泥沙体积保持相对不变,冬季和夏季断面的面积大致相同。冬季沉积物从滩肩向沙坝转移,而夏季又从沙坝向滩肩搬运,总的剖面坡度,冬季剖面比夏季剖面小。

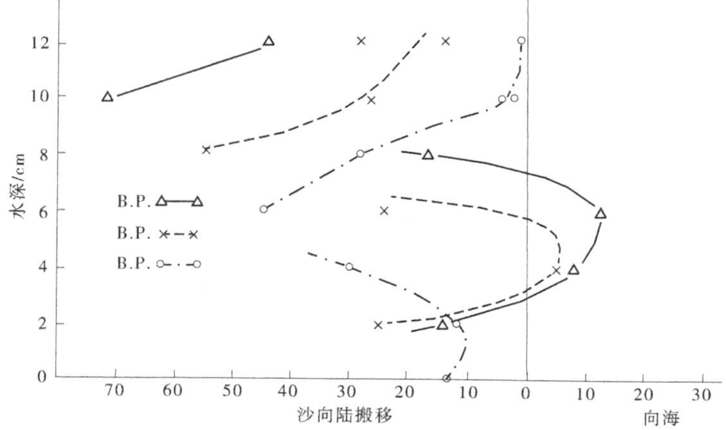

波况	长度	高度	波陡
4.1	505	0.008	○
6.4	505	0.013	×
7.3	505	0.015	△

图9-38　泥沙搬运方向与破波点内侧波陡的关系

9.4.3　淤泥质海岸的泥沙运动

9.4.3.1　细颗粒泥沙表面的双电层和絮凝

细颗粒泥沙除了颗粒粒径较细,其矿物成分也对泥沙行为和运动特性产生影响。黏土颗粒的化学组分为铝或续硅酸盐,黏土矿物主要有高岭石、蒙脱石和伊利石,由于它们的化学组分和晶体结构不同,性质也有所差异。高岭石的晶层之间不会断开,分散度较低,颗粒相对较大。蒙脱石的晶层之间仅靠微弱的分子力连系,故分散度高,颗粒很细,分散度也较低,颗粒大小介于高岭石与蒙脱石之间。

自然界水体或多或少含有一些矿物质,细颗粒泥沙在含有电解质的水中可以吸附水中的一些离子,也可离解一些离子释放到水中。因此,细颗粒泥沙表面一般带有负电荷,能吸附水体中的异号离子,同时也在颗粒周围形成被颗粒电荷不同程度束缚的黏结水和黏滞水。黏结水及其所含的离子成为双电层的内层(吸附层),黏滞水及其所含的离子成为双电层的外层(扩散层),两个颗粒接近时,因同性电荷而互相排斥,使在水中悬浮的黏土颗粒处于分散状态。但是,分子间还存在范德华力,而使颗粒又能互相吸引,距离愈近,吸引力愈强。两个颗粒接近时,电荷排斥力大于吸引力,但当两颗粒距离很近时,吸引力就会大于排斥力。如果水体电解质浓度增大,双电层厚度减小,两颗粒互相碰撞时就会出现吸引力大于排斥力的情况,颗粒聚合成结构松散的絮团,这就是通常所说的絮凝作用。絮团呈松散的絮状结构,在河口盐淡水交汇区域,因电解质浓度明显增大,絮凝作用比较普遍,絮团加快沉降速度,从而对泥沙行为产生很大的影响。细颗粒泥沙发生絮凝的临界粒径为 0.01~0.03 mm。

絮凝沉速与盐度、含沙量、水温和水体紊动等因素有关。絮凝沉速一般随盐度、含沙量增加而增大(见图 9-39)。但是,当盐度增加到一定程度后,盐度进一步增加对絮凝沉速的作用不大。细颗粒泥沙絮凝的最适宜盐度一般为 5~15,有些试验成果为 2~20。同样,含沙量过高(超过 10 kg/m^3)时,絮团结合体的沉降反而受到其他絮团结合体的牵制和干扰而沉速变慢。

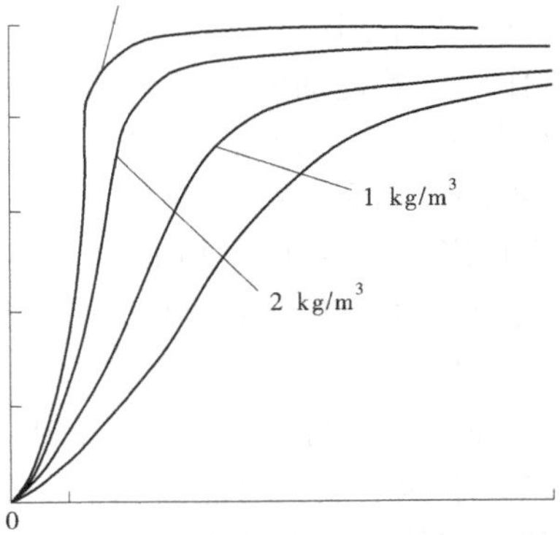

图 9-39　盐度对絮凝沉速的影响

9.4.3.2　细颗粒泥沙的冲刷和淤积

细颗粒泥沙及其絮团沉降到底床面成为浮泥,浮泥经过一定时间的脱水密实后,容重达到 1.25 g/ cm^3 以上,就成为尚未完全固结的新淤黏性土,又称软泥(soft mud)。软泥再进一步固结,容重超过 1.60 g/cm^3,就变成固结黏性土。在波浪、水流作用下,浮泥、软泥和固结黏性土的起动响应特性因它们的颗粒黏结性不同而存在较大差异。密尼奥根据试验表明,淤泥的临界起动摩阻流速 u 与宾汉极限切应力 τB 存在良好的相关关系。

当 $\tau B<1.5\ N/m^2$ 时,

$$u_*c = 0.017\tau B1/4 \tag{9-15}$$

当 $\tau B>1.5\ N/m^2$ 时

$$u_*c = 0.016\tau B1/2 \tag{9-16}$$

河海大学和南京水利科学研究院总结国内外多种新淤黏性土临界冲刷切应力的试验结果,得到 τc 和黏性土含沙量 S 的关系表达式为:

$$\tau c = nSK \tag{9-17}$$

式中:n 和 K 均随泥质和水质而变,$n=8.65\times10^{-10}\sim1.297\times10^{-6}$,$K=2.20\sim3.2280$。

黏性土的冲刷起动问题十分复杂,在淤泥质潮滩,由于粉砂与淤泥常呈薄互层层理结构,在强波浪、水流作用后经常可以观测到固结黏性土层被成块成片揭起的痕迹及经搬运变形而成的泥团和泥砾。

当水动力减弱后,悬浮在水体中的细颗粒泥沙及絮团就会沉降淤积,淤积临界切应力比冲刷临界切应力小得多。

9.4.4　湾湾沟海域固定断面多年变化特征

湾湾沟海域位于黄河钓口河流路以及神仙沟流路行河海域,为监测该海域水下地形演变特征,每隔 5 km 布设一个固定测深断面,取得了长系列的监测资料。1976 年 5 月,黄河河口改道清水沟流路前该海域总体处于淤进阶段,由于黄河钓口河流路河口摆动范围达 30 多 km,在末期自西向东形成主河、二河、三河、四河、五河等众多河口,跨越了该区 CS1~CS8 固定断面,致使各断面快速淤进、缓慢淤进、快速蚀退、缓慢蚀退等变化过程交替出现。1976 年 5 月,改道清水沟流路后该海域地形演变呈现快速蚀退—缓慢蚀退—平衡剖面,部分剖面后期因修建海堤使自然潮滩转变为陡崖的边界变化影响,使原有的平衡被破坏,最后形成新的平衡剖面的变化过程。

剖面外缘海底泥沙受波浪作用开始运动的深度,一般在波长(15~30 m,最大波长 80 m)的一半水深处。破波带泥沙横向运动十分活跃、强烈,沿岸纵向输沙也主要集中在破波带,该区 CS1~CS8 固定断面水深范围全部小于 20 m,因此 30 km 剖面长度全部处于大波浪作用范围以内,波浪作用直接影响从潮滩到 20 m 深的海底,因此该区断面最后形成新的平衡剖面各年度并不是稳定不变的,而是每一年度受波浪影响,在一定的幅度内上下波动,但是基本靠近一个中心线附近。

CS1~CS8 剖面全部为南北方向设置,间距 5 km,由于断面监测时潮滩界不俟潮测量至 1 m 瞬时水深,因此剖面潮滩界水深上最大可能差到一个最大潮差,反映到潮滩界起点距离上可能约差一个潮间带宽度,这就是剖面各年度第一个测点起点距存在差别的原因。为反映各剖面的要素特征,特把各剖面分成三段:初始潮滩至 10 km 段、10~20 km 段、20~30 km 段,来反映近岸 30 km 范围内剖面要素特征变化,由于断面起点设置的原因,有些断面初始起点距超过 10 km,这时顺应各段外延 10 km,以保证各剖面长度 30 km 的变化。

每个剖面析解的程序、顺序特点是:第一部分对剖面地理概况进行描述,主要是对剖面海岸历史形成过程进行阐述，由于许多邻近的剖面地理特征类似，因此合并叙述；第二部分首先应用1971年以来系列资料绘制水下地形剖面比较图，从剖面变化形态上确定胜利滩海油区湾湾沟—油田海港区固定断面演变特征；然后用初始潮滩界、10 km、20 km起点距位置处的水深年际变化表来界定各剖面分段情况，起始起点距反映了海岸的变化，从10 km、20 km水深的变化趋势来近似得到平衡年的界限；最后通过剖面各段长度坡降变化过程线、剖面各段长度冲淤厚度变化过程线两个图来界定侵蚀或平衡年的位置、水深、剖面坡度，找出其中的关系；第三部分总结该剖面的收束、放散程度来总体描述剖面平衡形成。

9.4.4.1 湾湾沟处的CS1剖面、CS2剖面

1. 剖面地理概况

CS1剖面、CS2剖面图形相似，地理相近，位于湾湾沟河西岸。湾湾沟河口为1904—1925年车子沟套尔河流路范围时的冲积河口，河竭后一直为潮汐汊道，黄河东去后至今未复行河。但是1964年凌汛，罗家屋子以下河道卡凌壅水，于1月1日有组织地在罗家屋子破开民埝，水经草桥沟由钓口河入海。汛期河无主槽，漫流入海。以后主流分三股入海，其中两股分别于1966年及1967年先后淤闭，仅存东股独流入海。1972年以后，临河门附近多次出汊摆动，行水多不持久，且改道点多次上移，以至形成了目前主河、二河、三河、四河、五河多河口相继并行的特殊格局。至1976年5月改道清水沟前，共行水12年5个月。该剖面距离钓口河主河门只有15 km，因此两剖面前期演变特征受钓口河流路影响。

2. 剖面形态特征要素

(1) CS1剖面始端位于湾湾沟河口，断面监测长度45 km。

①各分段点水深的变化。

表9-17为CS1剖面起始测点与10 km、20 km、30 km测点位置处的水深摘录表；起始起点距反映了海岸的变化，从1971年的2.5 km淤进到1979年的7.4 km，蚀退到1988年的1.3 km后海岸一直比较稳定，不再侵蚀淤进；10 km测点1978年淤积到最浅水深2.5 m，1990年侵蚀到水深4.3 m，1991年以后稳定在水深3.6 m左右；20 km测点1978年淤积到最浅水深9.9 m，1989年侵蚀到水深10.5 m，1990年以后水深稳定在10.2~10.3 m；30 km测点1978年淤积到最浅水深14.0 m，然后到1989年侵蚀到水深14.5 m，1990年以后水深稳定在13.7~14.2 m水深。

②各分段剖面坡降的变化。

图9-40为CS1剖面坡降变化过程线，可以看出0~10 km、10~20 km、0~30 km段1971—1990年坡降逐渐降低，20~30 km段变化较小，四段在1990年后坡降都逐渐接近一个平稳值，相应坡降值为0.000 4、0.000 65、0.000 45、0.000 35。

③各分段剖面冲淤厚度的变化。

图9-41为CS1剖面冲淤厚度变化过程线，可以看出，10~20 km段发生了四次大的侵蚀，1989年侵蚀厚度为0.93 m；1990年后三段侵蚀淤进量幅度变小，都在0值上下摆动，0~10 km段幅度小于0.1 m，10~30 km段摆动幅度稍大，基本在0.4 m之内。

(2) CS2剖面起始端位于湾湾沟河口东5 km，距离钓口河主河门10 km，断面监测长度45 km。

表 9-17　CS1 剖面起始测点与 10 km、20 km、30 km 位置处的测点水深年际变化

时间	起始起点距/km	起始水深/m	10 km 水深/m	20 km 水深/m	30 km 水深/m	时间	起始起点距/km	起始水深/m	10 km 水深/m	20 km 水深/m	30 km 水深/m
1971	2. 5	0	3. 9	12	15. 3	1987					
1972	2. 6	0	4. 7	13. 4	16. 2	1988	1. 3	2. 1	3. 7	10. 3	13. 8
1975-06	4. 1	0. 8	4. 3	10. 9	14. 8	1989	5. 9	1. 8	4. 5	10. 5	14. 5
1975-10	5. 6	1. 1	3. 1	11	14. 7	1990	5. 7	2. 0	4. 3	10. 2	14. 1
1976	10	2. 9	2. 9	10. 7	14. 4	1991	1. 2	−0. 2	3. 6	10. 1	13. 4
1977	5. 2	1. 0	3. 4	10. 8	14. 7	1993	5. 3	1. 5	3. 3	10. 4	13. 8
1978	7. 1	1. 3	2. 5	9. 9	14	1994	10. 0	3. 5	3. 5	10. 3	13. 7
1979	7. 4	1. 3	2. 8	10. 3	14. 4	1995					
1980	4. 2	0. 9	3. 6	10. 7	14. 7	1996	1. 2	0. 1	3. 5	10. 1	13. 8
1981						1997					
1982						1998	1. 7	0. 3	3. 6	9. 9	13. 1
1983						1999	1. 1	2. 1	3. 8	9. 9	13. 3
1984						2000					
1985	4. 8	1. 1	3. 8	10. 6	14. 3	2001	1. 1	0. 1	3. 6	10. 3	14. 1
1986						2002	1. 5	0. 64	3. 6	10. 6	14. 2

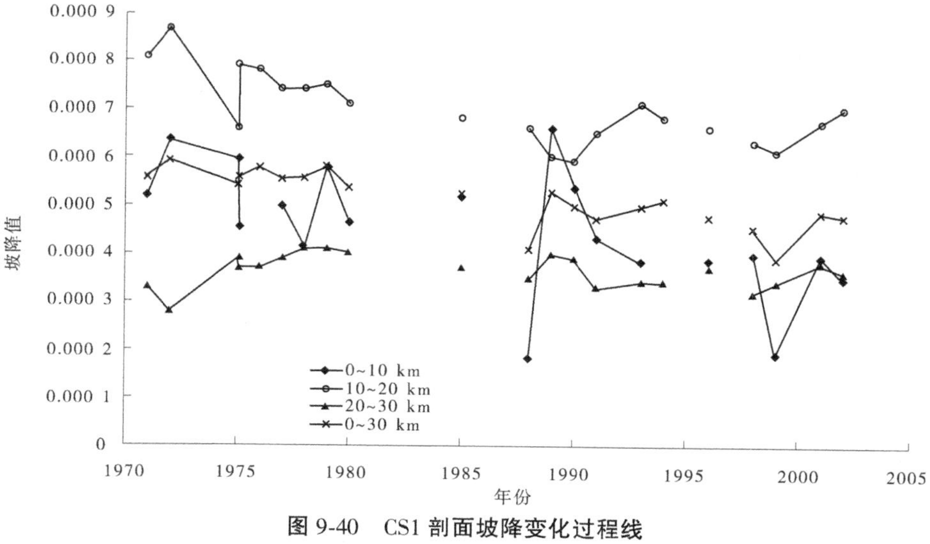

图 9-40　CS1 剖面坡降变化过程线

①各分段点水深的变化。

表 9-18 为 CS2 剖面起始测点与 10 km、20 km、30 km 测点位置处的水深摘录表：起始起点距反映海岸的变化，从 1971 年的 1. 9 km 淤进到 1978 年的 11. 4 km，蚀退到 1991 年的 −0. 1 km 后海岸一直比较稳定，不再侵蚀淤进；10 km 测点 1976 年淤积到最浅水深 2. 8 m，

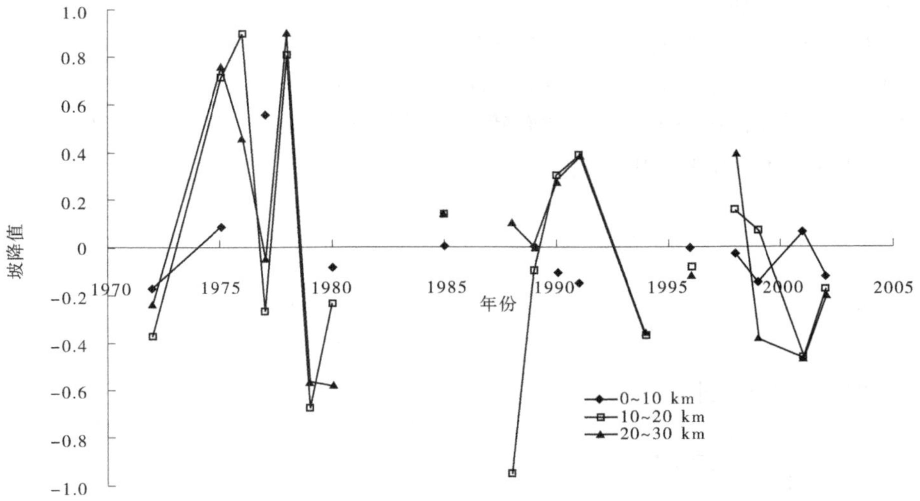

图 9-41　CS1 剖面冲淤厚度变化过程线

1988 年侵蚀到水深 4. 1 m,1990—1998 年稳定在水深 3. 3 m 左右,1999 年以后稳定在水深 4. 2 m 左右;20 km 测点 1978 年淤积到最浅水深 10. 8 m,1989 年侵蚀到水深 11. 6 m,1990 年以后稳定在水深 11. 1 m;30 km 测点 1978 年淤积到最浅水深 14. 7 m,1989 年侵蚀到水深 15. 6 m,1996 年以后水深稳定在 14. 7~15. 0 m。

表 9-18　CS2 剖面起始测点与 10 km、20 km、30 km 位置处的测点水深年际变化

时间	起始起点距/km	起始水深/m	10 km 水深/m	20 km 水深/m	30 km 水深/m	时间	起始起点距/km	起始水深/m	10 km 水深/m	20 km 水深/m	30 km 水深/m
1971	1. 9	0	4. 3	12. 2	15. 8	1987					
1972	2. 7	0. 4	3. 9	11. 9	15. 0	1988	2. 7	1. 1	4. 1	11. 2	14. 9
1975-06	7. 2	2. 2	4. 5	12. 0	15. 7	1989	5. 7	2. 0	3. 6	11. 6	15. 6
1975-10	7. 9	1. 9	3. 2	11. 8	15. 7	1990	5. 4	2. 0	3. 3	11. 1	15. 2
1976	6. 3	1. 2	2. 8	11. 4	15. 1	1991	1. 6	−0. 1	3. 2	11. 1	15. 1
1977	9. 1	2. 4	3. 1	11. 1	15. 3	1993	3. 9	1. 1	3. 0	11. 0	15. 1
1978	11. 4	3. 0		10. 8	14. 7	1994	10. 0	3. 5	3. 5	11. 1	13. 4
1979						1995					
1980	7. 3	2. 4	3. 1	12. 0	16. 0	1996	2. 1	0. 8	3. 1	11. 1	14. 7
1981						1997					
1982						1998	1. 6	0. 5	3. 3	11. 0	14. 1
1983						1999	0. 6	−0. 5	4. 2	11. 2	14. 2
1984						2000					
1985	9. 3	2. 9	3. 2	11. 1	15. 4	2001	2. 7	1. 1	4. 1	11. 1	14. 6
1986						2002	2. 0	0. 9	4. 2	11. 3	15. 0

②各分段剖面坡降的变化。

图 9-42 为 CS2 剖面变化过程线，可以看出 0～10 km、10～20 km、20～30 km 坡降逐年增大至 1978 年，最大坡降值分别为 0.82‰、1.08‰、0.42‰，以后逐年减小，0～10 km、10～20 km、20～30 km、0～30 km 段 1990 年后坡降都逐渐接近一个平稳值，相应坡降值为 0.000 4、0.000 8、0.000 3、0.000 5。

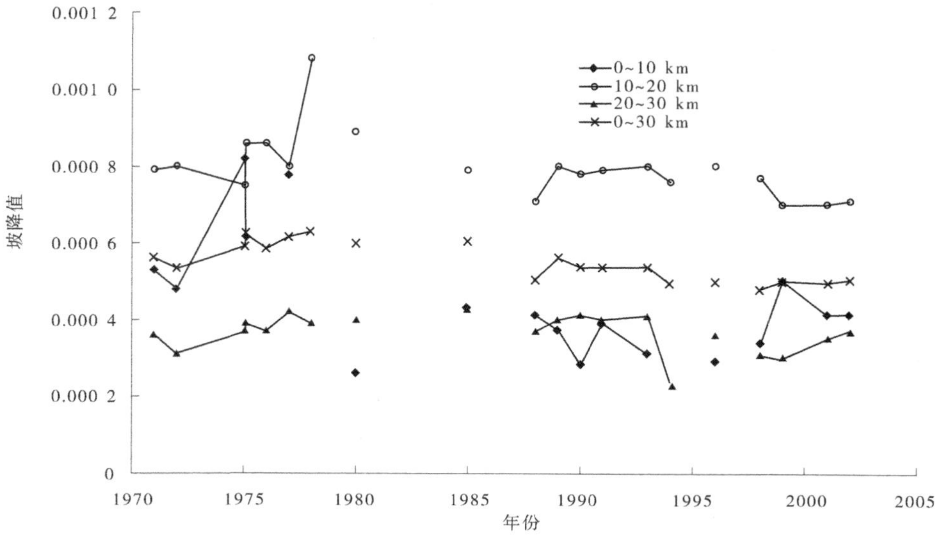

图 9-42　CS2 剖面坡降变化过程线

③各分段剖面冲淤厚度的变化。

图 9-43 为 CS2 剖面冲淤厚度变化过程线，可以看出 10～20 km 段发生了三次大的侵

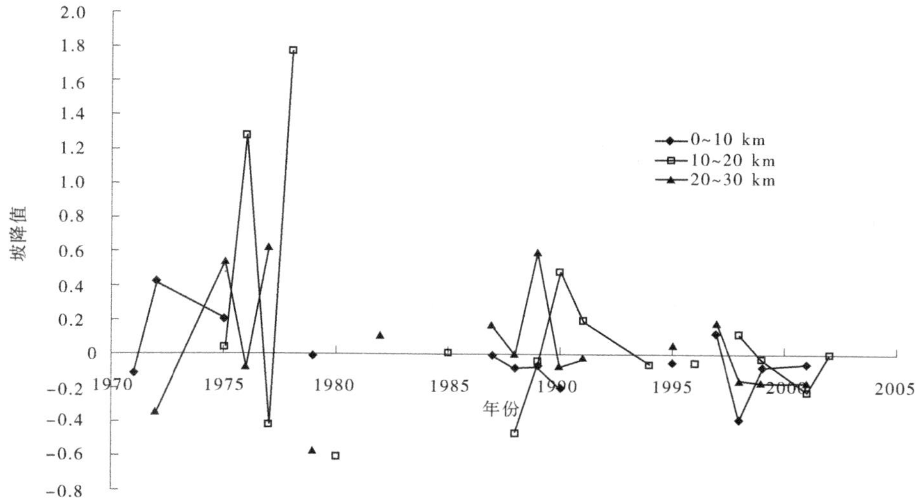

图 9-43　CS2 剖面冲淤厚度变化过程线

蚀,1989 年侵蚀厚度为 0.5 m;1990 年后三段侵蚀淤进量幅度变小,都在 0 值上下摆动,基本都在-0.2~0.2 m。

3. 剖面总体冲淤特征与平衡剖面的形成

CS1 剖面年际间没有剧烈的冲淤变化,仅在刁口河流路行河期间至 1978 年,断面表现出整体淤积态势,年均淤积速率为 0.3 m/a;1978 年后断面产生轻微侵蚀;直到 1990 年,剖面达到冲淤平衡状态,其后各年度剖面表现出围绕在 1990 年剖面附近上下摆动的特性,摆动幅度在±0.5 m 之内。

CS2 剖面年际间没有剧烈的冲淤变化,在 1978 年达到最大值,1978 年后断面产生轻微侵蚀;其后各年度剖面表现出围绕在 1996 年剖面附近上下摆动的特性,摆动幅度在±0.6 m 之内。

CS1 剖面全部剖面线收束在一起,1971—1975 年在下缘,1978 年、1991 年、1992 年、1998 年、1999 在上缘,其他近 20 条剖面线围绕一条中心线上下轻微摆动。

9.4.4.2　挑河(刁口河主河道)口左右岸所处的 CS3~CS4 剖面

1. 剖面地理概况

CS3~CS4 剖面位于挑河(刁口河主河道)口左右岸,为 1964—1976 年刁口河流路演进海岸。

1963 年底,神仙沟流路汊河接近河竭,且在 12 月末遇到冰凌壅塞,水位急涨,威胁两岸安全。于是 1964 年元旦下午爆破罗家屋子左堤向北改道。新河称刁口河,西河口以下长 26 km,老河长(汊河)58 km。但刁口河上段近 20 km 的坡降与神仙沟的相近,河底比神仙沟高,而且很宽阔。1964 年黄河水量居历年之冠,改道所遇水沙条件极为优越。但是改道后至 6 月,罗家屋子同流量水位没降低,到 1965 年,也难发现溯源冲刷的迹象。1964 年 10 月至 1967 年汛前,改道点以上河道大量淤高。1965 年 4 月,河口延伸 17 km,上段在 10 km 宽的地面上淤高 2 m 多,且极其宽浅散乱。直到 1967 年,才在地面上淤出河槽变成单股河,刁口河深泓回降后,直到 1976 年,没能继续冲深,也没有再淤高现象,河口也仍具有一定的行河潜力。刁口河经历了典型的漫流淤积、归股单一等河口进程的许多自然特性,而且钓口河流路河道的游荡性明显,形成了大河、二河、三河、四河、五河数个并行河口,现在保留的刁口河故道河口就在四河位置。这也反映了刁口河流路河身的自身特性,一直没有选定最佳的稳定入海流路,也可以说为了寻找最佳的地势入海,一直在寻找理想的河口,这也从改道前的河口仍具行河潜力可以表现出。

2. 剖面形态特征要素

1)CS3 剖面

(1)各分段点水深的变化。

表 9-19 为 CS3 剖面起始测点与 10 km、20 km、30 km 测点位置处的水深摘录表:起始起点距反映海岸的变化,从 1971 年的-3.0 km 淤进到 1980 年的 1.4 km,然后又蚀退到 1991 年的-0.2 km 后海岸一直比较稳定,稍微有所侵蚀;10 km 测点 1975 年 10 月淤积到最浅水深 1.8 m,1988 年侵蚀到水深 4.1 m,1989 年以后稳定在 3.3~3.9 m 水深;20 km 测点 1978 年淤积到最浅水深 11.3 m,1989 年侵蚀到水深 12.0 m, 1990 年以后稳定在水深 11.6 m 左右;30 km 测点 1978 年淤积到最浅水深 15.6 m,1989 年侵蚀到水深 16.6 m,

大约 1994 年以后稳定在水深 15.2~15.9 m。

表 9-19　CS3 剖面起始测点与 10 km、20 km、30 km 位置处的测点水深年际变化

时间	起始起点距/km	起始水深/m	10 km 水深/m	20 km 水深/m	30 km 水深/m	时间	起始起点距/km	起始水深/m	10 km 水深/m	20 km 水深/m	30 km 水深/m
1971	-3.0	-0.2	3.4	13.2	16.7	1987					
1972	0.9	0.7	3.4	12.3	15.9	1988	2.9	1.8	4.1	11.5	16.1
1975-06	6.9	2.3	3.5	12.6	17.1	1989	3.0	1.4	3.7	12	16.6
1975-10	7.2	1.4	1.8	12.5	16.7	1990	2.4	1.3	3.8	11.4	16.3
1976	4.9	1.8	2.2	11.7	16	1991	-0.2	0	3.5	11.2	16.2
1977	10.1	2.2	2.2	11.8	16.2	1993	1.9	1.6	3.5	11.5	15.6
1978	11.4	2.9	2.9	11.3	15.6	1994	10.0	3.7	3.7	11.5	15.3
1979						1995					
1980	1.9	1.2	2.6	12.2	16.3	1996	0.9	0.9	3.3	11.3	15.7
1981						1997					
1982						1998	-0.2	0.7	3.3	10.6	14.3
1983						1999	-0.2	1.1	3.4	11.6	15.4
1984						2000					
1985	8.4	2.7	3.2	11.3	15.7	2001	1.4	1.3	3.5	11.9	15.9
1986						2002	-1.3	0.4	3.9	11.4	15.2

（2）各分段剖面坡降的变化。

图 9-44 为 CS3 剖面坡降过程线，可以看出 0~10 km、20~30 km、0~30 km 段 1971—1990 年坡降有一个升高降低的变化，10~20 km 一直降低，1990 年后坡降都逐渐接近一个平稳值，相应坡降值为 0.000 3、0.000 8、0.000 4、0.000 5。

（3）各分段剖面冲淤厚度的变化。

图 9-45 为 CS3 剖面冲淤厚度变化过程线，可以看出 10~20 km 段发生了四次大的侵蚀，1987 年侵蚀厚度为 0.7 m，2001 年为 0.4 m；20~30 km 深水段变化较大，1988 年、1997 年、2001 年有 0.6 m 的侵蚀；1990 年后三段侵蚀淤进量虽大但正负幅度接近等值，都在 0 值上下摆动。

2）CS4 剖面

（1）各分段点水深的变化。

表 9-20 为 CS4 剖面起始测点与 10 km、20 km、30 km 测点位置处的水深摘录表：起始起点距反映海岸一直处于侵蚀状态，1 m 水深为 1975 年的 12.4 km 蚀退到 1990 年的 5.1

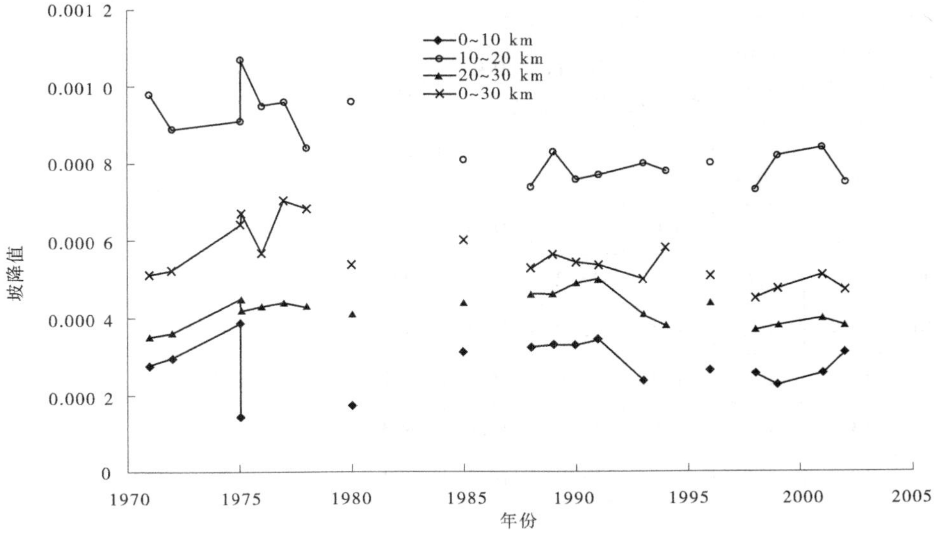

图 9-44　CS3 剖面坡降过程线

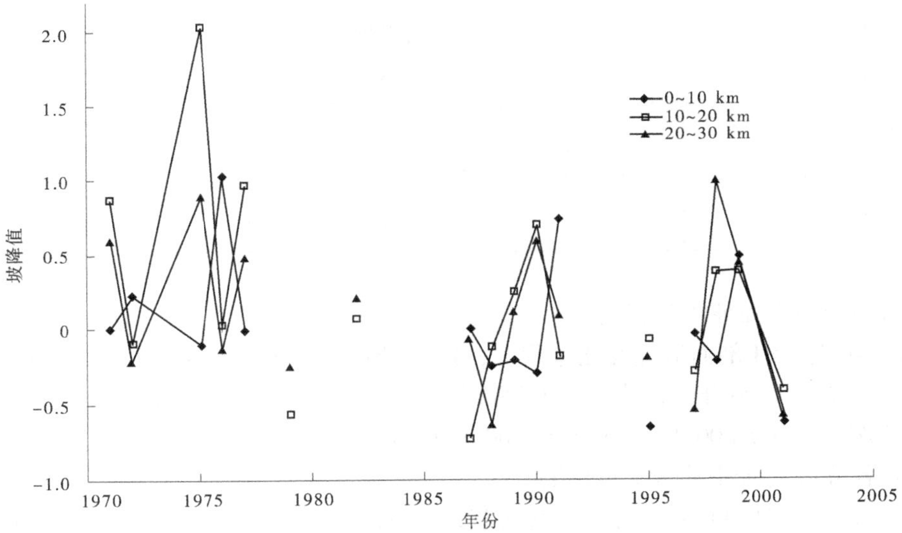

图 9-45　CS3 剖面冲淤厚度变化过程线

km,1996 年后水深大约一直在 0 左右;10 km 测点 1975 年 10 月淤积到最浅水深 1. 2 m,然后到 1989 年侵蚀到水深 3. 5 m,1990 年以后稳定在 3. 2~4. 5 m 水深;20 km 测点 1976 年淤积到最浅水深 11. 8 m,然后到 1980 年侵蚀到水深 13. 0 m,1988 年以后稳定在水深 11. 6 m 左右;30 km 测点 1976 年淤积到最浅水深 16. 3 m,1990 年侵蚀到水深 17. 3 m,1996 年以后稳定在水深 16. 0 m 左右。

表 9-20　CS4 剖面起始测点与 10 km、20 km、30 km 位置处的测点水深年际变化

时间	起始起点距/km	起始水深/m	10 km 水深/m	20 km 水深/m	30 km 水深/m	时间	起始起点距/km	起始水深/m	10 km 水深/m	20 km 水深/m	30 km 水深/m
1971	-0.9	-0.3	3.7	13.1	17	1987					
1972	-0.7	0	3.9	13.3	16.8	1988	6.4	0.8	3	12.2	17
1975-06	7.0	2.0	3.7	13.2	17.6	1989	5.7	0.8	3.5	12.3	17.3
1975-10	12.4	1.2	1.2	12.7	17.1	1990	5.1	1.1	3.3	12	17.3
1976	10.0	1.3	1.3	11.8	16.3	1991	0.3	-2.1	3.2	12.6	17.7
1977	13.5	1.5	1.5	12.2	16.4	1993	6.4	1.4	3.7	11.6	16.6
1978	12.8	1.5	1.5	11.9	16.7	1994	10.0	4.2	4.2	11.6	16.0
1979						1995					
1980	10.0	1.1	1.1	13.0	17.3	1996	3.8	0.1	3.3	11.7	16.2
1981						1997					
1982						1998	0.3	-0.1	4.0	11.1	15.6
1983						1999	0.3	0	4.2	11.6	16.1
1984						2000					
1985	9.3	1.4	2.0	11.0	15.9	2001	2.2	0.4	3.6	11.7	16.7
1986						2002	2.9	1.3	4.5	11.5	16.1

(2)各分段剖面坡降的变化。

图 9-46 为 CS4 剖面坡降变化过程线，可以看出 0～10 km、10～20 km、20～30 km、0～30 km 段 1971—1990 年坡降有一个升高降低的变化，1996 年后坡降都逐渐接近一个平稳值，相应坡降值为 0.000 4、0.000 8、0.000 5、0.000 6。

(3)各分段剖面冲淤厚度的变化。

图 9-47 为 CS4 剖面冲淤厚度变化过程线，可以看出在 1988 年 10～20 km、20～30 km 段发生了一次 1.2 m、1.5 m 大的侵蚀；1990 年后三段侵蚀淤进量小于 0.5 m 且正负幅度接近等值，都在 0 值上下摆动。

3. 剖面总体冲淤特征与平衡剖面的形成

1)CS3 剖面

CS3 剖面潮滩界多年位置变化不大，但是深水区剖面起伏较大，1980 年以后剖面基本达到平衡。说明 CS3 剖面位于挑河口左岸，刁口河流路泥沙对沙嘴弯脚处影响较小，而对深水区扩散影响较大，1980 年以后剖面不再剧烈侵蚀，而处于稳定状态。

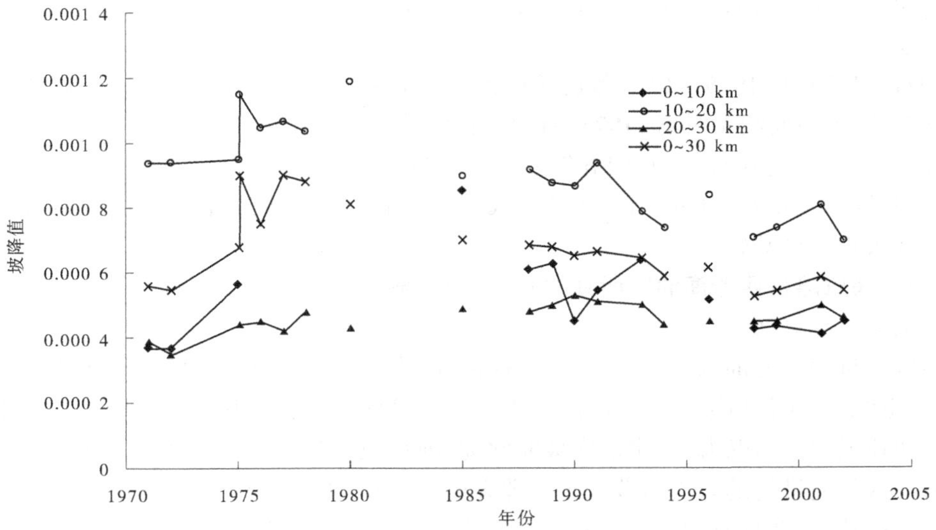

图 9-46　CS4 剖面坡降变化过程线

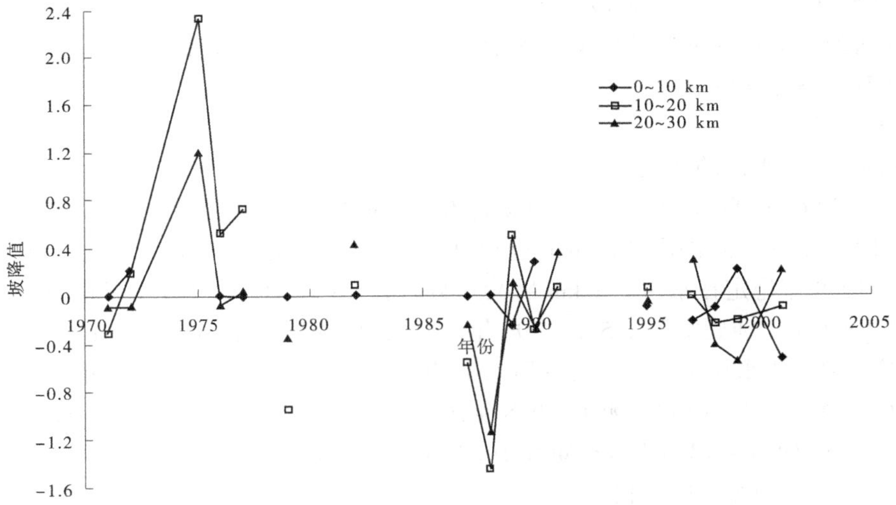

图 9-47　CS4 剖面冲淤厚度变化过程线

刁口河流路停止行水后，即 1976 年后该区滩岸坍塌侵蚀，泥沙向 2～12 m 水深的前坡区淤积，因此前坡区 1976 年剖面线在最外缘，由于泥沙侵蚀滑坡迅速，致使 1976 年坡降变陡；深水区年度变化非常均匀轻微，1971 年为原始海底，然后上层依次是 1975 年、1980 年等。

2) CS4 剖面

CS4 剖面位于挑河右岸，该剖面特征完全反映了刁口河流路 1976 年改道后河口快速堆积、然后快速蚀退、最后轻微蚀退的特征。表现出了与 CS3 剖面完全不同的变化形态：

潮滩界位置变化幅度大，深水区变化幅度小于潮滩，1989 年以后剖面形态趋于稳定，达到平衡状态。

1971—1975 年、1975—1976 年连续堆积，前四年延伸程度从 2～3 km 下降到不足 2 km，1976 年在剖面线最外缘，1975—1976 年剧烈延伸堆积；1976—1980 年、1980—1985 年、1985—1990 年连续蚀退，每四五年蚀退 1～2 km；1990—1996 年、1996—2002 年轻微蚀退，每六年蚀退不足 0.5 km。上述现象在 0～12 m 的浅滩边坡区表现程度明显，14 m 以下深水区表现程度减轻。

9.4.4.3　飞雁滩桩西滩海油区所处的 CS5～CS8 剖面

1. 剖面地理概况

飞雁滩桩西滩海油区所处的 CS5～CS8 剖面，为 1964—1976 年刁口河故道形成，该海岸于 20 世纪 80 年代后陆续修建防潮海堤，防止了海岸的蚀退，但是由于此区为刁口河与神仙沟快速淤出的沙嘴海岸，水下底坡非常陡，河口改道后立即失去沙源补充，原有的充足入海泥沙补充维持的海岸边坡状态立即失衡，在只有海动力作用下必然要塑造新的水下前坡平衡状态，此种机制导致该海区水下前坡不断侵蚀。又因为后来边界条件的改变，海动力作用到海堤形成反射能量，近堤脚处不断冲刷刷深，随着水深的增大，不仅形成越来越强烈的沿岸流，加快堤脚输沙强度，而且因波浪随堤脚水深增大而强度增大，风暴潮来临时堤脚处波浪亦增大，致使波浪掀沙数量与粒径都相应增大。仅堤脚处沿岸流与波浪强度这两种因素双重作用，就加剧了桩西飞雁滩围海大堤被侵蚀破坏的危险情势。

2. 剖面形态特征要素

1）CS5 剖面

（1）各分段点水深的变化。

表 9-21 为 CS5 剖面起始测点与 10 km、20 km、30 km 测点位置处的水深摘录表：起始起点距反映海岸发生淤进侵蚀稳定的过程，1971—1976 年海岸推进 10 km，1976 年后蚀退，1991—1999 年稳定在水深 6.1 km 后又开始蚀退；10 km 测点 1978 年淤积到最浅水深 1.2 m，到 1994 年侵蚀到水深 2.5 m，1996 年以后大致稳定在水深 3.5 m 左右；20 km 测点 1978 年淤积到最浅水深 11.4 m，然后到 1989 年侵蚀到水深 13.3 m，1990 年以后水深大致稳定在 11.4～12.7 m；30 km 测点 1978 年淤积到最浅水深 16.9 m，然后到 1989 年侵蚀到水深 18.2 m，1994 年以后大致稳定在 16.9～18.1 m 水深。

（2）各分段剖面坡降的变化。

图 9-48 为 CS5 剖面坡降变化过程线，可以看出 0～10 km、10～20 km、20～30 km、0～30 km 段 1971—1990 年坡降有一个升高降低的变化，1994 年后坡降都逐渐接近一个平稳值，相应坡降值为 0.000 5、0.000 8、0.000 5、0.000 7。

（3）各分段剖面冲淤厚度的变化。

图 9-49 为 CS5 剖面冲淤厚度变化过程线，可以看出 CS5 潮滩界变化幅度略小，1976 年在剖面线最外缘，以 1976 年分界，界限分明。1971—1975 年、1975—1976 年连续堆积，前四年延伸 10 km 多。12 m 以下深水区也经历了类似的变化过程；1976—1980 年、1980—2002 年持续蚀退，虽然中间有回淤过程，但蚀退量大于淤进量。

表 9-21　CS5 剖面起始测点与 10 km、20 km、30 km 位置处的测点水深年际变化

时间	起始起点距/km	起始水深/m	10 km 水深/m	20 km 水深/m	30 km 水深/m	时间	起始起点距/km	起始水深/m	10 km 水深/m	20 km 水深/m	30 km 水深/m
1971	1. 4	−0. 5	2. 6	13. 1	17. 2	1987					
1972	3. 5	0. 1	3. 3	12. 7	17	1988	7. 6	0. 7	1. 7	12. 7	17. 8
1975-06	10. 0	1. 4	1. 4	13. 2	17. 9	1989	7. 5	0. 7	1. 7	13. 3	18. 2
1975-10	13. 7	1. 4		12. 7	17. 8	1990	7. 8	1. 1	2. 4	11. 9	17. 5
1976	15. 2	1. 8		13	17. 8	1991	6. 1	−0. 1	2. 1	12. 4	17. 9
1977	13. 8	1. 3		13	18. 2	1993	6. 0	0. 6	2. 2	11. 7	16. 8
1978	13. 9	1. 2		11. 4	16. 9	1994	6. 9	1. 0	2. 5	11. 4	16. 9
1979	15. 2	2. 2		12. 5	17. 7	1995					
1980	13. 8	2. 4		13. 1	18. 4	1996	6. 6	0. 9	3. 1	12. 1	16. 9
1981						1997					
1982						1998	6. 1	1. 0	3. 6	11	15. 6
1983						1999	6. 1	0. 9	3. 5	12. 3	16. 6
1984						2000					
1985	10. 0	1. 5	1. 5	12. 1	17. 3	2001	5. 1	1. 0	3. 6	12. 7	18. 1
1986						2002	4. 1	0. 1	3. 5	12. 1	17. 6

2）CS6 剖面

（1）各分段点水深的变化。

表 9-22 为 CS6 剖面起始测点与 10 km、20 km、30 km 测点位置处的水深摘录表：起始起点距反映海岸发生淤进侵蚀稳定的过程，1971—1976 年海岸推进 10 km，1976 年后蚀退，1991 年后稳定在 5. 0 km 左右；10 km 测点 1977 年淤积到最浅水深 0. 9 m，然后到 1990 年侵蚀到水深 2. 3 m，1999 年以后大致稳定在水深 2. 8 m 左右；20 km 测点 1978 年淤积到最浅水深 10. 8 m，然后到 1989 年侵蚀到水深 12. 0 m，1990 年以后水深大致稳定在 12. 6～13. 4 m；30 km 测点 1978 年淤积到最浅水深 17. 8 m，然后到 1989 年侵蚀到水深 18. 5 m，1990 年以后水深大致稳定在 18. 0～18. 3 m。

（2）各分段剖面坡降的变化。

图 9-50 为 CS6 剖面坡降过程线，可以看出 0～10 km、10～20 km、20～30 km、0～30 km 段 1971—1990 年坡降有一个升高降低的变化，1990 年后坡降都逐渐接近一个平稳值，相应坡降值为 0. 0004、0. 0011、0. 0005、0. 000 7。

（3）各分段剖面冲淤厚度的变化。

图 9-51 为 CS6 剖面冲淤厚度变化过程线，可以看出 1976 年前大淤积，深水区 1975

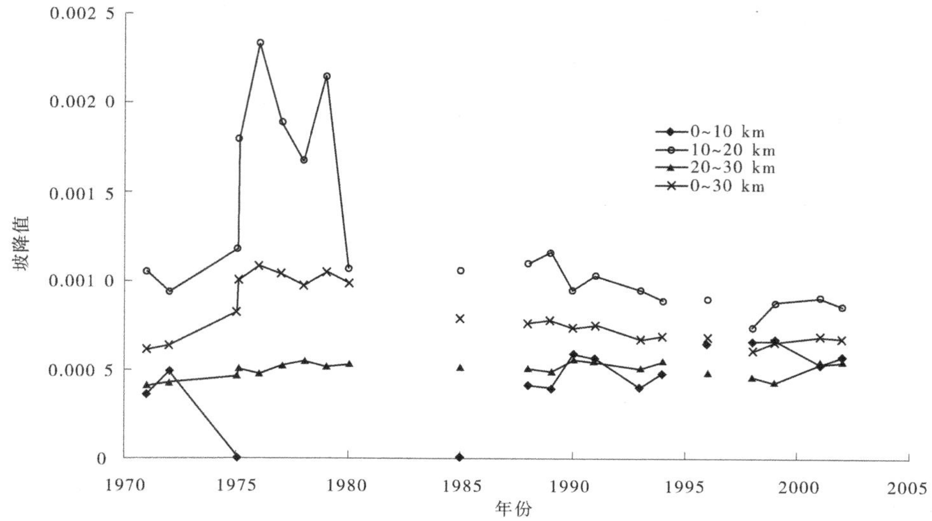

图 9-48　CS5 剖面坡降变化过程线

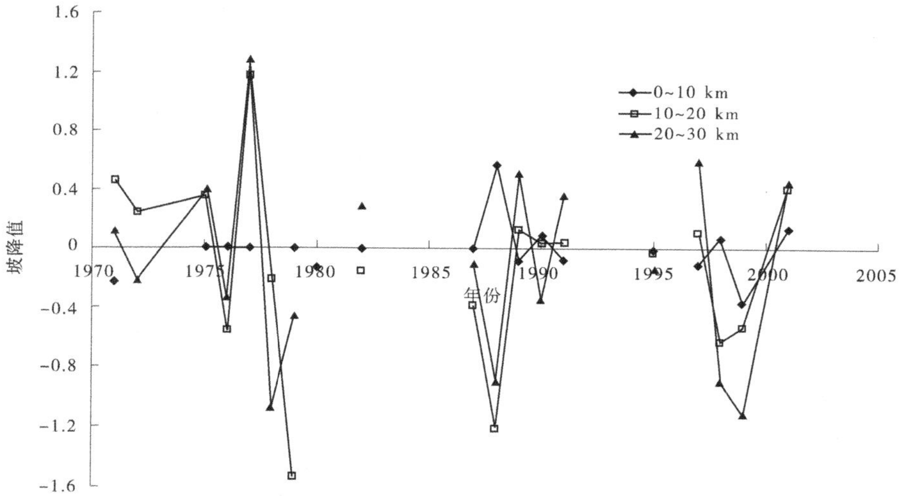

图 9-49　CS5 剖面冲淤厚度变化过程线

年发生一次 1. 8 m 的大侵蚀,1999 年发生一次 1. 0 m 的侵蚀;1988、1999 年 10~20 km 段发生了两次 0. 9 m、0. 8 m 的大侵蚀;CS5、CS6 两剖面侵蚀变化形态类似。

3)CS7 剖面

(1)各分段点水深的变化。

表 9-23 为 CS7 剖面起始测点与 10 km、20 km、30 km 测点位置处的水深摘录表:起始起点距反映海岸发生淤进侵蚀稳定的过程,1 m 等深线到 1978 年淤进到 13. 5 km,0 m 等深线在 1991 年后维持在 4. 0 km;10 km 测点 1976 年淤积到最浅水深 1. 0 m,然后到 1990 年侵蚀到水深 2. 5 m,1994 年以后水深大致稳定在 1. 6~2. 3 m; 20 km 测点 1978 年淤积

表 9-22　CS6 剖面起始测点与 10 km、20 km、30 km 位置处的测点水深年际变化

时间	起始起点距/km	起始水深/m	10 km 水深/m	20 km 水深/m	30 km 水深/m	时间	起始起点距/km	起始水深/m	10 km 水深/m	20 km 水深/m	30 km 水深/m
1971	3.8	0.4	2.2	13.5	18.6	1987					
1972	3.3	0	2.5	14.8	19.3	1988	7.9	0.9	2.0	13.2	18.1
1975-06	10.0	2.5	2.5	14.8	19.3	1989	8.4	0.8	2.0	13.0	18.5
1975-10	12.7	1.2		13.2	18.6	1990	8.0	1.5	2.3	12.6	18.3
1976	14.8	2.1		13.7	18.3	1991	4.8	0.2	2.0	12.7	18.0
1977	13.9	0.9		13.7	18.2	1993					
1978	16.1	2.3		10.8	17.8	1994	6.8	0.9	1.8	13.0	18.3
1979						1995					
1980	13.9	1.7		14.6	19.1	1996	5.2	0	2.2	12.7	17.5
1981						1997					
1982						1998	4.8	0.3	2.1	12.4	17.0
1983						1999	4.7	0.4	2.7	12.4	17.3
1984						2000					
1985	12.6	2.4		14.2	18.7	2001	5.9	1.3	2.8	13.4	18.4
1986						2002	4.7	0.7	2.9	13.3	18.3

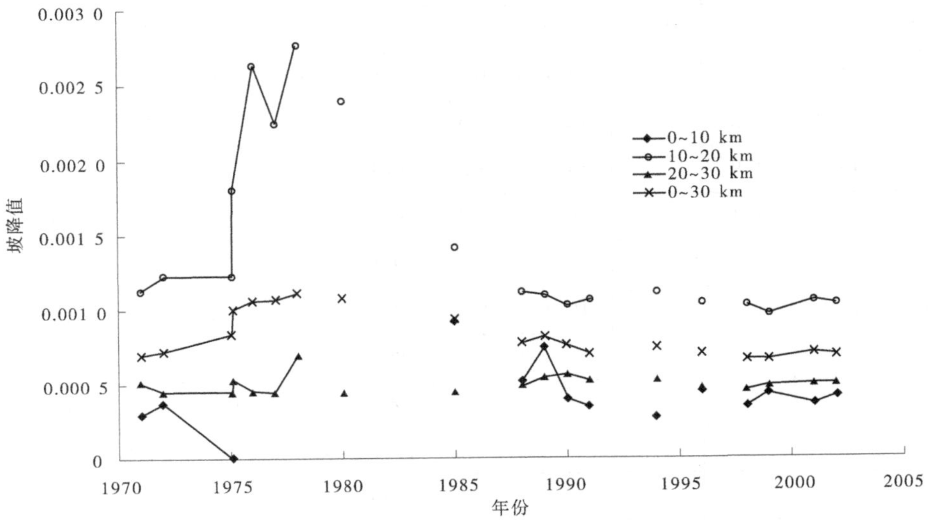

图 9-50　CS6 剖面坡降变化过程线

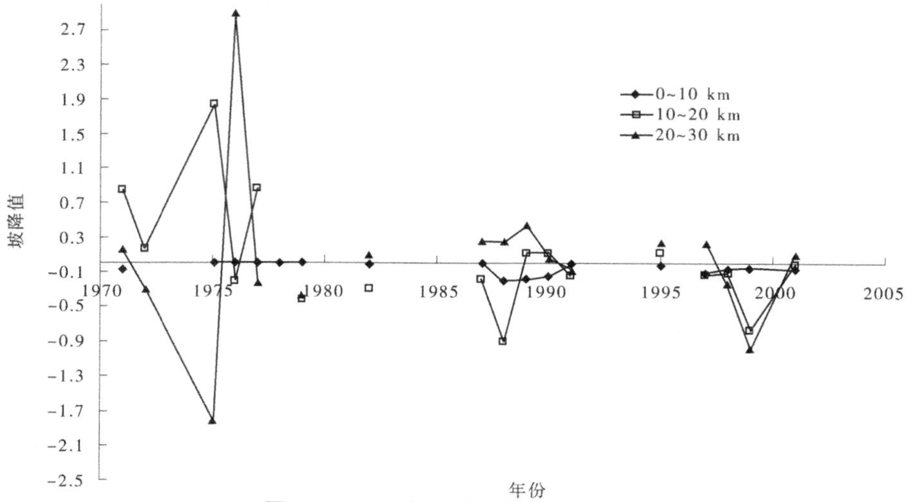

图 9-51　CS6 剖面冲淤厚度变化过程线

到最浅水深 9.9 m，然后到 1988 年侵蚀到水深 13.9 m，1990 年以后水深大致稳定在 12.6~13.8 m；30 km 测点 1978 年淤积到最浅水深 18.5 m，然后到 1988 年侵蚀到水深 19.9 m，1991 年以后水深大致稳定在 18.8~19.0 m。

表 9-23　CS7 剖面起始测点与 10 km、20 km、30 km 位置处的测点水深年际变化

时间	起始起点距/km	起始水深/m	10 km 水深/m	20 km 水深/m	30 km 水深/m	时间	起始起点距/km	起始水深/m	10 km 水深/m	20 km 水深/m	30 km 水深/m
1971	3.9	-0.1	1.5	13.4	18.6	1987					
1972	10.0	1.5	1.5	15.2	19.1	1988	7.8	1.0		13.9	19.9
1975-06	10.0	1.5	1.5	15.2	19.1	1989	7.9	1.1	2.1	13.4	19.6
1975-10	11.6	1.2	1.2	14.1	19.1	1990	8.6	1.6	2.5	13.6	19.6
1976	10.0	1.0	1	14.1	18.8	1991	4.7	0.6	2.3	12.9	18.8
1977	12.2	1.9		15.1	19	1993	7.5	1.6	1.7	13.8	18.8
1978	13.5	1.1		9.9	18.5	1994	6.4	1.0	2.1	13.7	18.5
1979						1995					
1980	11.9	1.7		15.3	19.7	1996	4.7	0.1	1.6	12.6	18
1981						1997					
1982						1998	6.2	1.0	2	12.5	17.9
1983						1999	4.7	0.5	1.8	12.5	17.9
1984						2000					
1985	11.8	2.3		13.8	19.3	2001	5.2	1.3	2.1	13.6	18.7
1986						2002	4	0.1	2.3	13.5	19

(2)各分段剖面坡降的变化。

图 9-52 为 CS7 剖面坡降变化过程线,可以看出 0~10 km、10~20 km、20~30 km、0~30 km 段 1971—1990 年坡降有一个升高降低的变化,1990 年后坡降都逐渐接近一个平稳值,相应坡降值为 0.000 2、0.001 1、0.000 5、0.000 7。

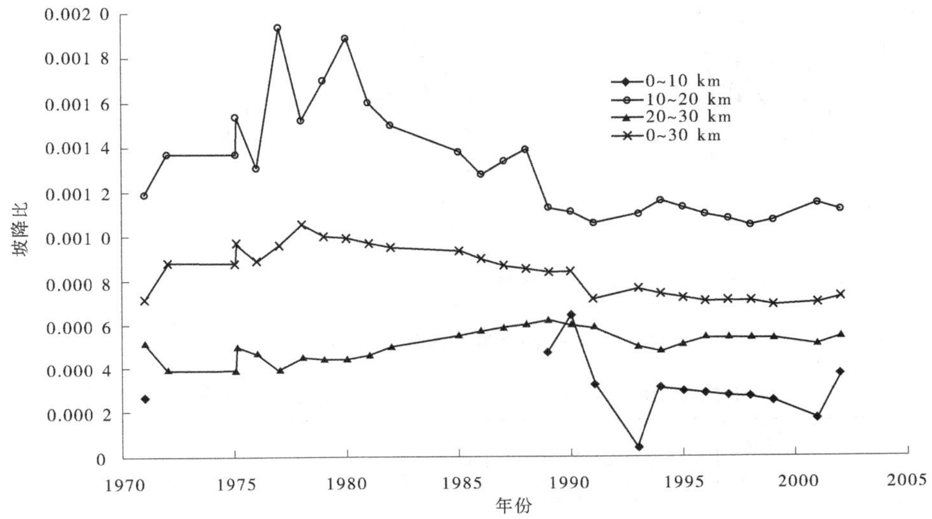

图 9-52　CS7 剖面坡降变化过程线

(3)各分段剖面冲淤厚度的变化。

图 9-53 为 CS7 剖面冲淤厚度变化过程线,可以看出 20~30 km 深水区 1971 年、1975 年、1987 年、1999 年发生 0.6 m、0.3 m、0.3 m、0.9 m 的侵蚀;10~20 km 段在 1987 年、1988 年、1989 年、1991 年、1997 年、1998 年、1999 年发生了 0.5 m、1.0 m、0.1 m、0.3 m、0.1 m、0.3 m、0.5 m 的侵蚀,1990 年后侵蚀量稍大于淤进量。

4)CS8 剖面

(1)各分段点水深的变化。

表 9-24 为 CS8 剖面起始测点与 10 km、20 km、30 km 测点位置处的水深摘录表:起始起点距反映海岸发生淤进侵蚀稳定的过程,20 m 等深线到 1978 年淤进到 13.0 km,由于修建海堤,海岸在 1991 年后稳定 5.5 km;10 km 测点 1985 年淤积到最浅水深 1.9 m,然后到 1988—1996 年维持在 3.3~3.9 m,1999 年以后大致稳定在 4.5~5.9 m 水深;20 km 测点以 1990 年为分界点,前期水深在 15.0~16.0 m,后期淤积到 14.1~14.6 m;30 km 测点 1978 年淤积到最浅水深 15.6 m,然后到 1989 年侵蚀到水深 16.6 m,1994 年以后大致稳定在 15.2~15.9 m 水深。

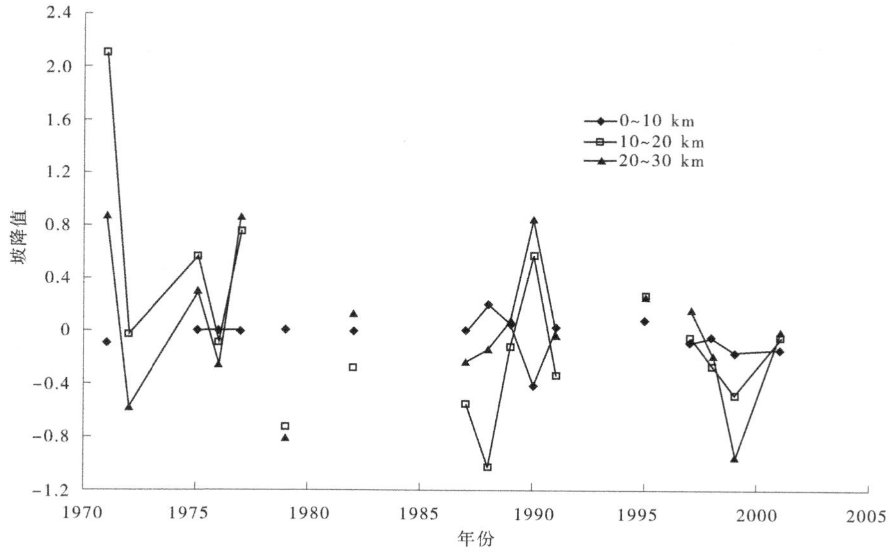

图 9-53　CS7 剖面冲淤厚度变化过程线

表 9-24　CS8 剖面起始测点与 10 km、20 km、30 km 位置处的测点水深年际变化

时间	起始起点距/km	起始水深/m	10 km 水深/m	20 km 水深/m	30 km 水深/m	时间	起始起点距/km	起始水深/m	10 km 水深/m	20 km 水深/m	30 km 水深/m
1971	7.6	0	0.6	14.1	18.6	1987					
1972	10.0	0	0	14	18.6	1988	7.3	1.2	3.3	14.8	20.2
1975-06	12.7	1.8		15.4	19.8	1989	7.5	1.4	3.9	16.2	20.3
1975-10	12.2	1.8		16.6	19.6	1990	7.7	1.6	3.2	15.0	19.2
1976	12.3	1.9		15.7	19.1	1991	5.6	1.1	3.6	14.2	19.1
1977	11.9	1.7	1.7	16.3	19.7	1993	5.9	1.2	3.4	14.7	19.7
1978	13.3	2.4		16.1	18.7	1994	5.6	1.3	3.5	14.4	18.9
1979	13.3	2.5		15.1	19.6	1995					
1980	11.8	2.1	2.1	16.2	20	1996	5.6	1.1	3.3	14.1	18.6
1981						1997					
1982						1998	5.5	1.7	3.9	14.2	18.8
1983						1999	5.5	1.8	4.5	14.0	18.8
1984						2000					
1985	9.7	1.9	1.9	15	19.1	2001	5.5	1.7	5.9	14.6	19.5
1986						2002	5.5	1.8	5.3	15.4	19.4

（2）各分段剖面坡降的变化。

图 9-54 为 CS8 剖面坡降变化过程线，可以看出 0~10 km、10~20 km、20~30 km、0~

30 km 段 1971—1990 年坡降有一个升高降低的变化，1991 年后坡降都逐渐接近一个平稳值，相应坡降值为 0. 000 5、0. 001 1、0. 000 5、0. 000 75。

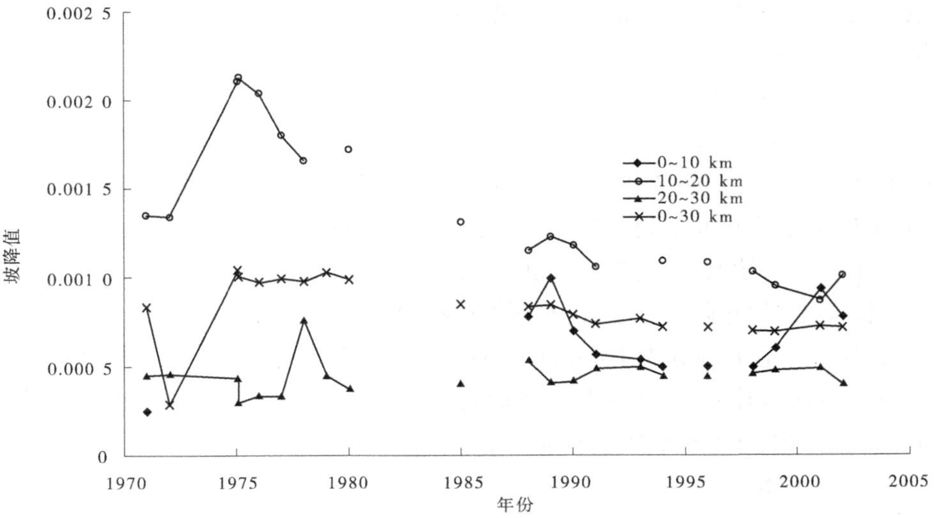

图 9-54　CS8 剖面坡降变化过程线

(3)各分段剖面冲淤厚度的变化。

图 9-55 为 CS8 剖面冲淤厚度变化过程线，可以看出 10 ~ 20 km、20 ~ 30 km 区 1976 年、1978 年、1979 年、1987 年、1988 年、1997—2001 年都发生侵蚀，侵蚀量接近相邻年度的淤进量；1990 年后侵蚀量稍大于淤进量。

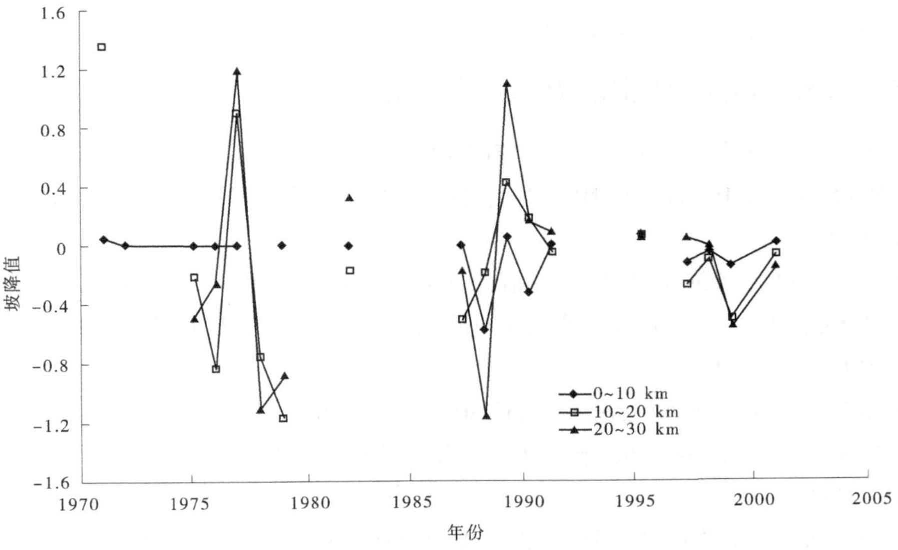

图 9-55　CS8 剖面冲淤厚度变化过程线

CS7、CS8 剖面 0~12 m 水深前坡 1976 年为最外边界，1975 年与 1976 年剖面线基本重合，该海区位于刁口河流路五河以东，前几年河口已摆动到西区，1975—1976 年该区已进入缓慢侵蚀区；深水区经历了前期蚀退泥沙在深水区堆积，在前坡趋向平衡稳定后，又侵蚀扩散下降的过程。

3. 平衡剖面的形成阶段

1) CS5 剖面、CS6 剖面

CS5、CS6 剖面侵蚀形态变化类似，1971—1976 年处于持续淤积状态，而且淤积主要发生在浅滩水域，随后该断面处于持续冲刷状态，在 1988 年之后，冲蚀趋势变缓；该海岸 20 世纪 80 年代后陆续修建防潮海堤，虽然防止了海岸的蚀退，但近堤脚处不断冲刷刷深；剖面深水区域水深年际变化不大，水深维持在 18.0~19.0 m。又因为该海域本身是渤海湾的一个强流区，海岸突出与有些海堤工程导致了不利于海堤防护的流场结构，而且该海域没有充足的泥沙补充，因此这两个剖面将会处于弱侵蚀状态，侵蚀范围主要集中在 0~10 m 水深范围内，深水区域则达到动态平衡状态。

2) CS7 剖面、CS8 剖面

CS7、CS8 剖面 0~12 m 水深前坡 1976 年为最外边界，1975 年与 1976 年剖面线基本重合，该海区位于刁口河流路五河以东，前几年河口已摆动到西区，1975—1976 年该区已进入缓慢侵蚀区；深水区经历了前期蚀退泥沙在深水区堆积，在前坡趋向平衡稳定后，又侵蚀扩散下降的过程；该海岸 20 世纪 80 年代后陆续修建防潮海堤，虽然防止了海岸的蚀退，但近堤脚处不断冲刷刷深；剖面 30 km 深水区域水深年际变化不大，水深维持在 18.0~20.0 m。因为该海域本身是渤海湾的一个强流区，海岸突出与海堤工程导致了不利于海堤防护的流场结构，同时又得不到足够的泥沙补充，致使剖面 10 m 水深内处于持续的弱侵蚀状态，但深水区域则处于动态平衡状态。

9.4.5 清水沟流路海域固定剖面多年变化特征

清水沟流路海域主要受黄河入海流路影响，选取的 CS14~CS28 剖面全部为东西向布设，其中 CS14~CS19 剖面间距 5 km，CS19~CS28 剖面间距 4 km。具体位置分布如图 9-56 所示。

1934—1953 年黄河由神仙沟、宋春荣沟及甜水沟呈三股入海形势，其中甜水沟为主河道。到 1953 年 7 月，在神仙沟小口子处实行人工裁弯取直，由神仙沟单股入海，受其影响断面为 CS14~CS21。

1976 年至今的清水沟流路已行水近 30 年，从 1976 年 5 月西河口截流改道至 1996 年 6 月清水沟入海 21 年，从 1996 年 7 月清 8 出汊行河至今近 10 年。清水沟流路影响断面为 CS19~CS29。

每个剖面析解的程序、顺序特点仍分成剖面地理概况、剖面形态特征要素、平衡剖面的形成阶段三部分来描述。由于该海域近期内一直受黄河入海影响，海岸侵蚀堆积变化剧烈，平衡剖面的形成条件在本区还不成熟，仅能短时期存在一个各种动力的平衡。

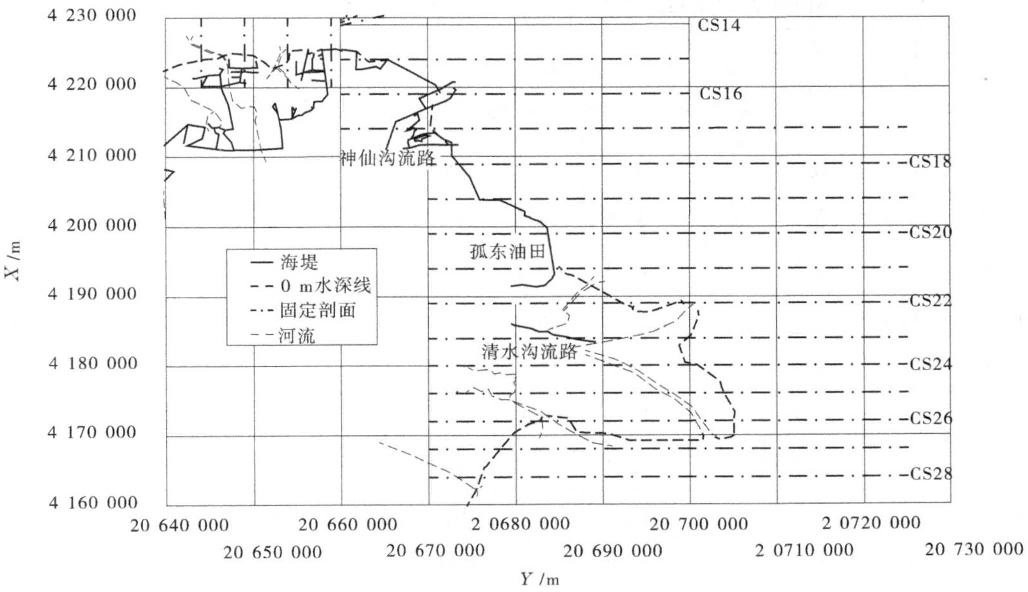

图 9-56　胜利滩海油田固定断面位置

9.4.5.1　东营港海岸处的 CS14、CS15、CS16 断面

1. 剖面地理概况

CS14 剖面，东西方向，在桩西码头以北约 9 km 处，起点在 CS8 断面上，起点处水深现在约为 3.5 m。

CS15 剖面，在桩西码头以北约 4 km 处，西部起点在十八井采油井台南，与海堤约呈 40°的夹角。

CS16 剖面，在桩西码头南约 1 km 处，近岸测点在现油田内港池入口处。

此区海岸呈西北偏西方向，强风向垂直海岸，剖面与海岸、强风向都有一个夹角。

2. 剖面形态特征要素

1) CS14 剖面

(1) 各分段点水深的变化。

表 9-25 为 CS14 剖面起始测点与 10 km、20 km、30 km 位置处的水深摘录表：起始测点起点距在-0.9~8.9 km 变化，水深在 0.2~5.0 m 变化；由 1971 年的最浅水深 0.2 m 到 1975 年 6 月的 2.1 m，1975 年 10 月、1976 年、1977 年之间相对稳定，稳定在水深 1.4 m；之后蚀退加剧，1982 年后随着海堤工程的建设，沿岸海流的加强，到 2002 年侵蚀已达 5.0 m 水深。10 km 处测点由 1971 年的 0.8 m 逐年蚀退至 2002 年的 6.7 m，侵蚀作用持续进行，年平均蚀退 0.19 m；20 km 处测点自 1971 年、1972 年的 8 m 左右，急剧变化至 1975 年的 13 m 水深左右，从 1975—2002 年的 20 km 测段多年平均水深为 13.3 m，现已是相对稳定的状态；30 km 处测点自 1971 年、1972 年的 17 m 左右，变化至 1975 年的 19 m 左右，之后相对稳定一段时间，到 1989 年水深 18.5 m，从 1990 年后稳定在 17.4 m 水深，最大正偏差 0.8 m，负偏差 0.8 m，表现为阶梯状变化，总趋势为淤积。

表 9-25　CS14 剖面起始测点与 10 km、20 km、30 km 位置处的测点水深年际变化

时间	起始起点距/km	起始水深/m	10 km 水深/m	20 km 水深/m	30 km 水深/m	时间	起始起点距/km	起始水深/m	10 km 水深/m	20 km 水深/m	30 km 水深/m
1971	4.0	0.2	0.8	8.2	16.9	1987					
1972	7.9	0.7		8.0	16.9	1988	-0.6	3.3		13.4	18.5
1975-06	6.8	2.1		13.3	19.2	1989	-0.9	2.5	2.9	13.8	18.5
1975-10	6.5	1.4		12.9	18.9	1990	1.8	2.5	2.2	13.2	17.7
1976	6.5	1.4	1.4	13.0	18.7	1991	0.1	3.6	2.9	13.4	17.7
1977	5.5	1.3	1.3	13.4	18.9	1993	0	3.1	3.2	13.3	17.7
1978	8.2	2.2		12.3	18.7	1994	0.1	3.8	3.6	14.3	18.2
1979	8.9	2.3		11.3	18.5	1995	0.1	3.4	3.8	13.7	17.2
1980	6.8	1.9		14.8	19.5	1996	0.1	2.7	3.4	13.0	16.8
1981						1997					
1982						1998	0	3.3	4.7	12.9	16.6
1983						1999	-0.1	3.7	5.9	13.5	17.2
1984						2000					
1985	0.9	2.5	2.1	13.3	18.3	2001	0.1	4.7	6.5	13.9	17.8
1986	7.0	2.7		13.5	18.5	2002	0	5.0	6.7	13.9	17.6

(2)各分段剖面坡降的变化。

图 9-57 是 CS14 剖面坡降过程线,分为三个测段进行不同年代的分析,0~10 km 段呈逐年增大的趋势,说明近堤海域蚀退作用较大;10~20 km 测段,1971—1980 年期间有一个突变,说明黄河改道后该测段深水部分侵蚀强烈,到达顶点后坡降逐渐变小,20 世纪 90 年代以来下降速率稳定,持续作用明显;20~30 km 测段 1976 年河道改行清水沟流路后水沙减弱,1977 年、1978 年、1979 年连续三年持续升高,之后稳定下降,逐渐趋于平缓,与剖面总体趋势一致。

(3)各分段剖面冲淤厚度的变化。

图 9-58 为 CS14 剖面冲淤厚度变化过程线,分为三个测段进行分析,0~5 km 测段整体基本平衡,冲刷甚微弱;5~15 km 测段年际间变化较大,但整体冲淤平衡,剖面稳定。15~30 km 测段冲淤幅度较上一测段要小,多年累积趋于平衡,表现为在现有水沙和边界条件下的动平衡状态。

2)CS15 剖面

(1)各分段点水深的变化。

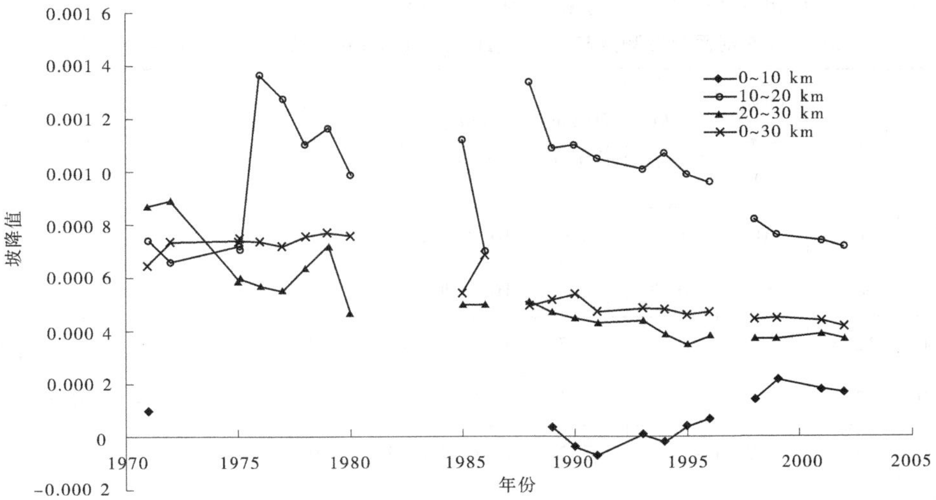

图 9-57　CS14 剖面坡降变化过程线

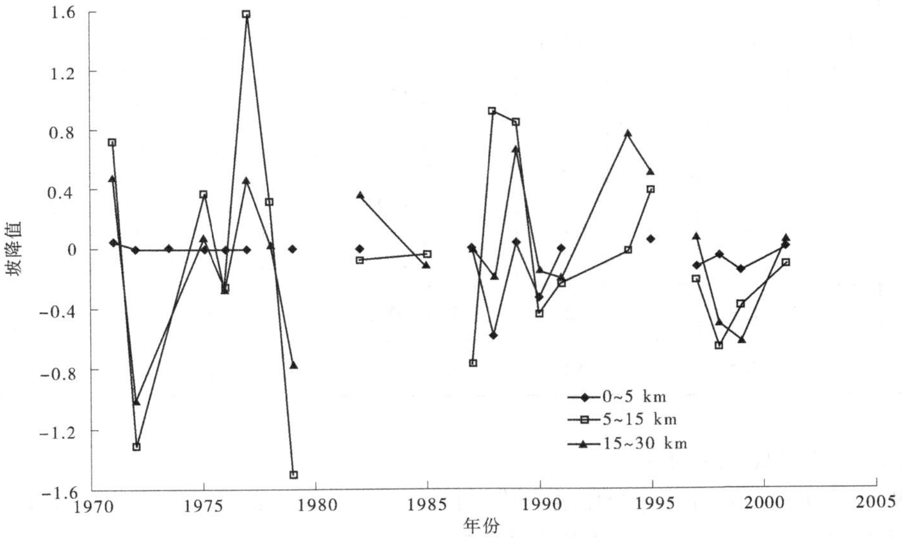

图 9-58　CS14 剖面冲淤厚度变化过程线

表 9-26 为 CS15 剖面起始测点与 10 km、20 km、30 km 测点位置处的水深摘录表：起始起点距从 3. 9 ~ 13. 2 km 变化，水深从 0 ~ 2. 5 m 变化；10 km 测点 1972 年淤积到最浅水深 0. 7 m，然后到 1994 年侵蚀到水深 3. 1 m，1994 年以后大致稳定在水深 3. 0 m 左右；1999 年后又表现为蚀退，20 km 测点 1972 年淤积到最浅水深 9. 7 m，然后到 1975 年侵蚀到水深 13. 7 m，1978 年以后大致稳定在水深 12. 5 m，最大正偏差 0. 8 m，最大负偏差 0. 9 m；30 km 测点 1975 年水深 18. 1 m，1998 年淤积到最浅水深 15. 1 m，20 世纪 80 年代稳定

在水深 17.4 m，20 世纪 90 年代至今稳定在水深 15.8 m 左右。

表 9-26　CS15 剖面起始测点与 10 km、20 km、30 km 位置处的测点水深年际变化

时间	起始起点距/km	起始水深/m	10 km 水深/m	20 km 水深/m	30 km 水深/m	时间	起始起点距/km	起始水深/m	10 km 水深/m	20 km 水深/m	30 km 水深/m
1971	4.6	0	1.8	10.6	16.2	1987					
1972	9.1	0.5	0.7	9.7	16.2	1988	8.8	1.2	2.6	12.7	17.2
1975-06	12.5	2.5		13.7	18.1	1989	8.8	1.3	2.4	12.9	17.3
1975-10	12.1	1.6		13.3	17.8	1990	8.3	1.4	2.4	12.6	16.5
1976	12.6	1.7		13.2	17.6	1991	3.9	0.2	2.9	12.5	16.3
1977	12.5	1.4		13.7	17.3	1993	6.4	1.3	2.7	11.9	15.8
1978	13.2	1.4		12.2	17.1	1994	5.6	0.7	3.1	12.9	16.3
1979	13.1	2.3		12.4	17.4	1995	6.5	1.0	2.8	12.5	15.9
1980	11.6	1.6	1.6	13.3	17.8	1996	3.9	0.3	2.3	11.6	15.3
1981						1997	5.7	1.1	3.0	11.9	15.8
1982						1998	4.0	0.7	3.0	11.9	15.1
1983						1999	4.0	0.1	3.9	12.6	15.5
1984						2000					
1985	11.2	1.8	1.8	12.3	17.3	2001	5.5	0.8	3.7	12.6	16.0
1986	11.1	2.5		12.1	17.3	2002	5.6	1.2	4.1	13.1	16.5

（2）各分段剖面坡降的变化。

图 9-59 为 CS15 剖面坡降变化过程线，可以看出 0～10 km 测段 20 世纪 80 年代后期剖面坡降由大到小，说明自海堤建成后海流与边界趋于新的稳定，较 10～20 km 的剖面坡降略小，说明断面的急坡处在较远的 10 km 以外处，该测段沿时间坡降值缓慢减小，近几年已经稳定，20～30 km 测段多年来基本稳定，总体变化呈减小趋势，全剖面沿时间至 2000 年后达到稳定坡降值。

（3）各分段剖面冲淤厚度的变化。

各测段年际之间变化复杂（见图 9-60），0～10 km 和 10～20 km 测段略现冲刷性质，20～30 km 测段基本平衡，表现为近岸略冲，深水冲淤平衡，整个剖面相对稳定的性质。

3）CS16 剖面

（1）各分段点水深的变化。

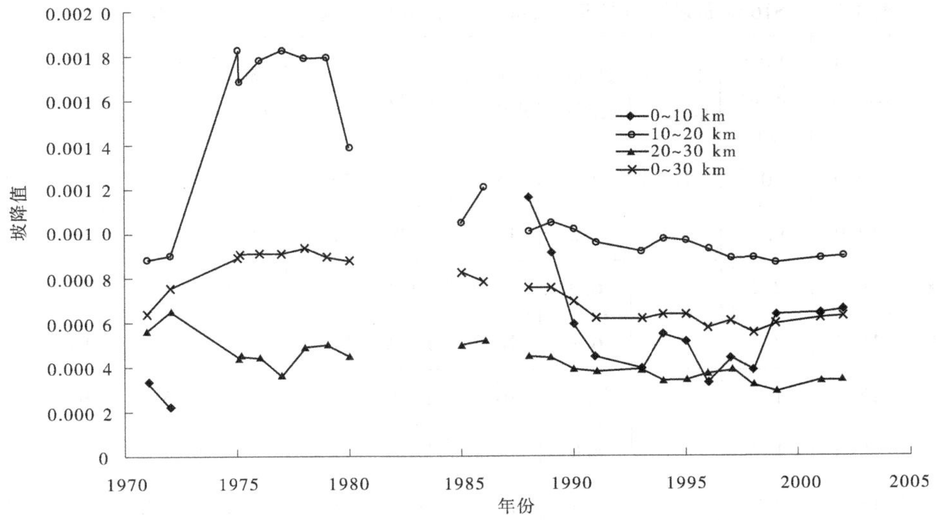

图 9-59　CS15 剖面坡降变化过程线

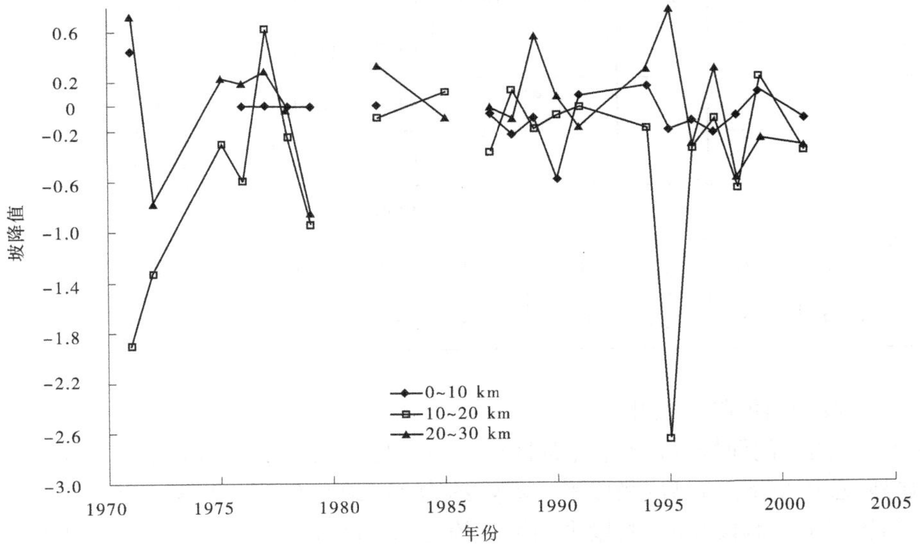

图 9-60　CS15 剖面冲淤厚度变化过程线

表 9-27 为 CS16 剖面起始测点与 15 km、20 km、30 km 位置处的水深摘录表：起始起点距在 10~18.4 km 变化，水深在 0~5.4 m 变化；15 km 测点 1972 年最浅水深 1.5 m，1985 年侵蚀到水深 4.8 m，1986 年侵蚀到水深 6.1 m，1987 年以后大致稳定水深在 5.3~6.8 m；20 km 测点 1976 年淤积到最浅水深 6.1 m，1985 年侵蚀到水深 9.8 m，与 1986 年、1987 年、1988 年保持稳定，1989 年以后大致稳定在水深 10.5 m 左右；30 km 测点 1975 年 6 月侵蚀到水深 16.9 m，然后在冲淤的年际起伏中逐渐淤积到 1998 年的 14.3 m，1999 年以后大致稳定在水深 14.5 m 左右。

表 9-27　CS16 剖面起始测点与 15 km、20 km、30 km 位置处的测点水深年际变化

时间	起始起点距/km	起始水深/m	15 km 水深/m	20 km 水深/m	30 km 水深/m	时间	起始起点距/km	起始水深/m	15 km 水深/m	20 km 水深/m	30 km 水深/m
1971	10.0	0	1.7	7.6	15.3	1987	14.3	5.4	5.4	9.5	15.1
1972	12.9	0.4	1.5	7.3	15.3	1988	12.6	1.1	5.4	9.9	15.9
1975-06	18.4	2.2		6.9	16.9	1989	12.3	1.2	5.8	10.4	15.6
1975-10	18.2	2.1		6.9	16.2	1990	11.8	1.3	5.3	10.5	15.2
1976	17.5	1.6		6.1	16.4	1991	12.1	1.3	6.2	10.6	15.2
1977	16.0	1.2		8.0	16.2	1993	11.8	1.1	6.3	10.3	14.6
1978	16.7	2.7		7.8	15.5	1994	11.9	1.2	6.2	10.3	14.8
1979	15.8	2.0	2.0	7.2	15.9	1995	11.7	0.9	5.3	10.6	15.2
1980	15.2	1.8	1.8	8.5	16.3	1996	11.6	1.9	6.0	9.5	14.5
1981						1997	11.6	2.0	5.6	10.5	14.5
1982						1998	12.0	1.4	6.1	10.6	14.3
1983						1999	11.6	1.9	6.8	10.5	14.4
1984						2000					
1985	13.2	2.0	4.8	9.8	16.1	2001	11.4	2.7	6.4	10.7	14.8
1986	12.9	2.5	6.1	9.9	15.8	2002	11.5	2.3	6.4	10.9	15.0

（2）各分段剖面坡降的变化。

0~15 km 测段剖面坡降值较高，而且年际间变化较大（见图 9-61），说明该段海域剖面整体强烈，总体呈下降趋势；测段平均坡降约为 11/10 000；15~20 km 测段剖面坡降略小，总体趋势与上一测段相同，测段平均坡降约为 8/10 000；20~30 km 测段 1976 年后平稳下降，多年来基本稳定，总体变化呈减小趋势，全剖面沿时间至 2000 年后达到稳定坡降值。

（3）各分段剖面冲淤厚度的变化。

0~15 km 段整体冲淤基本平衡；多年剖面形态变化较小，处于平衡状态（见图 9-62），15~20 km 段年际间变化较大，但多年整体平均来看冲淤基本平衡，剖面稳定。20~30 km 测段冲淤幅度较上一测段要小，趋势相同；多年累积趋于平衡，表现为在现有水沙和边界条件下的动平衡状态。

4）CS17 剖面

（1）各分段点水深的变化。

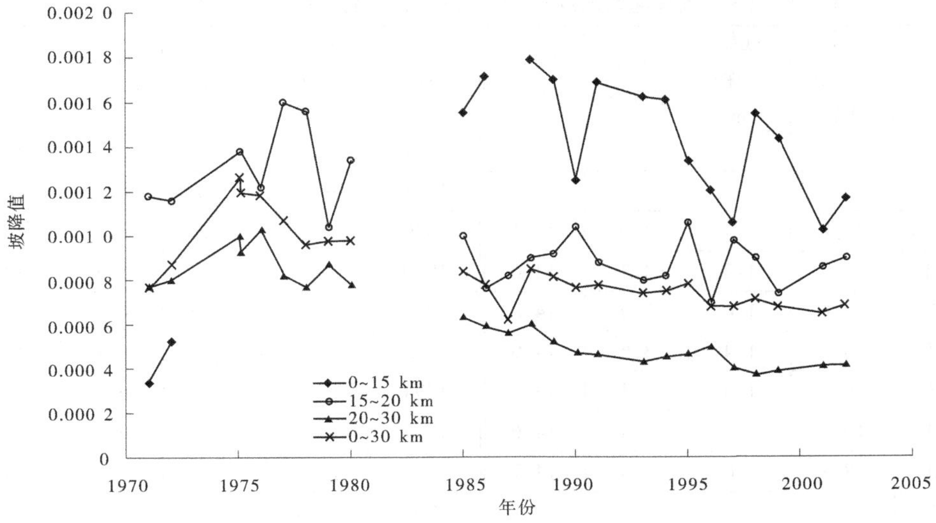

图 9-61　CS16 剖面坡降变化过程线

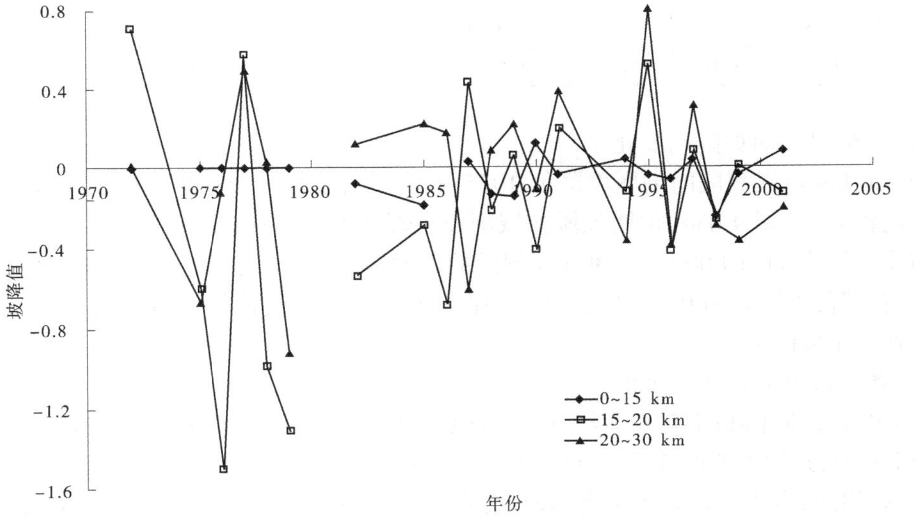

图 9-62　CS16 剖面冲淤厚度变化过程线

表 9-28 为 CS17 剖面起始测点与 20 km、30 km 位置处的水深摘录表：起始起点距在 12. 5~19. 9 km 变化，起始测点起点距向近岸发展，水深在-1. 6~3. 3 m 变化；20 km 测点 1978 年淤积到最浅水深 3. 3 m，然后到 1997 年侵蚀到水深 7. 5 m，最大变幅达 4. 2 m；1999 年后大致稳定在 7. 0 m 水深左右；30 km 测点 1975 年最深水深为 15. 1 m，之后在冲淤的交替进行中，逐渐淤积到 1998 年的最浅水深 12. 7 m，随着河口来水沙量的减少，1999 年以后蚀退至 13. 5 m 左右。

表 9-28　CS17 剖面起始测点与 20 km、30 km 位置处的测点水深年际变化

时间	起始起点距/km	起始水深/m	20 km 水深/m	30 km 水深/m	时间	起始起点距/km	起始水深/m	20 km 水深/m	30 km 水深/m
1971					1987	17.5	3.3	6.0	14.0
1972					1988	16.1	1.0	6.2	13.8
1975-06	17.8	1.7	4.9	15.1	1989	15.9	1.2	5.6	14.1
1975-10	16.7	1.3	4.3	14.6	1990	15.3	1.4	5.8	13.7
1976	18.0	1.6	3.9	14.8	1991	13.2	-1.6	6.0	14.2
1977	18.4	1.4	3.6	14.9	1993	14.9	1.1	6.1	13.5
1978	19.4	1.9	3.3	14.3	1994	13.5	0.6	6.5	13.7
1979	19.9	2.4	3.8	14.6	1995	14.6	0.2	6.6	13.8
1980	18.8	2.0	4.5	14.7	1996	14.7	0.6	6.0	13.4
1981					1997	13.3	0.8	7.5	13.2
1982					1998	13.2	0.7	6.2	12.7
1983					1999	12.7	0.8	7.1	13.5
1984					2000				
1985	16.8	1.1	5.7	14.4	2001	12.5	0.5	6.9	13.4
1986	16.5	1.6	6.0	14.5	2002	12.5	0.6	7.0	13.6

(2)各分段剖面坡降的变化。

10~20 km 近堤测段的剖面坡降值 1975 年后持续升高，1978 年达到最高值，而且年际间变化较大(见图 9-63)，说明该段海域剖面整理强烈，沿时间坐标总体呈下降趋势；测段平均坡降约为 11/10 000；20~30 km 测段的剖面坡降略小，总体趋势与上一测段相同，测段平均坡降约为 8/10 000；0~30 km 测段 1979 年后平稳下降，全剖面沿时间至 1998 年后达到稳定坡降值。

(3)各分段剖面冲淤厚度的变化。

10~20 km 段年际间变化较大，冲淤不稳定，但多年整体平均来看冲淤基本平衡，剖面围绕平衡点逐步调整渐趋稳定(见图 9-64)。20~30 km 测段冲淤幅度较上一测段基本相同，趋势相同；多年累积趋于平衡，表现为在现有水沙和边界条件下的动平衡状态。

CS14~CS17 剖面为东西剖面。CS14 剖面起点位于大海中，CS16~CS17 剖面起点都位于桩西与五号桩海堤处。

CS14 与 CS15 都是 1971 年为最高最外海岸，然后逐年蚀退。1971—1980 年蚀退程度最大，最大刷深超过 6 m。

该区域水下地形演变的最大特点是：其顶坡段和前坡段的水深较浅部分冲刷剧烈，前坡段的水深部分和尾坡段淤积，并且有较明显的冲淤分界线，在原刁口河流路河口附近滨海区的冲淤分界线一般在 10 m 水深左右。

3. 平衡剖面的形成阶段

平衡剖面的形成，是指在一定边界和约束条件下，在相近的水沙条件下的剖面演变动

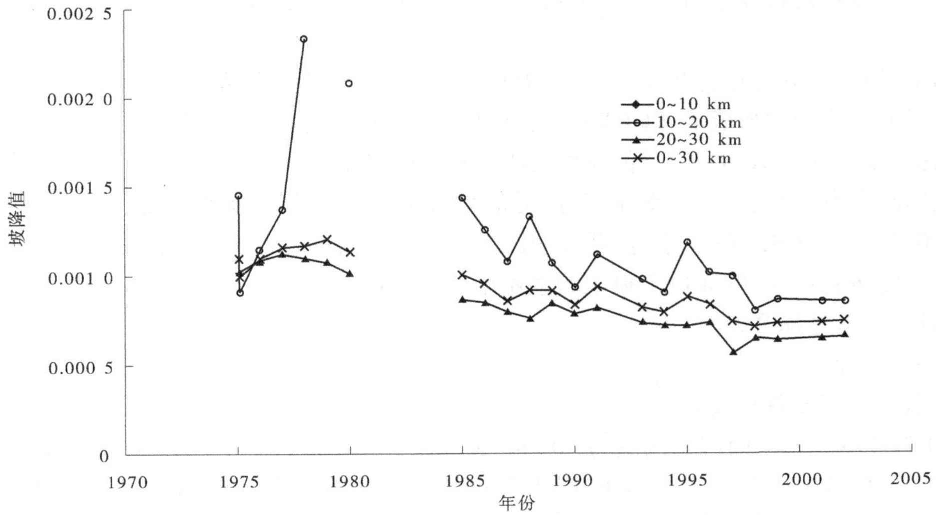

图 9-63　CS17 剖面坡降变化过程线

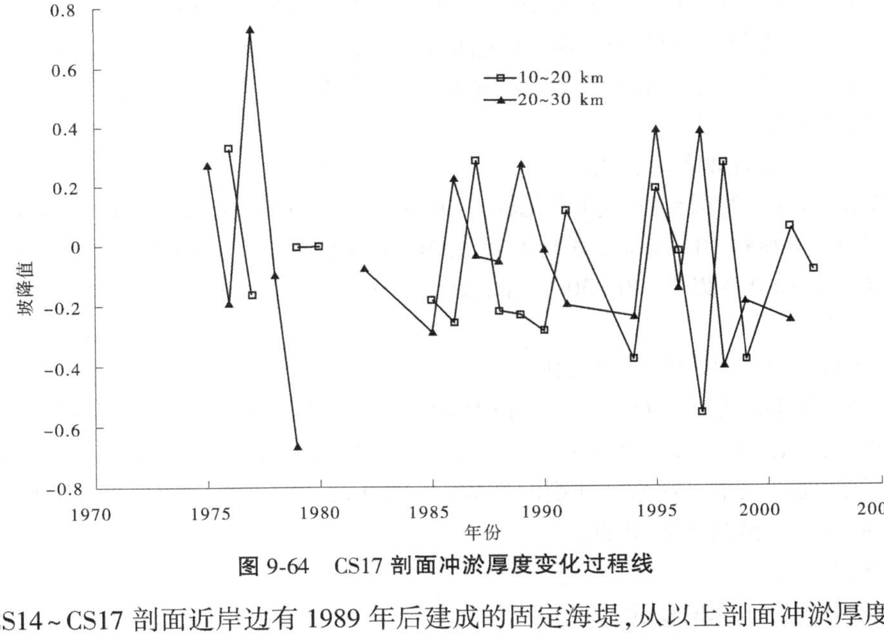

图 9-64　CS17 剖面冲淤厚度变化过程线

平衡,CS14~CS17 剖面近岸边有 1989 年后建成的固定海堤,从以上剖面冲淤厚度和剖面坡降变化过程中可以看出,CS14 剖面仍在缓慢蚀退并渐渐接近平衡,2000 年后黄河水沙条件接近,CS15~CS17 剖面已处于动平衡状态,其振荡整理阶段约为 10 年。

9.4.5.2　孤东油田滩海油区所处的 CS18~CS20 剖面

1. 剖面地理概况

孤东油田圈闭堤 21. 15 km,是 1985 年在清水沟流路淤积造陆滩涂上围垦修建。孤东油田滩海油区所处的 CS18~CS22 剖面,全部为 1986 年前清水沟流路行河海域,1986 年后由于河口向东南延伸,该海域已距离河门 40 余 km,河口入海泥沙已不能输移扩散至孤东海堤近堤海域,再加上海堤工程的修建,陆上与黄河入海沙源枯竭,使该海域处于蚀退区。

CS18 剖面,在距剖面起点 3.5 km 处为孤东海堤,此为陆海分界线;海堤为东南西北走向,海堤外侧为淤积形成的潮间浅水带,低潮可见海底,并生长有海草。

CS19 剖面,与 CS18 剖面平行,断面间距 5 km,距剖面起点 6 km 为海堤拐弯处,剖面绝对起点处,靠海堤弯道顶点,水流较急,堤根水深较大,为油田防护重点部位。

CS20 剖面,与 CS19 剖面平行,断面间距 5 km,剖面绝对起点是起点距为 13.5 km 处的海堤,海堤南北走向,剖面位于孤东验潮站南侧 3 km。

2. 剖面形态特征要素

1) CS18 剖面

(1) 各分段点水深的变化。

表 9-29 为 CS18 剖面起始测点与 10 km、20 km、30 km 位置处的水深摘录表:起始起点距在 3.7~11.7 km 变化,水深在 0.1~3.5 m 变化;10 km 测段 1988 年淤积到最浅水深 1.5 m,然后到 2001 年侵蚀到水深 4.1 m,20 km 测段由 1975 年 6 月的水深 14.1 m,淤积到 1998 年的最浅水深 11.7 m,淤积厚度为 2.4 m;之后侵蚀到水深 12.6 m 左右;30 km 测点 1975 年 6 月水深 18.2 m,淤积到 1998 年的最浅水深 14.4 m,1998 年后逐渐侵蚀到水深 16.0 m。整个剖面表现为自 1976 年黄河改道后,近岸部分先淤积,然后演变到深水部分,自 1988 年海堤建成后近岸部分又表现为冲刷;深水部分随着近几年黄河水沙条件的减少,又恢复蚀退。

(2) 各分段剖面坡降的变化。

近堤 0~10 km 测段剖面坡降变化较大,1990 年达到最大值,之后振荡回落,现变幅减小,稳定在 9/10 000;10~20 km 测段于上一测段形式相近,只是变化幅度要小,现坡降数值也稳定在 9/10 000 以下;20~30 km 测段坡度较缓,坡降数值较小,现稳定在 3/10000 左右(见图 9-65)。

(3) 各分段剖面冲淤厚度的变化。

近堤 0~10 km 测段剖面稳定发展到 1990 年,之后年际间起伏变化,表现为逐渐侵蚀的态势;10~20 km 测段以及 20~30 km 测段,各测段年际之间变化复杂,围绕平衡点上下振动,整个剖面近几年表现为略冲刷的性质(见图 9-66)。CS18 剖面最外缘为 1980 年剖面线,1990 年后浅滩进入蚀退期。

2) CS19 剖面

(1) 各分段点水深的变化。

表 9-30 为 CS19 剖面起始测点与 15 km、20 km、30 km 位置处的水深摘录表。起始起点距从 8.2~14.5 km 变化,水深从 0.5~2.4 m 变化;15 km 测点 1979 年淤积到最浅水深 3.5 m,然后到 1997 年侵蚀到水深 7.4 m,20 km 测点 1978 年淤积到 10.6 m,然后到 1986 年侵蚀到水深 12.3 m,1990 年以后大致稳定在水深 11.0 m 左右;30 km 测点 1998 年淤积到最浅水深 13.9 m,淤积厚度达 3.2 m,1999 年侵蚀到水深 14.7 m,以后稳定在这个数值左右。

表9-29　CS18剖面起始测点与10 km、20 km、30 km位置处的测点水深年际变化

时间	起始起点距/km	起始水深/m	10 km水深/m	20 km水深/m	30 km水深/m	时间	起始起点距/km	起始水深/m	10 km水深/m	20 km水深/m	30 km水深/m
1971						1987	11.0	3.5		12.5	16.4
1972						1988	3.7	1.0	1.5	12.0	16.2
1975-06	8.9	1.6	2.6	14.1	18.2	1989	9.0	1.0	2.4	13.0	17.1
1975-10	8.3	1.5	2.2	13.7	17.6	1990	9.0	1.5	3.1	12.6	15.4
1976	9.4	1.7	2.0	13.8	17.9	1991	5.7	0.8	3.2	12.3	16.0
1977	9.4	1.6	2.0	13.5	17.8	1993	7.9	0.8	2.9	11.8	15.7
1978	10.5	2.0		12.6	17.1	1994	7.9	1.1	3.3	12.5	16.0
1979	11.7	2.1		12.6	17.1	1995	7.6	0.4	2.6	12.8	15.8
1980	10.4	1.7		13.3	17.3	1996	8.2	0.8	3.0	11.8	15.0
1981	10.7	1.9		13.4	18.1	1997	6.4	0.8	3.0	12.0	15.4
1982	10.6	1.5		12.8	17.2	1998	5.7	0.4	3.0	11.7	14.4
1983						1999	5.7	0.1	3.8	12.3	14.9
1984						2000					
1985	10.5	2.5		12.8	17.3	2001	6.2	0.7	4.1	12.7	15.8
1986	9.8	1.4	1.6	12.6	17.0	2002	6.0	0.7	4.0	12.8	16.0

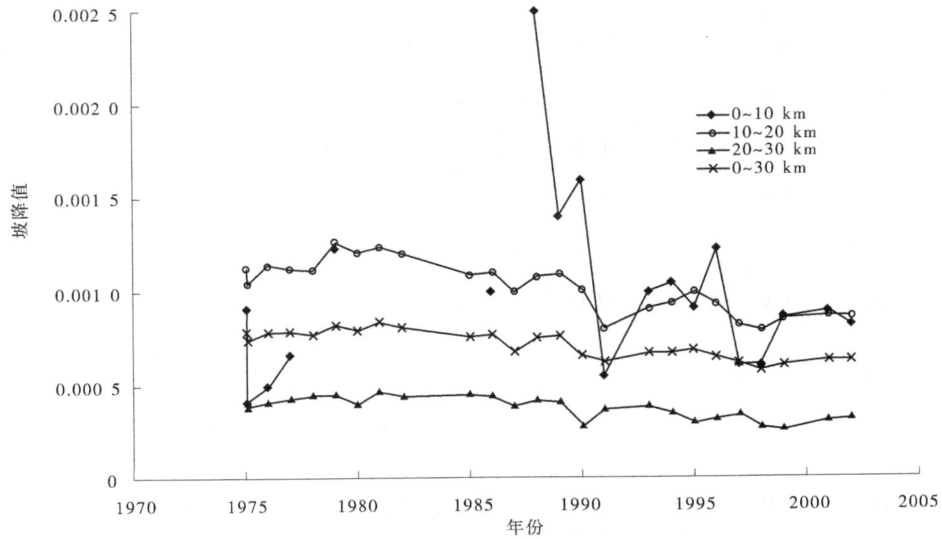

图9-65　CS18剖面坡降变化过程线

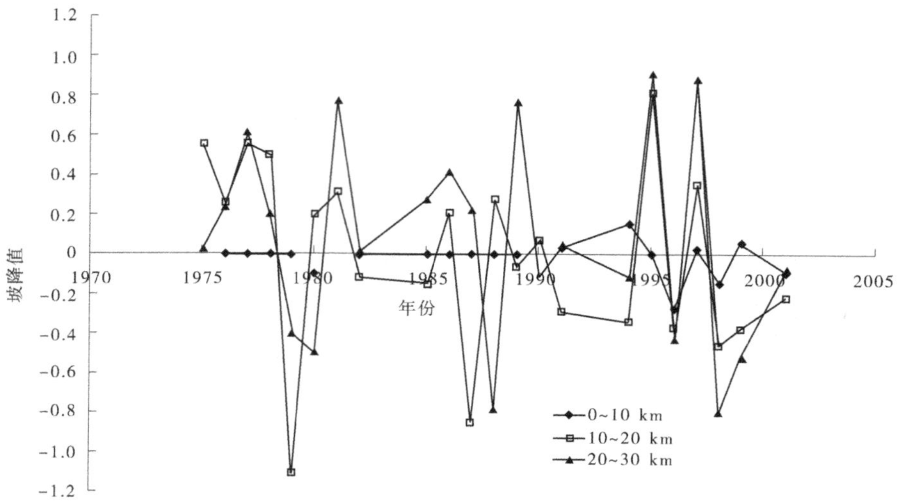

图 9-66　CS18 剖面冲淤厚度变化过程线

表 9-30　CS19 剖面起始测点与 15 km、20 km、30 km 位置处的测点水深年际变化

时间	起始起点距/km	起始水深/m	15 km 水深/m	20 km 水深/m	30 km 水深/m	时间	起始起点距/km	起始水深/m	15 km 水深/m	20 km 水深/m	30 km 水深/m
1971						1987			4.5	11.6	15.8
1972						1988	11.2	1.2	3.7	11.2	15.4
1975-06	9.9	1.3	7.2	12.7	17.0	1989	10.9	1.4	5.5	11.7	15.8
1975-10	10.9	1.7	6.6	12.7	16.7	1990	10.7	1.5	4.7	11.4	15.7
1976	9.7	1.5	7.2	12.5	17.0	1991	8.2	1.0	4.8	11.1	15.4
1977	11.0	1.6	6.6	12.3	17.1	1993	10.8	2.1	4.6	10.6	14.3
1978	12.8	1.9	4.6	10.6	16.3	1994	9.4	1.2	6.1	11.1	15.1
1979	14.5	1.9	3.5	11.2	16.4	1995	10.2	0.6	4.7	11.1	14.7
1980	13.8	1.6	5.6	12.1	16.6	1996	10.2	1.0	5.6	10.5	14.2
1981	14.0	1.6	5.3	12.0	16.3	1997	9.3	1.7	7.4	10.6	14.8
1982	14.4	1.7	4.9	12.3	16.2	1998	8.2	1.1	5.9	10.6	13.9
1983						1999	8.2	0.5	6.2	10.7	14.7
1984						2000					
1985	13.8	2.0	4.3	11.2	15.6	2001	10.3	0.6	6.1	11.2	14.8
1986	13.0	2.4	4.8	12.3	16.7	2002	8.7	1.7	7.0	11.2	14.7

(2)各分段剖面坡降的变化。

近堤 0~15 km 测段剖面坡降变化较大,1982 年达到最大值,之后振荡回落,1989 年后变幅减小,稳定在 9/10 000~10/10 000;15~20 km 测段无大的起伏变化,坡降值稳中渐降,幅度较小,现坡降数值也稳定在 10/10 000 以下;20~30 km 测段坡度平缓,坡降数值较小且稳定,现稳定在 3/10 000 左右(见图 9-67)。

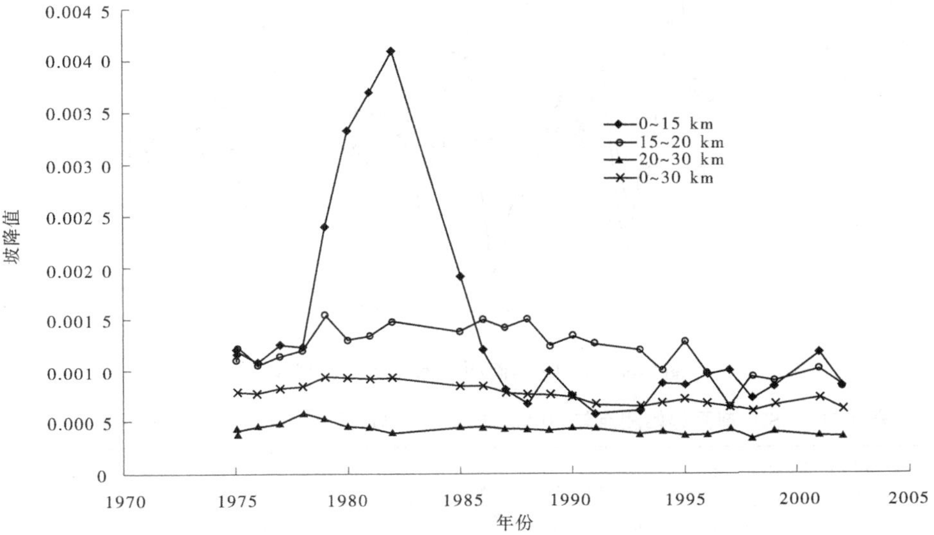

图 9-67　CS19 剖面坡降变化过程线

(3)各分段剖面冲淤厚度的变化。

全断面各分段剖面年际间变化趋势相同,围绕平衡点上下振动,1998 年之前累积趋于平衡;表现为当时水沙和边界条件下的剖面动平衡。1998 年后显示出蚀退状态(见图 9-68)。

3)CS20 剖面

CS20 剖面最外缘为 1985 年与 1990 年剖面线,1985 年后浅滩进入蚀退期,1990 年后 4~10 m 水下前坡进入蚀退期。

(1)各分段点水深的变化。

表 9-31 为 CS20 剖面起始测点与 20 km、30 km、40 km 位置处的水深摘录表:起始测点起点距在 12. 6~17. 0 km 变化,水深在 0. 6~2. 6 m 变化;20 km 测点由 1975 年 6 月的 12. 1 m 水深,淤积到 1993 年的最浅水深 6. 7 m,淤积厚度达到 5. 4 m,1997 年后侵蚀到水深 7. 9 m;30 km 测点由 1975 年 6 月的 16. 4 m 水深,淤积到 1998 年的最浅水深 12. 9 m,淤积厚度达到 3. 5 m,之后逐渐蚀退;40 km 测点 1998 年淤积到最浅水深 15. 9 m, 1999 年后侵蚀到水深 16. 3 m 左右。以 1990 年为界,1990 年以前平均水深 17. 3 m,以后平均水深 16. 5 m。

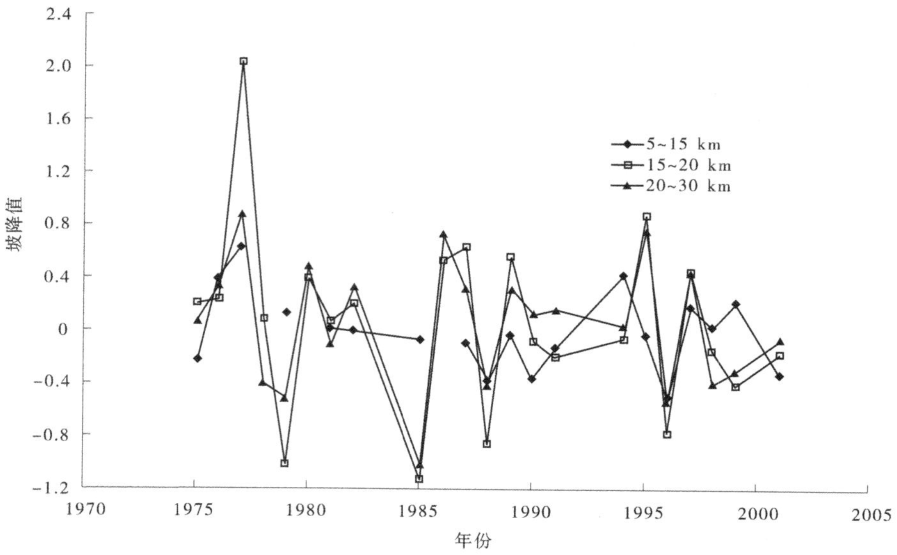

图 9-68　CS19 剖面冲淤厚度变化过程线

表 9-31　CS20 剖面起始测点与 20 km、30 km、40 km 位置处的测点水深年际变化

时间	起始起点距/km	起始水深/m	20 km 水深/m	30 km 水深/m	40 km 水深/m	时间	起始起点距/km	起始水深/m	20 km 水深/m	30 km 水深/m	40 km 水深/m
1971						1987			8. 3	14. 8	17. 3
1972						1988	15. 8	0. 9	7. 3	14. 5	17. 2
1975-06	13. 5	1. 9	12. 1	16. 4	17. 4	1989	16. 3	1. 6	7. 5	14. 9	17. 4
1975-10	12. 6	1. 6	11. 8	16. 1	17. 1	1990	15. 4	1. 2	7. 1	14. 6	16. 8
1976	12. 7	1. 6	11. 4	16. 3	17. 1	1991	13. 9	0. 9	6. 9	14. 1	16. 9
1977	13. 7	2. 5	11. 3	16. 3	17. 2	1993	14. 6	0. 6	6. 7	13. 5	16. 2
1978	15. 8	1. 4	8. 8	15. 4	17. 2	1994	13. 9	1. 1	7. 6	14. 1	17. 1
1979	17. 0	1. 9	8. 4	15. 2	17. 3	1995	14. 0	1. 0	7. 5	14. 3	16. 8
1980	16. 3	1. 3	9. 6	15. 8	17. 7	1996	14. 0	1. 2	6. 7	13. 2	16. 3
1981	16. 5	1. 6	9. 2	15. 6	17. 3	1997	13. 9	1. 4	7. 9	13. 7	16. 4
1982	16. 7	1. 8	8. 6	15. 7	17. 7	1998	13. 9	1. 3	7. 6	12. 9	15. 9
1983						1999	13. 9	2. 5	7. 9	13. 0	16. 2
1984						2000					
1985	16. 8	2. 6	7. 7	15. 0	17. 0	2001	13. 8	1. 5	8. 0	13. 2	16. 4
1986	16. 4	2. 5	8. 5	15. 7	17. 5	2002	13. 8	1. 6	8. 0	13. 4	16. 3

(2)各分段剖面坡降的变化。

0~20 km 近堤测段的剖面坡降值在 1976 年后持续升高，在 1980 年达到最高值，之后沿时间坐标总体呈下降趋势，1997 年后渐趋稳定；20 ~ 30 km 测段的剖面坡降数值基本稳定，测段平均坡降约为 6/10 000；30 ~ 40 km 测段坡降数值最小，且多年稳定，如图 9-69 所示。

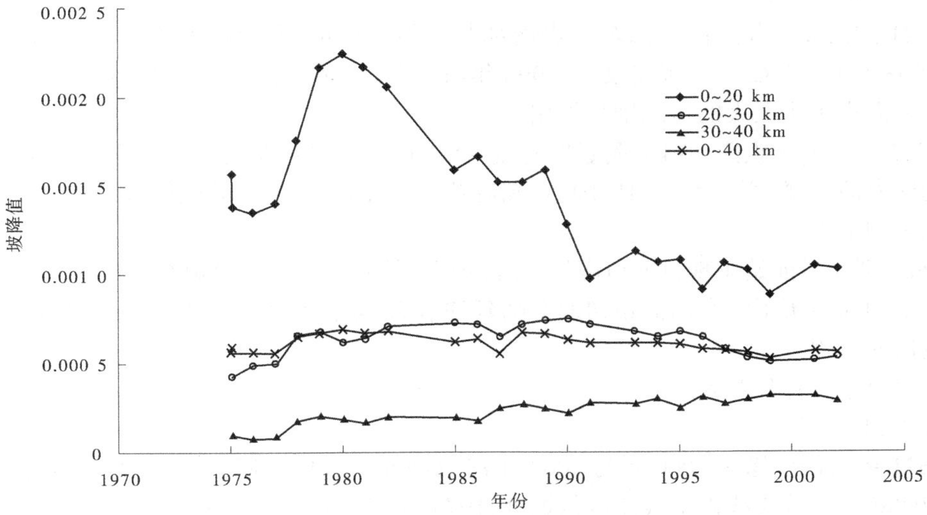

图 9-69　CS20 剖面坡降变化过程线

(3) 各分段剖面冲淤厚度的变化。

全断面年际间冲淤不定，各测段冲淤变化趋势相同，多年平均淤积厚度大于冲刷厚度。剖面不稳定，如图 9-70 所示。

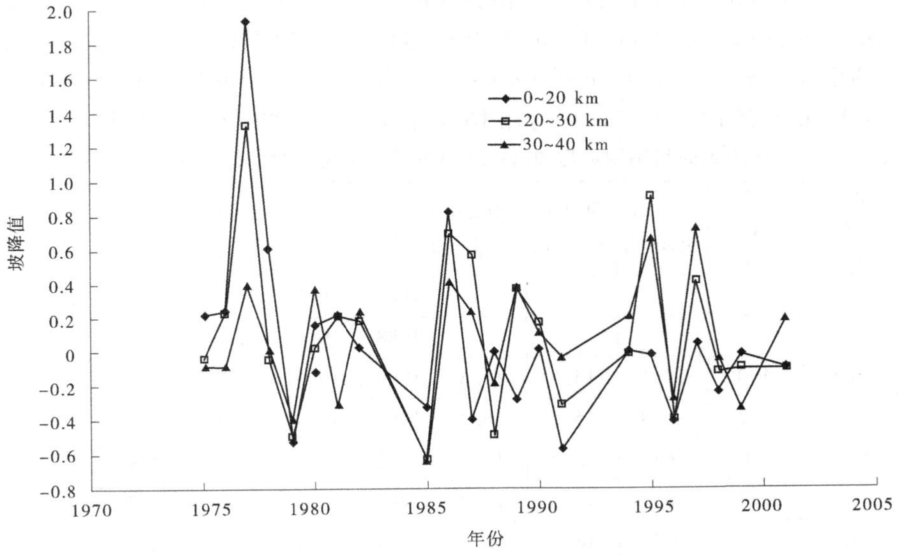

图 9-70　CS20 剖面冲淤厚度变化过程线

3. 平衡剖面的形成阶段

从以上剖面冲淤厚度变化过程线和剖面坡降变化过程线中可以看出，CS18 剖面

1982—1985 年、1991—1994 年曾经有过一段时间的平衡阶段，CS19 和 CS20 剖面由于感应水沙条件比较灵敏，再加上海堤近堤段的持续蚀退，难以形成平衡。

9.4.5.3　黄河现行河口处的 CS21、CS22、CS23 剖面

1. 剖面地理概况

CS21 剖面北端起点位于孤东海堤南部与自然海岸的交点处，北部近堤海域蚀退严重，深水区与 CS22、CS23 剖面正处于 1996 年清 8 出汊流路现行河口的行河海域，近 10 年来黄河入海产生了巨大的造陆堆积作用。

CS22 剖面在起点距 30 km 附近跨越现行河口门，口门西部至起点都是现行河口延伸形成的凹海湾浅滩，烂泥发育，越往起点潮流越弱；口门东部为开敞性外海，河口延伸对剖面形态影响最大。

CS23 剖面目前始于现行河口南岸，岸部蚀退，外海泥沙扩散影响剖面变化。

各个剖面经历了清水沟流路初期造陆延伸、河口东南移蚀退、河口 1996 年出汊摆回入海淤进的过程。

2. 剖面形态特征要素

1) CS21 剖面

CS21 剖面最外缘为 2000 年与 2002 年河口剖面线，剖面性质与以北剖面完全相反。整个剖面除 2 m 等深线以上浅滩区侵蚀外，1975—2002 年 2 m 等深线以下前坡与深水区全部处于堆积状态。从此剖面开始显露黄河淤积造陆的巨大威力的伟大奇观。

(1) 各分段点水深的变化。

表 9-32 为 CS21 剖面起始测点与 20 km、30 km、40 km 测点位置处的水深摘录表：起始起点距显示了 13.5—19.6—15.5—17.5 km 水深等深线的蚀退、延伸循环变化；20 km 测点从 1975 年 6 月的 11.1 m 持续淤积到 1991 年的 1.9 m，1993—1999 年保持在约 2.3 m，2002 年又刷深到 3.2 m；30 km 测点总体保持持续淤浅，1986—1987 年、1997—1999 年是两个较大淤积时段，也出现 1981—1982 年、1988—1989 年、2001—2002 年三个刷深过程；40 km 测点 1991 年之前保持在 16 m 水深以上，1996 年以后发生持续淤积。

表 9-32　CS21 剖面起始测点与 20 km、30 km、40 km 位置处的测点水深年际变化

时间	起始起点距/km	起始水深/m	20 km 水深/m	30 km 水深/m	40 km 水深/m	时间	起始起点距/km	起始水深/m	20 km 水深/m	30 km 水深/m	40 km 水深/m
1971						1987	19.2	1.1	2.9	13.4	16.4
1972						1988	19.2	1.0	2.2	13.2	16.7
1975-06	14.0	1.9	11.1	15.6	16.5	1989	19.6	1.4	2.7	13.5	16.7
1975-10	13.5	1.7	10.8	15.7	16.7	1990	18.0	1.1	2.8	12.7	16.2
1976	14.6	1.0	9.6	15.4	16.7	1991	15.4	-1.6	1.9	12.7	16.3
1977	15.1	1.3	10.0	15.5	16.9	1993	17.6	0.9	2.3	12.1	15.5
1978	18.3	2.1	5.9	14.3	16.7	1994	16.2	0.7	2.3	12.6	16.0
1979	18.5	1.0	5.8	14.4	16.7	1995	16.7	0.7	2.4	12.9	16.0
1980	18.4	1.7	6.0	14.9	16.9	1996	15.5	0.3	2.4	11.0	15.7
1981	18.4	1.5	5.2	14.6	16.7	1997	17.6	1.3	2.4	11.6	15.8

续表 9-32

时间	起始起点距/km	起始水深/m	20 km 水深/m	30 km 水深/m	40 km 水深/m	时间	起始起点距/km	起始水深/m	20 km 水深/m	30 km 水深/m	40 km 水深/m
1982	18.8	1.6	5.0	14.4	17.2	1998	15.4	0.6	2.2	9.5	15
1983						1999	15.4	0.3	2.4	9.2	14.4
1984						2000					
1985	18.8	2.5	3.9	13.7	16.7	2001	17.3	0.6	2.6	9.4	15.2
1986	18.9	2.1	3.7	13.3	16.6	2002	17.5	0.6	3.2	9.7	15.1

(2)各分段剖面坡降的变化。

图 9-71 为 CS21 剖面坡降变化过程线，可以看出总体 0～30 km 坡降变化平稳，但浅滩段出现大幅度起伏，20～30 km 段呈现上升—下降的过程，深水 30～40 km 段却呈现一直上升的过程。

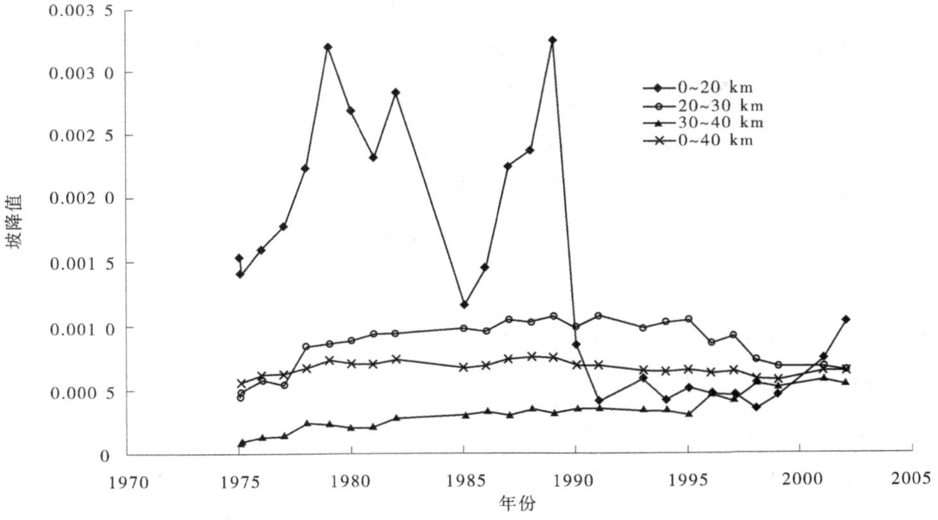

图 9-71　CS21 剖面坡降变化过程线

(3)各分段剖面冲淤厚度的变化。

冲淤厚度在 1975 年、1995 年、1997 年都表现出大淤大冲的过程，其他年份有小于 0.8 m 的幅度，如图 9-72 所示。

2)CS22 剖面

(1)各分段点水深的变化。

表 9-33 为 CS22 剖面起始测点与 25 km、35 km、45 km 测点位置处的水深摘录表：1975 年后河口持续淤进、摆走，1996 年后剖面又跨越了河口北嘴，因此起始起点距发生了至少推进 20 km 的变化；25 km 测点从 1975 年的 12.6 m 淤浅到 1988 年的 1.1 m，然后刷深到 1995 年的 3.1 m，近年来保持在 1.4 m 水深；35 km 测点 30 年来水深变化不大，1990

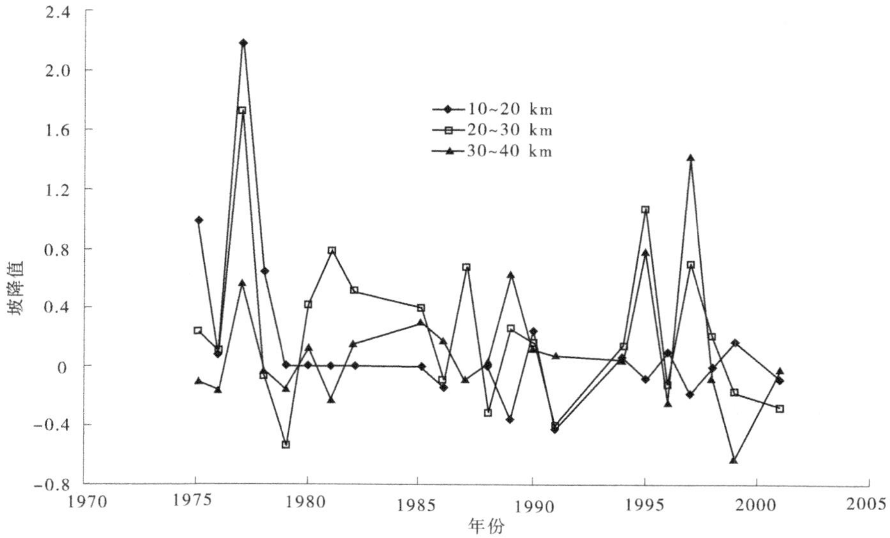

图 9-72　CS21 剖面冲淤厚度变化过程线

年以前维持在 16 m 水深以上，到 1998 年有所淤浅，2002 年又刷深到 15. 7 m。

表 9-33　CS22 剖面起始测点与 25 km、35 km、45 km 位置处的测点水深年际变化

时间	起始起点距/km	起始水深/m	25 km 水深/m	35 km 水深/m	45 km 水深/m	时间	起始起点距/km	起始水深/m	25 km 水深/m	35 km 水深/m	45 km 水深/m
1971						1987	27. 6	2. 2	2. 2	14. 8	16. 6
1972						1988	26. 0	1. 1	1. 1	14. 3	16. 2
1975-06	13. 5	1. 8	12. 3	15. 9	16. 3	1989	24. 9	1. 2	1. 5	14. 3	16. 2
1975-10	13. 5	2. 2	12. 6	15. 8	18. 0	1990	24. 0	1. 1	1. 6	14. 3	16. 4
1976	18. 1	2. 2	12. 2	16. 0	16. 4	1991	23. 5	0. 8	1. 7	13. 8	15. 6
1977	17. 9	1. 5	12. 5	16. 0	16. 4	1993	24. 1	1. 0	2. 0	13	15. 3
1978	20. 2	1. 3	10. 7	15. 9	16. 3	1994	20. 7	0. 2	2. 5	13. 6	16. 0
1979	20. 6	1. 9	9. 8	15. 5	16. 5	1995	21. 9	0. 3	3. 1	13. 5	15. 9
1980	19. 9	1. 3	10. 2	16. 2	17. 0	1996	30. 3	0. 5	0. 5	11. 9	15. 2
1981	22. 1	1. 9	10. 6	15. 9	16. 7	1997	22. 3	0. 8	2. 3	12. 2	15. 2
1982	22. 8	2. 1	7. 3	16. 0	16. 7	1998	21. 3	0. 5	1. 7	10. 6	14. 9
1983						1999	21. 3	0. 7	1. 5	10. 3	15. 0
1984						2000					
1985	27. 4	2. 3	2. 3	14. 6	16. 2	2001	21. 1	0. 4	1. 3	11. 2	15. 6
1986	27. 1	2. 4	2. 4	15. 4	16. 7	2002	21. 0	0. 3	1. 4	11. 5	15. 7

(2)各分段剖面坡降的变化。

图 9-73 为 CS22 剖面坡降变化过程线,可以看出剖面坡降总体 0~30 km 比较稳定;因海岸变化剧烈,浅滩段坡降变化也剧烈;0~25 km 次浅滩段先增大再降低又缓慢升高;35~45 km 深水段一直缓慢抬升。

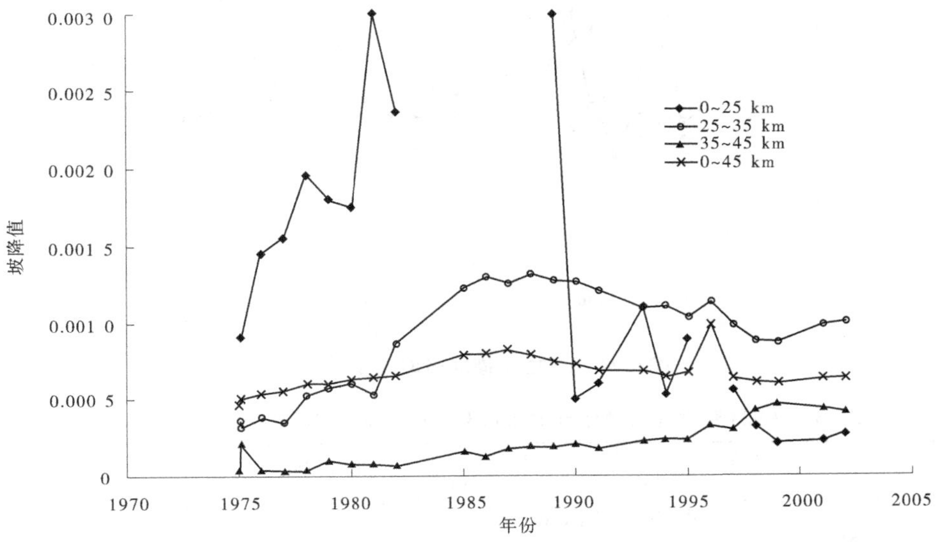

图 9-73　CS22 剖面坡降变化过程线

(3)各分段剖面冲淤厚度的变化。

图 9-74 为 CS22 剖面冲淤厚度变化过程线,可以看出冲淤厚度 15~25 km 在 1975 年、1977 年、1980 年、1981 年有 2~3 m 的水深变化,其他年份较小;25~35 km 段最大变幅值在 1995 年、1997 年、1998 年,其次在 1976 年、1981—1986 年;深水段总体变化较小。

3)CS23 剖面

(1)各分段点水深的变化。

表 9-34 为 CS23 剖面起始测点与 25 km、35 km、45 km 位置处的水深摘录表:该剖面没有跨海湾,海岸一直向前推进,起始起点距从 1975 年的 13.4 km 到 1985 年的 30.7 km,然后到 1995 年的 27.1 km,再淤进到 2002 年的 29.3 km;25 km 测点从 1975 年 11.9 m 淤积到 1981 年全部为陆地;35 km 测点 1982 年前一直为 15.2 m 水深,然后开始剧烈淤浅,从 1985 年的 13.3 m 淤浅到 2001 年的 7.0 m;45 km 测点发生了 1975—1980 年的刷深、后期的断续淤浅。

(2)各分段剖面坡降的变化。

图 9-75 为 CS23 剖面坡降变化过程线,因为海岸线曾推进到 30.7 km 处,因此坡降的剧烈变化影响到了 35 km 前的浅水段,35~45 km 段基本呈现持续抬高的过程。

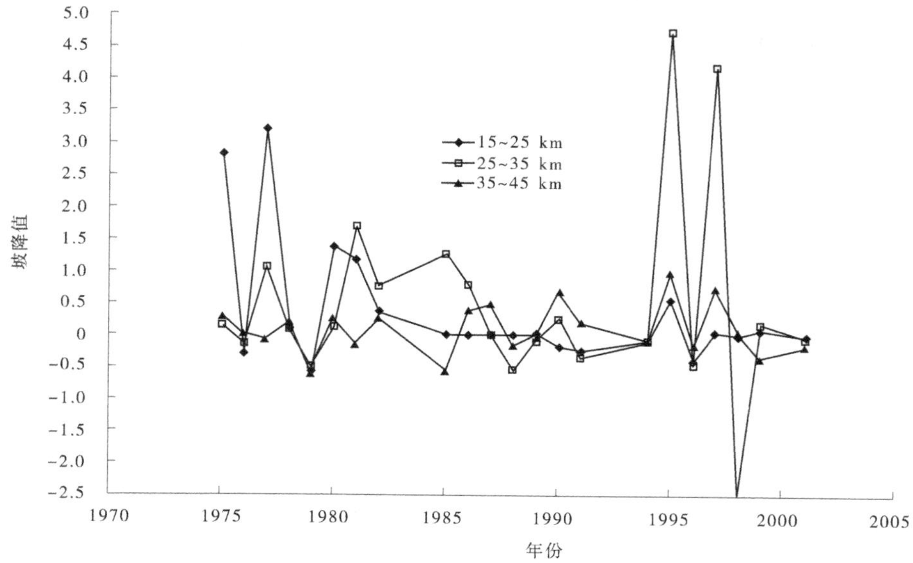

图 9-74 CS22 剖面冲淤厚度变化过程线

表 9-34 CS23 剖面起始测点与 25 km、35 km、45 km 位置处的测点水深年际变化

时间	起始起点距/km	起始水深/m	25 km水深/m	35 km水深/m	45 km水深/m	时间	起始起点距/km	起始水深/m	25 km水深/m	35 km水深/m	45 km水深/m
1971						1987	30.4	2.3		13.6	15.8
1972						1988	29.6	0.8		12.4	15.5
1975-06	13.4	0.9	11.8	15.3	15.4	1989	29.2	0.7		12.6	15.9
1975-10	15.0	2.2	11.9	15.3	18.0	1990	28.9	0.9		11.9	15.8
1976	18.3	2.0	10.9	15.2	15.8	1991	28.0	0.3		11.5	15.1
1977	18.2	1.3	11.6	15.3	15.8	1993	29.2	1.2		11.0	14.1
1978	20.3	1.0	9.1	15.3	15.9	1994	28.7	0.9		11.2	15.3
1979	21.0	1.4	9.8	15.2	16.2	1995	27.1	0.3		11.5	14.9
1980	20.5	1.7	11.1	15.5	16.4	1996	28.4	0.5		9.3	14.2
1981	22.6	2.0	9.2	15.3	16.4	1997	28.9	1.2		9.2	14.3
1982	27.6	2.0		15.2	16.4	1998	29.0	0.1		7.3	14.0
1983						1999	29.0	1.2		8.1	14.1
1984						2000					
1985	30.7	2.2		13.3	15.5	2001	29.4	0.7		7.0	14.3
1986	30.3	1.8		13.7	16.2	2002	29.3	0.3		8.1	14.7

(3)各分段剖面冲淤厚度的变化。

图 9-76 为 CS23 剖面冲淤厚度变化过程线,可以看出 15~35 km 的浅滩段 1975 年、1977 年、1980 年、1981 年、1982 年发生了大淤积,最高 25~35 km 段 1980—1981 年淤厚 5.0 m,深水段最大淤厚基本在 1.0 m 以内。

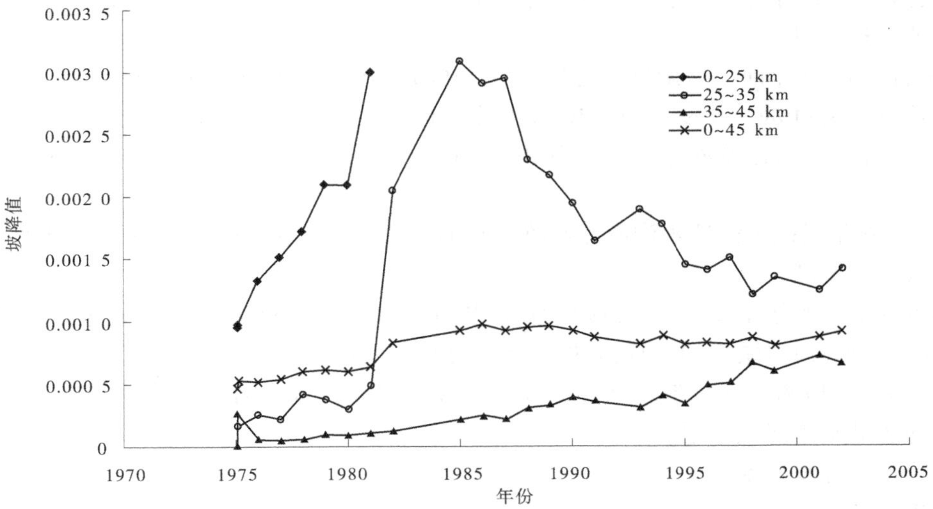

图 9-75　CS23 剖面坡降变化过程线

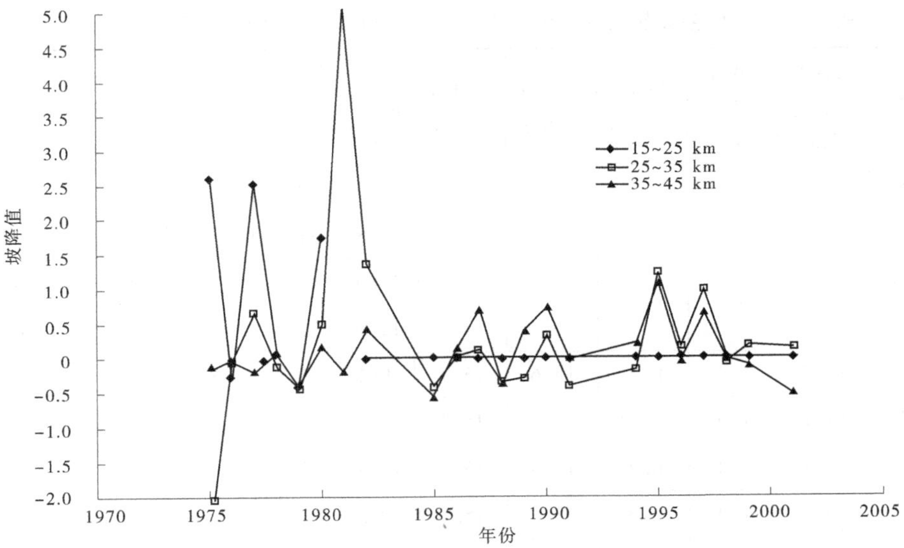

图 9-76　CS23 剖面冲淤厚度变化过程线

3. 平衡剖面的形成分析

三剖面因自始至终受清水沟流路入海泥沙的直接影响,在时间与泥沙粒径上都难以形成平衡剖面的条件,只能有一个各种作用力的短期平衡。

CS21 剖面 1973—1985 年推进剧烈,1985—1996 年剖面线比较集中,可以说具有短暂的平衡,1996 年以后 0~7 m 水深的 10 km 浅水区还集中在这个平衡剖面位置附近,但是 7 m 以深的深水区已受到 1996 年清 8 出汊河口入海泥沙的扩散影响,最大淤积厚度达 4 m。

CS22 剖面 1986 年前河口逐步淤进,1986—1995 年剖面线出现坡度陡且非常集中的稳定状态，这反映了剧烈侵蚀能力与河口补沙能力平衡的一个状态，1996 年后河口又出现一个快速淤进的过程。

CS23 剖面 1986 年前河口淤进速度快，其中 1981—1982 年平面延伸 5 km，这与当时处于河口位置有关；1986—1995 年 0~10 m 的浅水区剖面稳定，但深水区剖面线幅度大，受到河口泥沙扩散影响；1996 年以后受到 1996 年清 8 出汊河口入海泥沙的扩散影响而整体推进。

9.4.5.4　1976 年以来黄河清水沟流路始终影响的 CS24、CS25、CS26、CS27、CS28 剖面

1. 剖面地理概况

1976 年前，该处为清水沟海湾，1976 年清水沟行河后该处断面经历了快速推进、淤积、河口摆动蚀退、河口淤进的过程，1996 年清 8 出汊后该处断面全部处于剧烈蚀退期，CS27 剖面 1993—1996 年行河时被河嘴分成两段，1996 年河口摆动后发生剧烈蚀退，剖面相继与西部防潮闸湾海域连通。

2. 剖面形态特征要素

1）CS24

（1）各分段点水深的变化。

表 9-35 为 CS24 剖面起始测点与 30 km、40 km、50 km 位置处的水深摘录表：如同

表 9-35　CS24 剖面起始测点与 30 km、40 km、50 km 位置处的测点水深年际变化

时间	起始起点距/km	起始水深/m	30 km 水深/m	40 km 水深/m	50 km 水深/m	时间	起始起点距/km	起始水深/m	30 km 水深/m	40 km 水深/m	50 km 水深/m
1971						1987	32.9	2.7		14.9	15.8
1972						1988	31.4	1.0		13.7	14.4
1975-06						1989	31.0	0.5	0.5	13.8	15.8
1975-10						1990	32.0	1.4		13.6	15.6
1976	17.7	1.3	13.7	15.6	15.7	1991	31.3	-8.9	-8.9	13	14.8
1977	18.1	1.9	13.5	15.3	15.5	1993					
1978	19.8	1.8	12.9	15.3	15.4	1994	32.0	1.1		12.7	14.9
1979	20.1	1.0	12.9	15.4	15.7	1995	32.0	0.9		12.6	14.9
1980	21.1	2.4	13.6	15.5	16.2	1996	31.7	0.4		11.8	14.4
1981	22.6	2.3	13.5	15.4	15.8	1997	31.1	0.4		11.6	14.1
1982	26.5	1.7	11.7	15.6	16.3	1998	31.3	0.2		11.3	14.0
1983						1999	30.8	0.4	0.4	11.7	14.3
1984						2000					
1985	32.0	2.2	2.2	14.8	15.8	2001	29.2	-0.1	0.2	11.8	14.5
1986	32.1	1.8		14.8	15.7	2002	30.8	0.6	0.6	11.6	14.5

CS23 的海岸一样,海岸线 30 年来持续淤进,起始起点距从 1975 年的 17.7 km 到 1987 年的 32.9 km,然后再淤进到 2002 年的 29.2 km;30 km 测点从 1976 年 13.7 m 淤积到 1989 年全部为低潮线以上;40 km 测点 1982 年前一直为 15.6 m 水深,然后开始剧烈淤浅,从 1985 年的 14.8 m 淤浅到 2002 年的 11.8 m;45 km 测点 1990 年前都在 15 m 以上,1991 年后淤浅到 14 m 又继续刷深。

(2)各分段剖面坡降的变化。

图 9-77 为 CS24 剖面坡降变化过程线,可以看出 30~40 km 段 1982 年前小于 0.000 4,1985 年后由于海岸推进变陡,在 0.001 以上;40~50 km 的深水段 1982 年前约为 0.000 5,1985 年后保持在 0.000 7~0.000 8。

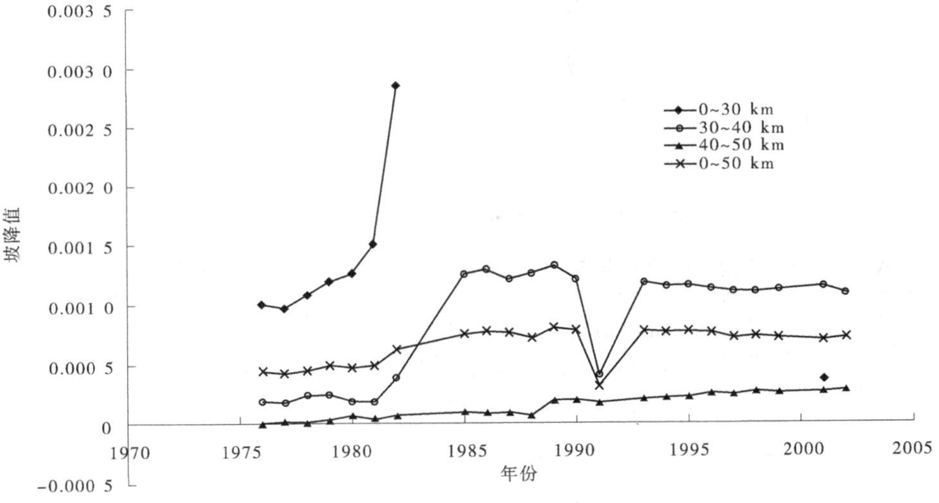

图 9-77　CS24 剖面坡降变化过程线

(3)各分段剖面冲淤厚度的变化。

图 9-78 为 CS24 剖面冲淤厚度变化过程线,可以看出 15~30 km 浅滩段在 1980 年发生了 4.7 m 的最大淤积厚度,30~40 km 段最大淤厚段也发生在 1980 年,为 2.4 m,1990 年后侵蚀与淤积幅度都不大。

2)CS25

(1)各分段点水深的变化。

表 9-36 为 CS25 剖面起始测点与 30 km、40 km、50 km 位置处的水深摘录表:海岸线 30 年来持续淤进,起始起点距从 1975 年的 17.3 km 到 1990 年的 35.1 km,然后再蚀退到 2002 年的 33.3 km;30 km 测点从 1976 年 13.0 m 淤积到 1989 年全部为陆地;40 km 测点从 1976 年的 14.9 m 侵蚀到 1980 年的 15.3 m 后,又持续淤积到 2002 年的 10.8 m;50 km 测点 1989 年前基本都在 15 m 水深以上,1991 年后淤浅到 13 m 又继续刷深。

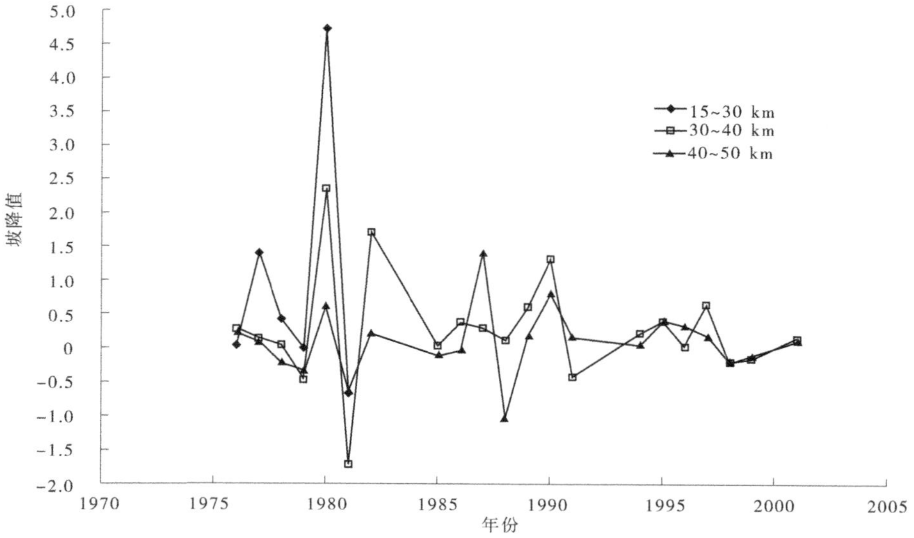

图 9-78　CS24 剖面冲淤厚度变化过程线

表 9-36　CS25 剖面起始测点与 30 km、40 km、50 km 位置处的测点水深年际变化

时间	起始起点距/km	起始水深/m	30 km 水深/m	40 km 水深/m	50 km 水深/m	时间	起始起点距/km	起始水深/m	30 km 水深/m	40 km 水深/m	50 km 水深/m
1971						1987	32. 1	2. 8		14. 3	15. 3
1972						1988	31. 0	−0. 5		12. 6	13. 8
1975-06						1989	31. 9	0. 2	0. 2	13. 8	15. 4
1975-10						1990	35. 1	1. 5		12. 5	14. 4
1976	17. 3	1. 8	13. 0	14. 9	15. 1	1991	34. 2	−1. 8		12. 5	14. 7
1977	18. 1	2. 2	13. 1	14. 9	15. 3	1993					
1978	18. 7	2. 5	12. 7	14. 5	14. 8	1994	34. 8	1. 0		11. 3	14. 1
1979	22. 0	2. 5	12. 9	15. 0	15. 5	1995	34. 3	0. 1		10. 2	14. 8
1980	22. 1	1. 7	13. 3	15. 2	15. 6	1996	34. 5	1. 2		10. 8	14. 4
1981	22. 7	1. 6	12. 5	15. 3	15. 8	1997	33. 9	0. 2		10. 3	13. 0
1982	23. 5	2. 0	11. 9	14. 9	15. 5	1998	34. 2	1. 1		11. 0	13. 6
1983						1999	33. 7	0. 2		10. 4	13. 4
1984						2000					
1985	32. 6	3. 1		14	15	2001	33. 3	0. 1		10. 8	13. 7
1986	32. 1	1. 5		14. 1	15. 1	2002	33. 1	0. 5		10. 7	13. 8

（2）各分段剖面坡降的变化。

近岸段坡降变化大，1995 年后保持在 0.001 附近；深水区一直保持抬升，在 0.0004 以下，如图 9-79 所示。

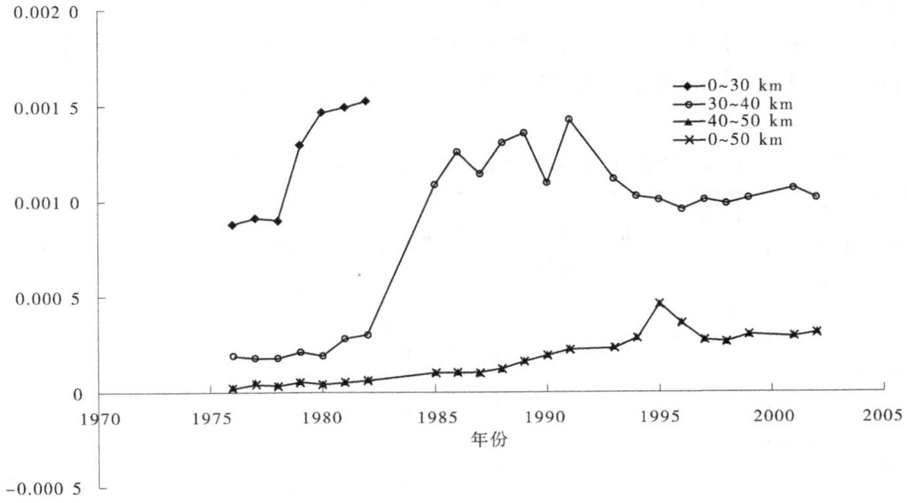

图 9-79　CS25 剖面坡降过程线

（3）各分段剖面冲淤厚度的变化。

图 9-80 为 CS25 剖面冲淤厚度变化过程线，基本都在持续淤积，只有 40～50 km 的深水区在 1988 年、1999 年发生了 1.3 m、1.7 m 的较大侵蚀；其他侵蚀都小于 0.5 m。

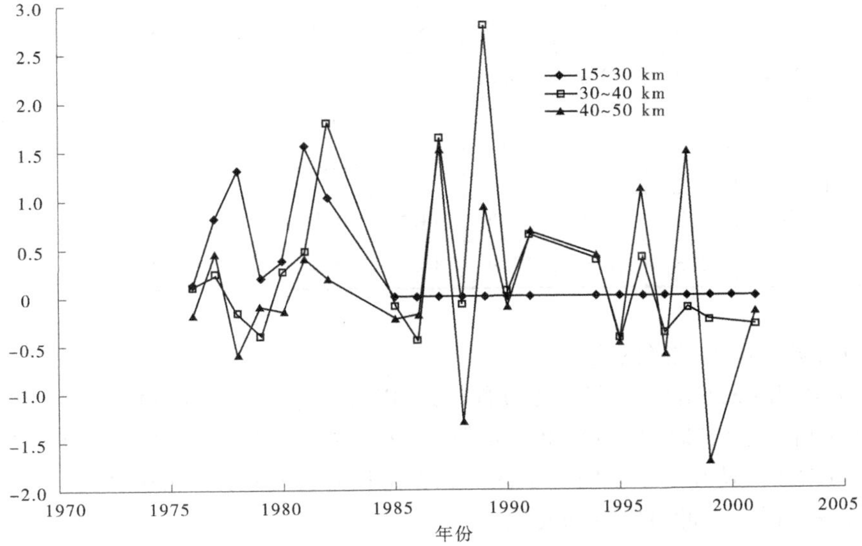

图 9-80　CS25 剖面冲淤厚度变化过程线

3) CS26

(1) 各分段点水深的变化。

表 9-37 为 CS26 剖面起始测点与 30 km、40 km、50 km 测点位置处的水深摘录表：海岸线 30 年来持续淤进，起始起点距从 1976 年的 15.2 km 推进到 1995 年的 37.0 km，然后再蚀退到 2002 年的 35 km；30 km 测点从 1976 年 12.9 m 淤积到 1989 年全部为陆地；40 km 测点从 1976 年的 14.8 m 一直侵蚀到 1998 年的 7.5 m 后又持续淤积到 2002 年的 9.0 m；50 km 测点 1987 年前基本都在 15 m 水深以上，1988 年后淤浅到最浅水深 12.9 m 又开始侵蚀。

表 9-37　CS26 剖面起始测点与 30 km、40 km、50 km 位置处的测点水深年际变化

时间	起始起点距/km	起始水深/m	30 km 水深/m	40 km 水深/m	50 km 水深/m	时间	起始起点距/km	起始水深/m	30 km 水深/m	40 km 水深/m	50 km 水深/m
1971						1987	31.3	2.8	2.8	14.0	15.0
1972						1988	29.1	0.7	0.9	13.2	14.5
1975-06						1989	33.6	1.0		12.5	14.7
1975-10						1990	34.4	1.2		11.4	13.7
1976	15.2	1.7	12.9	14.8	15.1	1991	35.5	0		11.7	13.7
1977	15.3	1.9	12.8	14.6	14.8	1993					
1978	17.0	2.2	12.5	14.3	14.4	1994	37.0	0.7		10.5	13.6
1979	14.4	0.9	12.7	14.2	14.6	1995	36.1	0.1		9.3	14.1
1980	20.8	2.5	12.8	14.6	15.1	1996	35.8	-0.4		8.6	13.3
1981	20.8	1.9	12.8	14.6	15.2	1997	36.3	0.8		7.5	12.9
1982	21.4	2.5	12.1	14.6	15.2	1998	35.5	1.4		9.6	13.2
1983						1999	35.0	0		9.0	13.7
1984						2000					
1985	28.0	2.9	4.9	13.5	14.5	2001	34.9	-0.1		9.1	13.1
1986	31.5	1.3	1.3	13.9	14.7	2002	35.2	0.9		9.5	13.5

(2) 各分段剖面坡降的变化。

图 9-81 为 CS26 剖面坡降变化过程线，可以看出近岸段坡降变化大，0~30 km 段坡降在 1985 年后由于成陆变平；30~40 km 段在 1985 年前为抬升阶段，为 0.000 2~0.001 2，1995 年后大致保持在 0.000 9；深水区一直保持抬升，1995 年后在 0.000 4~0.000 5。

(3) 各分段剖面冲淤厚度的变化。

图 9-82 为 CS26 剖面冲淤厚度变化过程线，可以看出 1996 年前只有 30~40 km 段，1986 年发生 0.9 m 的侵蚀，1996 年后各年度发生接近 0.5 m 的侵蚀。

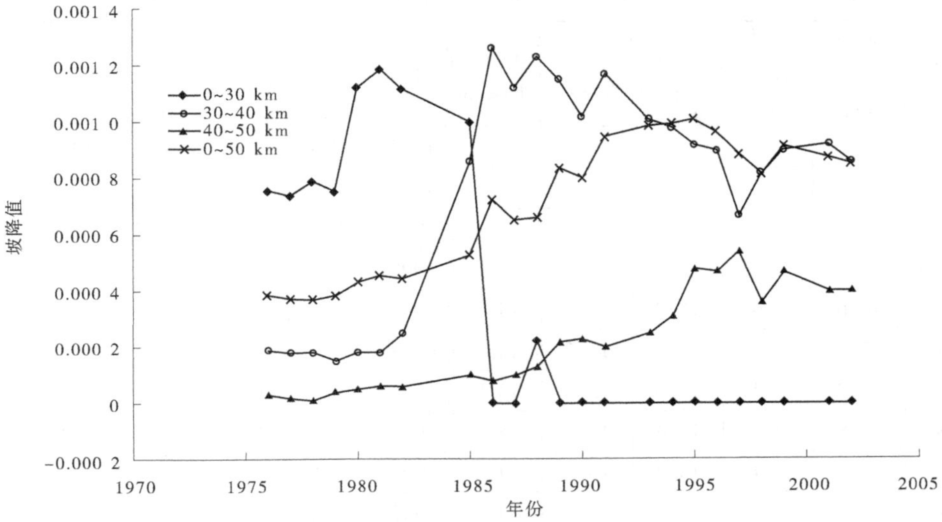

图 9-81　CS26 剖面坡降变化过程线

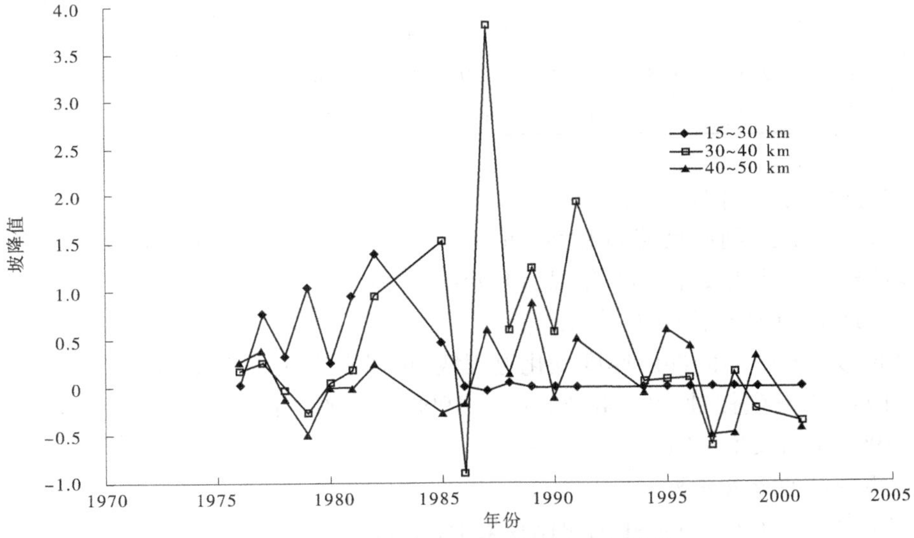

图 9-82　CS26 剖面冲淤厚度变化过程线

4) CS27

(1) 各分段点水深的变化。

表 9-38 为 CS27 剖面起始测点与 30 km、40 km、50 km 测点位置处的水深摘录表：海岸线 30 年来持续淤进，起始起点距从 1976 年的 15. 2 km 推进到 1995 年的 37. 9 km，然后再蚀退到 2002 年的 36. 2 km；30 km 测点从 1976 年的 12. 2 m 淤积到 1991 年全部为陆地；40 km 测点从 1976 年的 13. 7 m 一直淤积到 1995 年的 4. 8 m 后又持续淤积到 2002 年的 9. 6 m；50 km 测点 1987 年前基本都在 14 m 水深以上，1988 年后淤浅到最浅水深 11. 8 m 又开始侵蚀。

表 9-38　CS27 剖面起始测点与 30 km、40 km、50 km 位置处的测点水深年际变化

时间	起始起点距/km	起始水深/m	30 km 水深/m	40 km 水深/m	50 km 水深/m	时间	起始起点距/km	起始水深/m	30 km 水深/m	40 km 水深/m	50 km 水深/m
1971						1987	27.4	2.8	9.6	13.5	14.1
1972						1988	8.4	0.3	5.1	11.7	13.9
1975-06						1989	8.3	0.3	-0.2	11.6	13.4
1975-10						1990	9.7	1.1	0.7	11.3	13.7
1976	10.6	1.6	12.2	13.7	14.2	1991	30.8	0.6	0.6	10.7	13.1
1977	12.8	1.8	12.2	13.7	14.2	1993					
1978	15.7	2.7	12.0	13.6	13.9	1994	36.8	0.2		9.4	13.0
1979	15.8	2.8	12.4	13.8	14.6	1995	37.9	0.1		4.8	14.2
1980	12.5	1.4	12.3	13.8	14.4	1996	37.6	1.0		7.9	13.5
1981	13.9	2.0	12.2	13.7	14.5	1997	37.8	0.8		7.1	13.1
1982	13.6	2.1	12.3	14.0	14.4	1998	36.8	1.5		6.5	11.8
1983						1999	36.6	0.6		9.1	13.6
1984						2000					
1985	21.6	2.5	8.8	13.3	13.9	2001	33.9	0.5		8.5	12.9
1986	26.5	2.2	8.7	13.2	14.1	2002	29.0	0.7	1.0	9.6	13.4

（2）各分段剖面坡降的变化。

图 9-83 为 CS27 剖面坡降过程线，可以看出 0～30 km 浅滩段坡降最大，在 1985—1987 年坡降最大，其他段在 1987 年以后开始抬升 2～3 倍。

（3）各分段剖面冲淤厚度的变化。

图 9-84 为 CS27 剖面冲淤厚度变化过程线，可以看出浅滩 5～30 km 段 1991 年前在 1978 年、1987 年发生侵蚀；30～40 km 段在 1998 年、2002 年发生侵蚀；40～50 km 段在 1980 年、1995 年后发生侵蚀。

3. 平衡剖面的形成分析

CS24 剖面在 1973—1980 年剖面比较集中，在 1980—1985 年海岸推进速度非常大，5 年间达 10 km；1985 年后浅水海岸基本固定，随着水深的增加，剖面线扩张幅度越大，这说明河口泥沙的扩散作用。

CS25 剖面 1976 年当年度河口发生了重要淤积，比 1973 年原始海岸推进 7 km；1976—1978 年出现一个缓慢淤积期；1978—1979 年，海岸推进 3 km，1979—1981 年又出现一个缓慢淤进期，年均不足 500 m，1981—1985 年出现第二个快速淤进期，5 年内达 10 km，1985—1989 年 6 m 以浅滩剖面保持陡峭稳定，剖面年变化主要在深水区；1989—1990 年出现第三个 3 km 的快速淤进期，1990 年以后剖面基本稳定，缓慢冲刷。

CS26 剖面 1976 年在 1973 年原始海岸上快速淤进 4 km；1976—1978 年剖面稳定；1978—1982 年出现缓慢的年均小于 1 km 的淤进期；1982—1985 年淤进 8 km，1985—1986

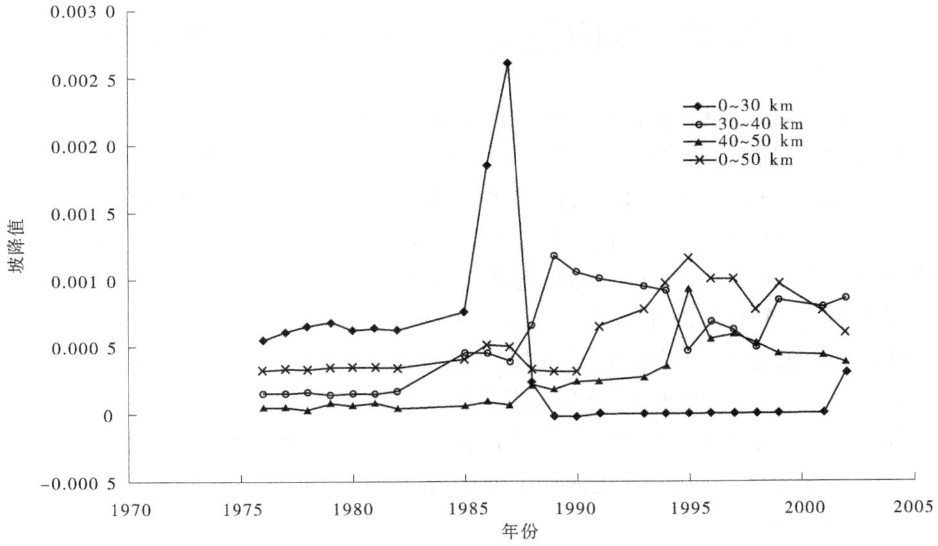

图 9-83　CS27 剖面坡降过程线

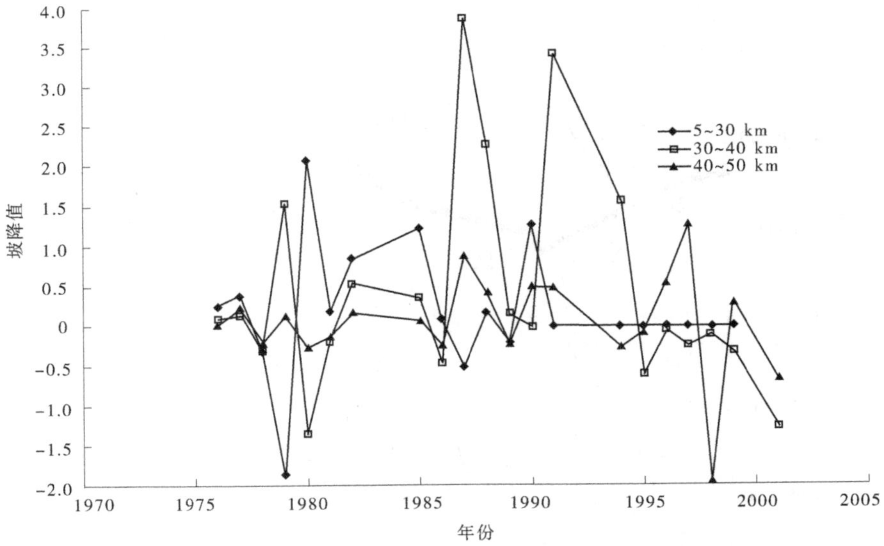

图 9-84　CS27 剖面冲淤厚度变化过程线

年淤进 2 km,1986—1993 年剖面处于淤进大于蚀退的交叉期,1993 年以后剖面略为集中,缓慢冲刷。

CS27 剖面位于 1976 年清水沟流路南缘,1976 年近岸淤进较小,但深水区受年度泥沙扩散大,5 m 等深线推进 3 km,10 m 等深线推进 5 km;1976—1980 年有一个短暂的稳定期;1980—1982 年在 6~12 m 水深发生淤积;1982—1989 年剖面快速淤进,7 年间 2 m 等深线淤进 20 km,1989—1995 年持续淤进,1995 年后持续快速蚀退。

9.5　近期黄河口附近海岸剖面类型及冲淤变化

海岸侵蚀的直接原因是近岸水域泥沙的亏损和海洋动力的相对增强。由于近年来黄河下游频频断流，入海水沙急剧减少，海洋动力相对增强，三角洲海岸出现了强烈的侵蚀现象，给胜利油田的开发带来严重影响。为保障新滩油田的油气资源由海上探采变为陆上开采，黄河口于1976年7月人工改道清断面入海。在1976—1996年的20年间，黄河河口不断淤涨(尹延鸿等,2000)。然而，近几年黄河水沙量显著减少，除目前新河口口门附近轻微淤积外，孤东及新滩地区全面蚀退。1998—2003年，孤东整个测区平均蚀深达0.73 m，2002年孤东北大堤堤前水深已超过新滩地区，有些剖面的平均蚀深也已超过2 m，一些陆上油井变为滩海油井，给开采带来很大困难。

1997年以来，在孤东及新滩地区新增测了16条海岸剖面图(见图9-85)，剖面之间间隔2 500 m。通过分析海岸剖面演变，进而揭示近年来黄河口附近海域的冲淤演变规律。

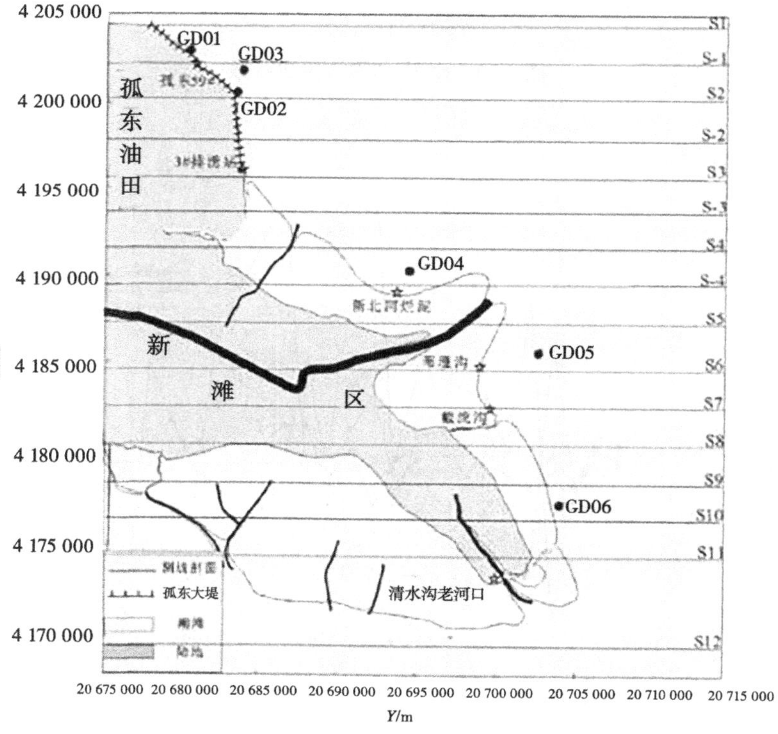

图9-85　孤东新滩海岸剖面形势

9.5.1　孤东及新滩海域海岸剖面的形态变化

通过对孤东及新滩海域16个测线剖面的水深数据研究，除河口附近(S3-S6)轻微淤积外，孤东区(S1-S3)和新滩区(S7-S12)剖面均表现为不同程度的侵蚀后退。在侵蚀区，根据其演变形态特征可分为均衡侵蚀型和上冲下淤型。

除清水沟老河口附近 S11、S12 外，其余剖面均属于均衡侵蚀型（见图 9-86）。以剖面 S2、S9 为例，整条剖面形态较为顺直，基本表现为均衡的冲刷。孤东岸段剖面坡降变化不大，为 1‰。新滩岸段剖面形态较陡，坡度为 3‰左右，并且在 1998—2003 年自北向南表现为侵蚀程度逐渐增强。

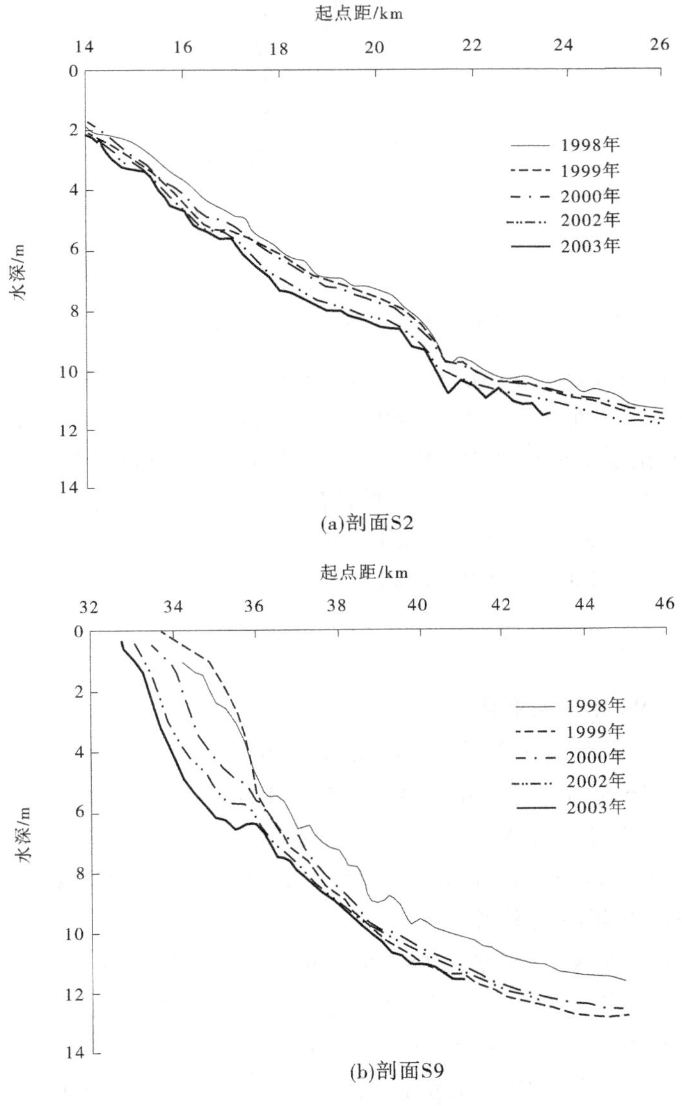

图 9-86　均衡侵蚀型海岸剖面

清水沟老河口附近的剖面（S11、S12）属于上冲下淤型（见图 9-87）。以剖面 S12 的侵蚀变化形态为例，剖面前坡段较陡，坡降 4‰左右。在前坡段水深较大处存在一个冲淤平衡点，大致在 11 m 水深，平衡点以上坡段表现为强烈冲刷，平衡点以下坡段则表现为淤积，并逐渐向深海缓慢延伸。

剖面 S3、S4 处于口门附近，具有河口拦门沙纵剖面形态。以剖面 S3 为例

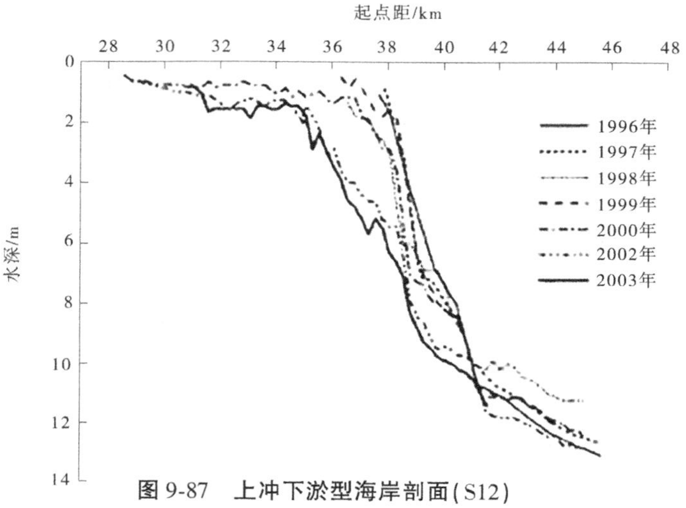

图 9-87　上冲下淤型海岸剖面(S12)

[见图 9-88(a)],顶坡段是一个-0.4‰的负坡降;前坡段较陡,坡降为 6‰;底坡段则变得平缓,坡降为 0.2‰。剖面整体表现为淤积,剖面线自前坡段中部向海推进,再波及顶坡段和底坡段。这是由于剖面中部处于河口泥沙扩散堆积的中心部位,而剖面顶坡段和底坡段较远离堆积中心,从而出现这样的剖面形态。而剖面 S5、S6 距口门稍远,呈现顺直淤积,以 S6 为例[见图 9-88(b)],整条剖面比较平缓,坡降 1‰左右,表现为逐渐淤积并向海缓慢延伸,而且距河口越近,淤积程度越大。

9.5.2　剖面冲淤变化过程分析

9.5.2.1　1997—1998 年冲淤变化

根据利津站水沙资料, 1997 年来水量仅为 18.61 亿 m^3,来沙量为 0.16 亿 t。1998 年来水量增加到 106.16 亿 m^3,来沙量为 3.65 亿 t。1997—1998 年所有剖面都表现为不同程度的淤积,测区的平均淤积厚度达 0.73 m。其中口门海域 S3、S4、S5 的淤积厚度超过了 1 m。但在浅水海域,清水沟老河口侵蚀严重,剖面 S11 的 2 m 等深线蚀退达 1.3 km。

9.5.2.2　1998—1999 年冲淤变化

1999 年属于枯水少沙年,来水量 68.36 亿 m^3。1998—1999 年整个海域剖面形态演变不明显,但冲淤发生很大变化。除黄河口门附近 S4 淤积外,其余测线剖面全部表现为不同程度的侵蚀,总体侵蚀厚度为 0.40 m。清水沟老河口附近海域侵蚀最为严重,其中 S9 侵蚀厚度达 1.01 m。从等深线蚀进变化分析,整个测区在浅水区和深水区表现基本一致;以剖面 S8 为界,S8 以北浅水区和深水区均表现为侵蚀;S8 以南浅水区淤积,深水区冲刷,其中剖面 S9 的 10 m 等深线后退达到 1.79 km。

9.5.2.3　1999—2000 年冲淤变化

2000 年利津站来水量 48.59 亿 m^3,来沙量仅 0.22 亿 t,属于严重的枯水少沙年。1999—2000 年整个区域侵蚀不太明显,平均侵蚀厚度仅为 0.08 m。这可能是由于剖面经历了上一年的强烈侵蚀后,等深线后退,水下岸坡自动进行了调整,从而使得侵蚀程度有

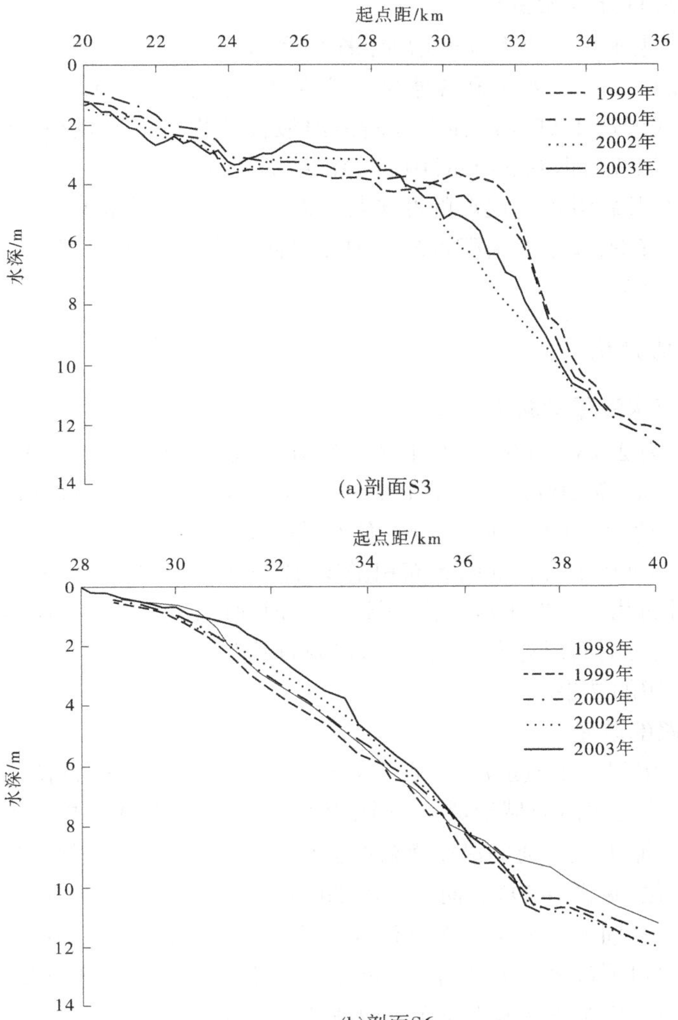

图 9-88　河口附近海岸剖面形态

所降低。在浅水区，剖面 S8 以北的区域大致表现为轻微淤积；剖面 S8 以南的区域冲刷剧烈，剖面 S9 的 2 m 等深线蚀退 1.04 km。在深水区，剖面 S3、S6、S8、S9、S12 轻微淤积，其余剖面都表现为冲刷，剖面 S2 的 10 m 等深线后退最大，达到 0.75 km。

9.5.2.4　2000—2002 年冲淤变化

2002 年利津站来水量为 41.89 亿 m^3，来沙量为 0.54 亿 t，来沙量较 2000 年略有增加，这两年间剖面平均侵蚀厚度为 0.31 m，清水沟老河口冲刷最为严重。在浅水区，新口门（S4、S5、S6）附近淤积，其余剖面冲刷，其中 S3 和 S12 冲刷最剧烈，2 m 等深线分别后退 1.17 km 和 1.91 km；在深水区，除 S12 略淤外，其余剖面表现为冲刷，S2 冲刷最严重，10 m 等深线后退 1.53 km。

9.5.2.5　2002—2003 年冲淤变化

2003 年利津站来水来沙量大幅度增加，来水量 192.6 亿 m^3，来沙量 3.69 亿 t，剖面平均侵蚀厚度仅为 0.05 m。浅水区和深水区表现基本一致；新口门附近海域全面淤进，剖面 S4 的 2 m 等深线淤进 1.99 km；孤东及新滩海域侵蚀程度有所减小，冲刷最严重的仍是剖面 S12，2 m 等深线后退 0.34 km，10 m 等深线后退 0.64 km。

综上所述，孤东及新滩近海地形的冲淤与入海水沙量有较为密切的关系。近年来，由于黄河入海水沙量较少，孤东及新滩近海岸地形总体表现为冲刷，以孤东大堤和清水沟老河口附近侵蚀程度最为严重。

9.5.3　侵蚀机制分析

9.5.3.1　河流入海水沙量的减少

当入海年沙量为 2.78 亿 t/a、入海年水量为 76.7 亿 m^3 时，黄河三角洲造陆过程处于临界平衡状态（许炯心等，2002）。由于 1998 年以后黄河入海水沙明显减少，这必然打破海岸来沙量和海洋动力之间的动态平衡，使得海洋动力相对增强，导致海岸蚀退。如表 9-6 所示，1997—1998 年所有剖面大面积淤积，而 1998—1999 年大面积蚀退，也充分说明了这一点。之后的几年虽然来沙量仍持续减少，但蚀退程度有所减小，这是由于海岸经历了严重的蚀退之后，剖面形态发生调整，河口附近边界条件也发生了显著变化，从而减弱了流场的局部作用的结果。

9.5.3.2　河口流路的改变

1996 年黄河口尾闾人工改道清 8 汊道入海，河口出流方向东偏南转为东北向，同时河口的延伸使沙嘴北部浅滩海域形成了一个凹海湾。这些边界条件的改变都使海动力条件也随之发生变化，原平顺畅通的沿岸潮流受到河口沙嘴、径流顶托等作用，潮流流速、流向都发生了很大变化（见图 9-29）。而新滩南部的清水沟老河口海域，行河期间河口沙嘴迅速向海凸出，在河口前方形成了一个高流速中心，最大流速达 2 m/s；而在 1996 年黄河改道后，清水沟老河口泥沙来源断绝，海洋动力表现得尤为明显，由于地形效应，向海凸出的沙嘴迅速后退，海岸由强烈堆积状态转变为强烈侵蚀状态。

9.5.3.3　海洋动力的相对增强

1. 波浪作用

浅水波是导致淤泥质海岸发生侵蚀的重要因素。波浪对底部沉积物的扰动主要是在破波带以内，其作用主要表现在起动、搬运泥沙和波流结合输沙。黄河三角洲滨海区，波高 1.5 m 以上的波浪对 10 m 以内海底泥沙产生推移作用。在破波带内，海底泥沙被波浪掀起再悬浮，细颗粒泥沙在潮流的作用下向外扩散，粗颗粒泥沙则在波浪动力减弱后在原地沉积下来。若黄河入海泥沙量较少，泥沙沿岸输送不足以补充被波浪掀起并带走的泥沙，则波浪就会从海岸获取泥沙以达到新的平衡，海岸便会表现为侵蚀后退。孤东海堤的修建使波浪衰减的渐变过程受阻，波浪对海堤进行强烈冲击并形成了反射波，在堤前海域对海底泥沙产生剧烈扰动，掀起大量泥沙，使近堤海域泥沙向外扩散加剧。

2. 潮汐作用

孤东及新滩海域位于五号桩无潮点以南，潮差自北向南从 0.8 m 增加到 1.5 m。根据2001年9月26日至10月6日的6个站潮位资料,在孤东验潮站一天只有一次较大的涨落,为不规则的全日潮,潮差0.9 m左右;其他5个潮位站一天都有两次涨落,由北向南半日潮性质越来越明显,潮差也逐渐增大,到清水沟老河口达到1.4 m,并且它们的高潮位日不等较显著,低潮位则差别较小。潮差的增大,使得海流流速加快,而该海域一天又出现4个高流速时段,更加大了海岸受冲刷的频度。当潮波进入浅滩后,由于水深变浅,底摩擦力变大,使潮波前坡变陡,后坡变缓,表现出涨落潮历时不等现象,在孤东及新滩近海海域表现为涨潮历时大于落潮历时。涨潮时,潮峰急速上涌,对海岸产生较大的冲击力,卷走位于高潮面附近的泥沙;落潮时,河口水面落差增大,出口流速加大,将泥沙搬运到较远的地方,造成了海岸侵蚀。

3. 潮流

潮流是孤东新滩近岸海域泥沙输移的主要动力。根据2003年5月和10月孤东新滩6个站的实测资料,5月GD01站流速最大,达0.28 m/s,其次是GD06站,流速为0.23 m/s;10月GD05站流速最大,达0.66 m/s,再次是GD06站流速为0.51 m/s。而GD04站在5月和10月的流速均最小,为0.16 m/s。因此,孤东近堤和清水沟老河口附近侵蚀较为严重。下面将依据2003年5月和10月孤东及新滩沿岸海域潮流流矢图(见图9-89),做进一步分析。

孤东大堤的修建使得自然岸线成为人工海岸,近堤海域的流场产生了复杂的变化。由图9-89可看出:GD01和GD02站在5月和10月的西北向落潮流速大,且落潮流矢量线明显多于涨潮流,落潮流占优势。孤东近堤海底泥沙被波浪掀起后,随落潮流向西北方向搬运,使近堤泥沙亏损,造成海岸侵蚀,堤前水深增加。GD03站位于GD02站外侧5~6 m水深处,5月的潮流涨落方向均面向外海,形成了一个开口为东北方向的夹角,这就使得孤东近堤损失的泥沙得不到外海沙源的补充,堤前水深进一步增加。

GD04站位于新口门北部的凹海湾里,由于半封闭地形的影响,该区域潮流流速很小,流向也变化不定。GD05站位于口门南部,在10月由于受径流的影响,涨潮流速增大2倍,成为泥沙向岸输移的主要动力。但是在黄河口附近,波浪主要为风浪,强浪向为NE向和ENE向,H1/10最大波高可达3.6 m,而河口两侧区域的泥沙颗粒较细,极易被风浪启动,从而导致河口附近区域淤积减慢甚至蚀退。

GD06站位于清水沟老河口附近,潮流趋向于往复流。如前所述,在5月和10月这里的潮流流速都比较大,所以潮流搬运泥沙的能力也较强,再加上老河口沙嘴的地形效应使得该区域的侵蚀相当剧烈。但随着沙嘴的进一步向后蚀退,水下岸坡变缓,沙嘴前方流线将变得稀疏,这里不再是高流速中心,流速逐渐减小,蚀退程度会有所降低。

4. 风暴潮

风暴潮是一种由气象异常引发海洋异常而形成的自然灾害,其突发力强,破坏力大。在风暴潮作用下,近岸水位骤然抬高,波浪和海流都成倍地增大。它引起的泥沙运移和海岸地形变化要比正常天气下数月甚至数年变化都剧烈,使海岸带的动态变化异常剧烈。黄河三角洲沿岸是风暴潮易发地区,增水1 m以上的较大风暴潮平均每年3.3次,最大的一次发生在1969年4月,潮位达3.88 m。1997年8月(9711号台风)发生的特大风暴潮,潮位达3.26 m,海水入侵距离达30 km,孤东新滩地区大量油井被淹,井架被摧毁,清

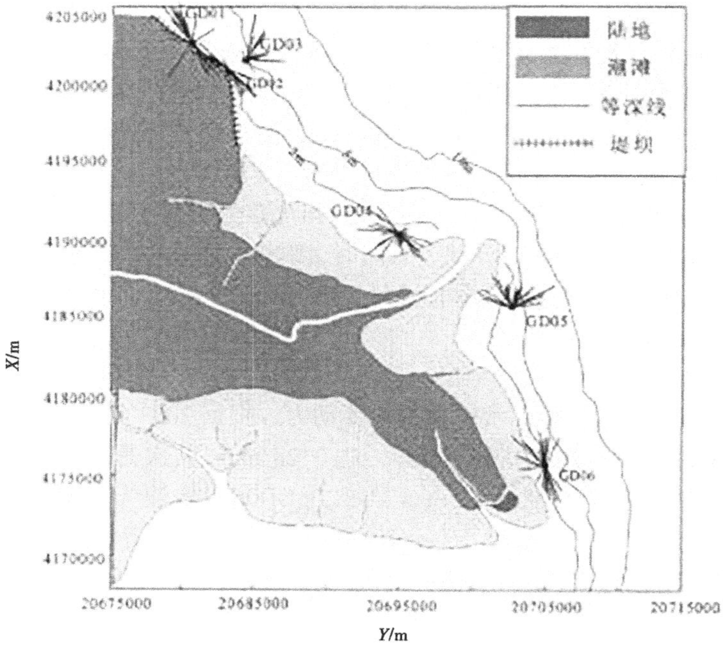

(a) 2003年5月

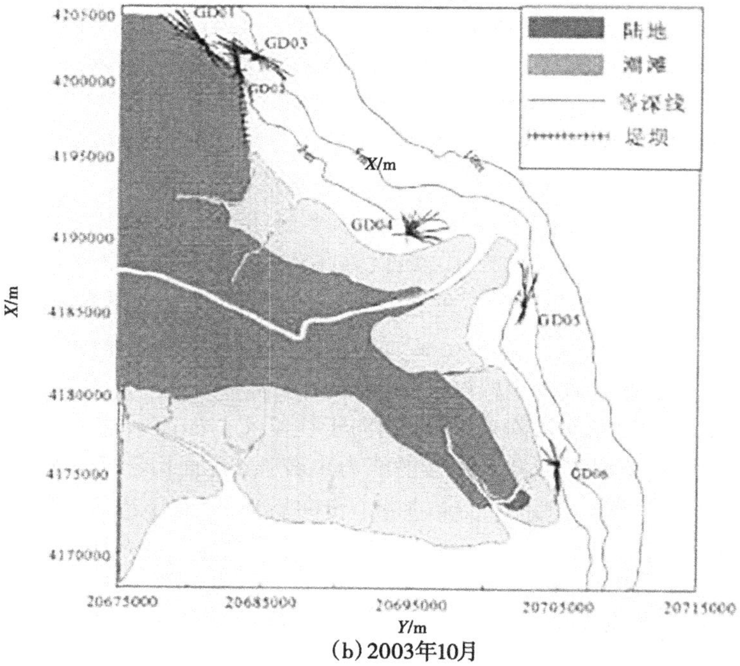

(b) 2003年10月

图 9-89　孤东及新滩沿岸海域的潮流流矢图

水沟流路在新滩地区的防洪北大堤严重破坏。因此,风暴潮对孤东及新滩地区的海岸动态变化也发挥相当重要的作用。

9.6　清水沟流路以来黄河三角洲滨海区的整体冲淤分布

根据 1976 年、1985 年、1996 年和 2000 年的水深数据，运用 surfer 软件绘制出了黄河三角洲各时期的等深线分布图（见图 9-90）以及冲淤分布图（见图 9-91），可以直观地看到各年滨海区的地形变化。

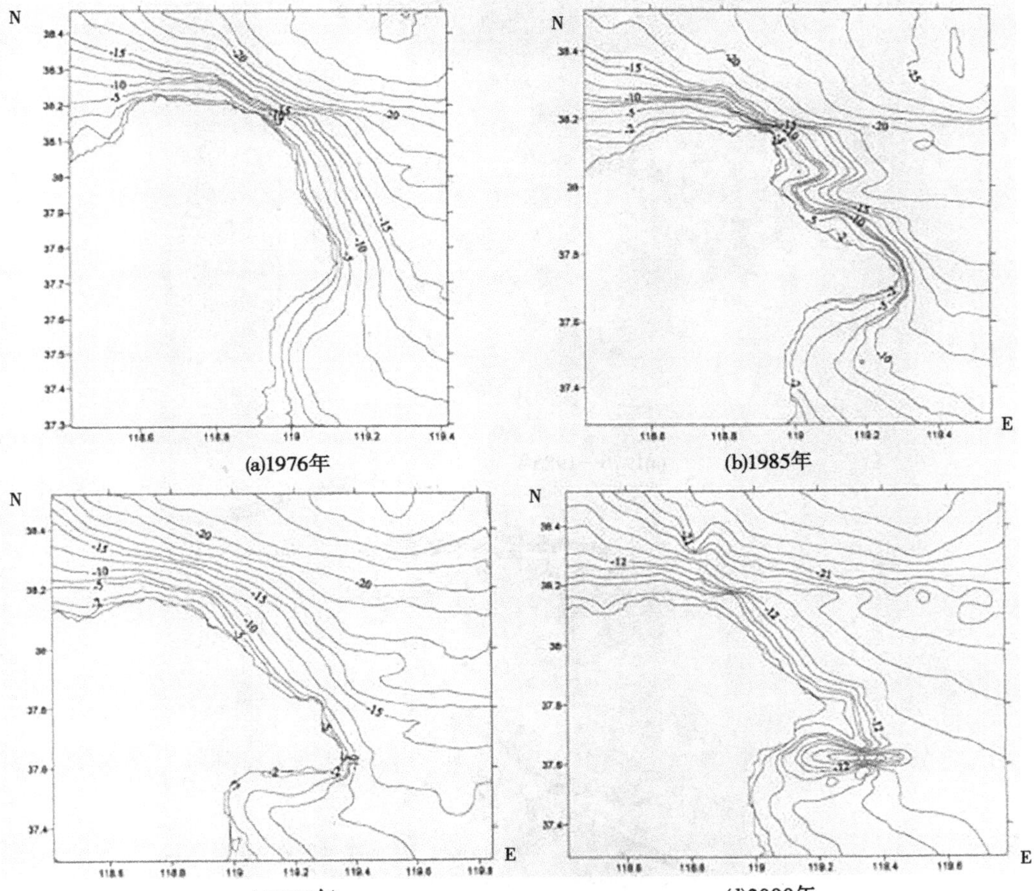

(a)1976年　(b)1985年　(c)1996年　(d)2000年

图 9-90　黄河三角洲滨海区等深线分布图

1976 年以来，黄河三角洲滨海区地形发生了明显的变化。从图 9-90 中可以看出，三角洲东部清水沟河口附近出现了一个向海突出的巨大沙嘴，河口淤积强烈，而与此形成鲜明对比的是三角洲东北部神仙沟和刁口流路附近全面侵蚀，在海岸附近浅水区形成了一个巨大的侵蚀中心，侵蚀厚度超过了 15 m。1985—1996 年，可以看到东北部海岸附近的区域继续侵蚀，而在岸外 12～15 m 水深处出现了大面积的淤积，这可能是近岸侵蚀的泥沙横向输运的结果；1996—2000 年，可以看到北部海域的侵蚀厚度有所减小。在现行清水沟河口附近的淤积范围和厚度也明显减小，同时在清水沟老河口附近出现了一个新的侵蚀中心。

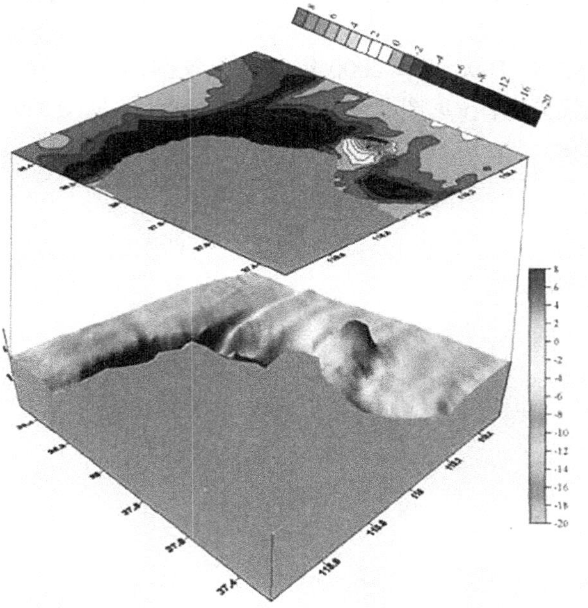

(a)1976—1985年

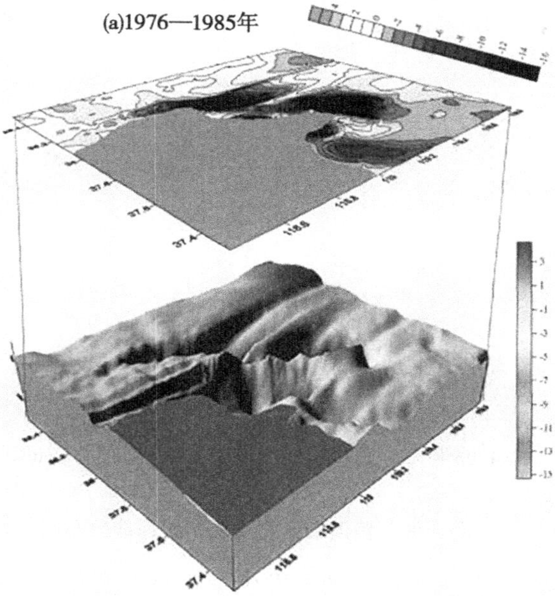

(b)1985—1996年

图 9-91　黄河三角洲不同时期滨海区的冲淤厚度分布

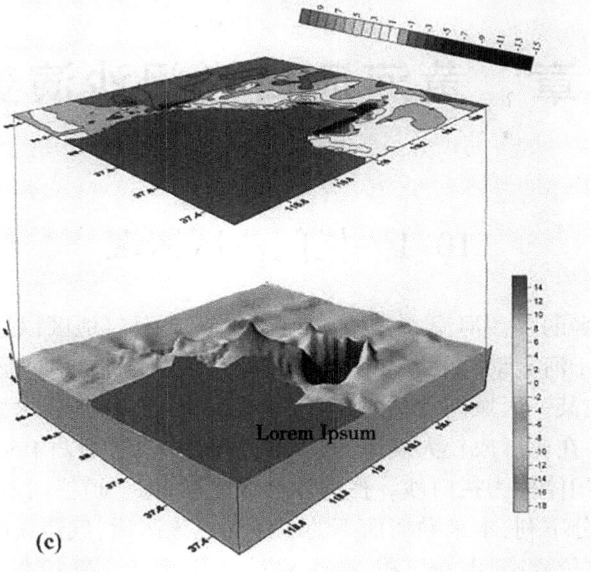

(c)1996—2000年

续图 9-91

通过比较不同流路时期海岸线变化发现，近年来，尤其是 20 世纪 90 年代以来，黄河三角洲年均淤积速率明显减小。黄河频繁的改道改变了三角洲海岸泥沙的分配，从而使得黄河三角洲滨海区的地形有很大变化。在行河河口沙嘴向海迅速突出，而废弃河口则遭受强烈的蚀退。

第10章 黄河河口拦门沙演变分析

10.1 拦门沙区概况

黄河是举世闻名的多沙河流,大量的泥沙被挟带至河口地区以后,在此河海交汇,河水与海水混合。由于河流动力及海洋动力的相互作用,在河口口门区域形成两种动力作用的交替变化,并在某一区域内,这两种动力的综合作用使得流速大大减小。流速的减小将导致泥沙落淤,并在此形成较大规模的淤积体,其中在口门以内的淤积体称为沙坎,口门附近及以外的淤积体称为拦门沙。拦门沙形成之后,像一道拦河潜坝横亘在口门附近,对河道泄水排沙十分不利,本来顺河而下的水沙到达该区后,气势锐减,水流被迫分散,最终导致河面展宽,水位壅高,泥沙沉积,产生溯源淤积,河床不断抬高,悬河程度加重,同流量水位上涨,加速河道的衰老,对航运、泄洪、排沙、排凌等都具有阻碍作用。

对于拦门沙的形成原因,论述种种,有的河口环流、盐水锲和密度差,有的是最大浑浊带、泥沙絮凝,还有生物作用等。黄河是水少沙多的河流,河口拦门沙主要是河流大量来沙在河流与海洋双向动力作用的平衡位置——滞留点附近沉积的结果。河流与海洋动力的相互消长,影响着河口的变动、海岸的变迁,规定着河口拦门沙的形态。

黄河口拦门沙是横亘于黄河尾闾与滨海区连接处的成型泥沙堆积体,它是河流上游来水来沙与河口海洋要素共同作用的产物,充分发育时其纵向长度(沿河口出流方向)可达3~7 km,横向(垂直于河口出流方向)宽度达4~5 km。在黄河口这样的弱潮陆相堆积性河口,在上游水沙条件充沛时,拦门沙一般发育比较充分。同时,黄河口拦门沙并不是一成不变的,它随着河口水沙条件的变化和河口的延伸而消长发育和向海推移。河口拦门沙对黄河入海水流起到阻水和使水流分汊的作用,对河口的稳定产生重要影响。

10.2 拦门沙区基本特征

10.2.1 黄河口拦门沙区地形地貌特征

10.2.1.1 拦门沙的特征

河口拦门沙的最大特征是拦门沙顶部高程大于拦门沙上游的河底高程,也就是说从拦门沙起点的河底到拦门沙的顶部,河底纵比降呈倒比降,并且变化幅度超过上游的河底比降。越过拦门沙顶部以后,以陡坡的形式直趋滨海区深水部位,从拦门沙坎顶至滨海区0.8 m等深线处,纵比降较缓,大约在2.7‰,超出该范围以后,比降迅疾变陡,纵比降超过15.0‰。

10.2.1.2　河口拦门沙的纵向变化

黄河口拦门沙除随着黄河入海泥沙的变化而消长发育外,也随着河口的延伸摆动而向滨海区推进或随着河口的变动而变化。图 10-1 是河口河段清 7 断面至拦门沙坎顶外侧的纵剖面图,显示了河口拦门沙坎顶位置的纵向变动,一定程度上反映了河口拦门沙的纵向变化和因入海口门的变动而形成新的拦门沙区,可以看出:1987—1992 年,河口拦门沙的位置基本是随着河口的延伸而向滨海区推进;2001 年河口拦门沙的位置距离清 7 断面较近,是河口拦门沙位置变动的结果,1996 年河口实施了清 8 出汊工程,缩短入海流程 16 km,至 2001 年虽然河口在新口门处有所延伸,但由于 1996 年以后,河口水沙量较小,河口延伸缓慢,目前的入海流路流程还小于原清水沟老河口的入海流程,因此图 10-1 中显示拦门沙的位置距清 7 断面较近。

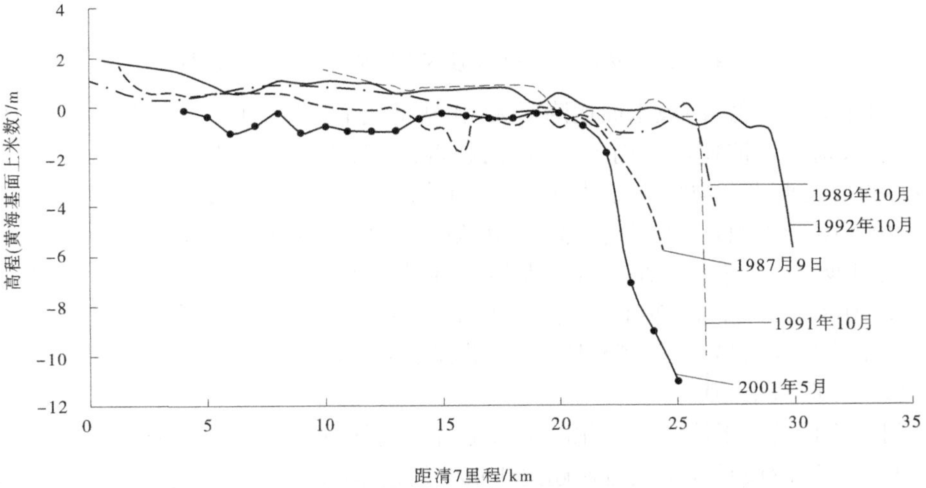

图 10-1　清 7 至河口拦门沙区纵剖面图

10.2.2　黄河口拦门沙区水沙运动特征

河口拦门沙的形成与河口拦门沙区独特的水文泥沙特征有重要关系,黄河入海水沙在河海交接处,由于受到边界条件的变化和受到海洋潮汐、潮流等动力因素的作用和影响,河口水流的流速、流向、含沙量等都出现重要的变化。本书综合分析了几次河口拦门沙水沙因子测验情况,选取水沙条件组合合适、观测项目齐全的 1989 年同步观测资料进行分析。1989 年河口拦门沙水沙因子同步测验是 8 月 26—27 日进行的一次全潮多站同步观测,测验期间利津站流量为 2 580 m^3/s,在清 10 断面至河口外 11 m 水深处共设置 8 个测站,其中清 10 至拦门沙顶部布设 6 个测站,拦门沙顶以外布设 2 个测站,测验的第一个测站至拦门沙顶外的测站相距 15 km。测站布置如图 10-2 所示。各水文泥沙因子变化分述如下。

10.2.2.1　流速的变化

拦门沙河段各测站垂线平均流速随滨海区潮汐的涨落而呈周期性变化,涨潮过程中,由于潮汐的顶托作用,各站垂线平均流速减小,当潮位涨至高潮位时出现最小流速;落潮

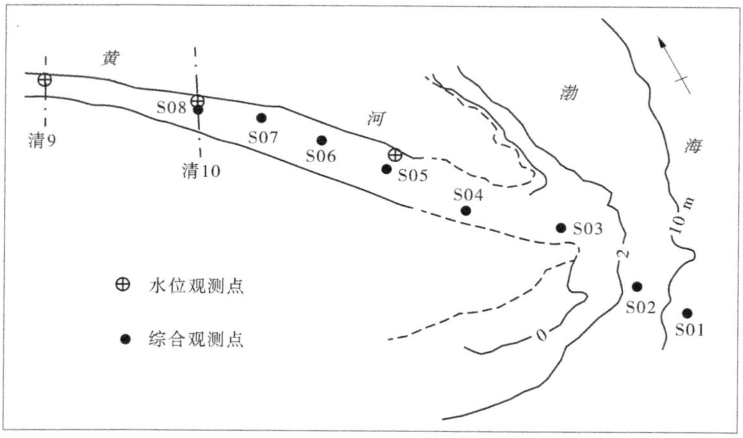

图 10-2　1989 年拦门沙水沙因子测验测站平面布置图

过程中，由于海面降低，河段水面比降增大，各站垂线平均流速增大，当潮位落至最低潮位时，出现最大流速。流速自上而下，距口门越近，受潮流影响的程度越大，如拦门沙顶的 S03 测站的最大垂线平均流速与最小垂线的平均流速的比值达到 9. 3∶1。潮流对流速的影响可达清 10 断面附近，距拦门沙顶约 10 km。拦门沙区流速变化的另一重要特征是：流速在拦门沙河段自上而下呈沿程增大趋势，到距离拦门沙顶一定距离后，又表现为沿程减小。图 10-3 是测验河段 26 h 平均流速的纵向变化图，可形象地反映这一特点，在涨潮阶段这种变化最为明显；在落潮阶段，流速沿程增大的趋势更为突出，并且最大流速出现在拦门沙坎顶附近的 S03 站。

拦门沙坎顶垂线平均流速变化的特点是落潮期间垂线平均流速增大尤为突出，观测周期中两个落潮阶段垂线平均流速超过 1 m/s 的达 10 h，涨落潮时均流速之比为 1∶2. 2。

拦门沙区流向的变化情况是在 S04 及其以上各站均没有出现逆流现象，而拦门沙顶部 S03 站流向的摆动范围为 170°～60°（与口门出口方向有关），而拦门沙外的两个站出现周期性往复流的潮流特性。

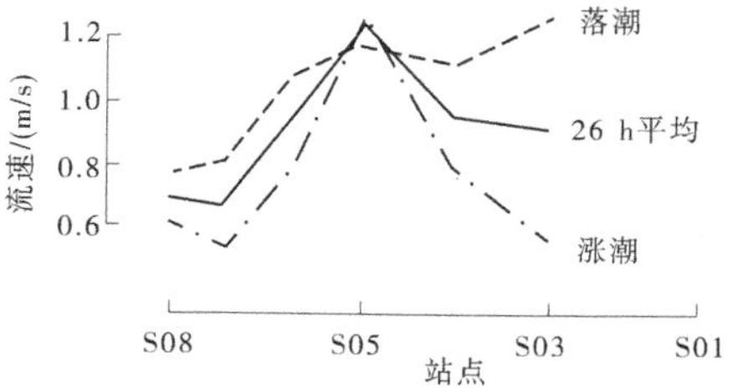

图 10-3　测验河段 26 h 平均流速纵向变化

10. 2. 2. 2　含沙量与单位面积输沙量的变化

潮汐对各站垂线平均含沙量的影响可到 S07 站，距拦门沙坎顶约 9 km，在涨潮阶段含沙量增大，在落潮阶段含沙量减小，但含沙量的变化要滞后于潮汐的涨落过程。在拦门沙顶的 S03 站和临近的 S04 站含沙量变化最为突出，S03 站最大含沙量与最小含沙量的比值达到 67∶1。S04 站以上沿河上溯，随着距拦门沙顶的距离增加，含沙量变幅减小，到 S08 站最大含沙量与最小含沙量的比值只有 2.1∶1。

各站垂线平均含沙量沿程变化存在一定的规律，图 10-4 是各站垂线平均含沙量的 26 h 均值和观测期间涨潮阶段与落潮阶段的沿程变化过程。可以看出，S08～S04 站 8.3 km 范围内，含沙量沿程增大，至 S04 站达到最大值后，迅疾减小，显示出了含沙量先是一个沿程增大的过程，到一定位置后又开始沿程减小，充分说明了在拦门沙范围内泥沙落淤最为剧烈。

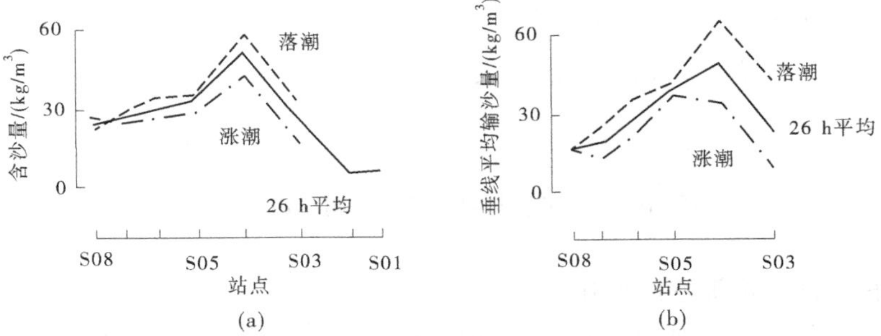

图 10-4　含沙量及单位面积输沙率沿程变化

从图 10-4 中还可以看出涨落潮阶段含沙量的沿程变化情况，特别是在落潮阶段，S08～S04 站含沙量的沿程增大趋势更加明显，不管是涨潮阶段还是落潮阶段，自 S04 站以下含沙量的递减都非常明显，进一步说明了入海泥沙的落淤部位主要在河口拦门沙附近。另外，S07 站以上河段不存在落潮阶段的含沙量增大，说明潮汐对含沙量影响的上溯范围在 9 km；其他测次分析潮汐对含沙量的影响范围约 10 km 左右，属同一数量级范围，但其他几个测次河口径流较小，可见影响范围的变化是河口的径流、潮流比发生一定变化的结果。

若以垂线平均含沙量与垂线平均流速的乘积即单位面积垂线平均输沙率来分析各站沿程输沙的变化，则输沙率的沿程变化也非常明显，S08～S04 站输沙率沿程增大，至 S04 站达到最大值后至 S03 站锐减。拦门沙顶的 S03 站最大输沙率与最小输沙率的比值为 194∶1，在 S03 站上游 7.5 km 的 S06 站，最大输沙率与最小输沙率的比值减小为 6.2∶1，再向上游至 S08 站，输沙率的最大、最小值则与潮汐无关。

总之，不管是含沙量的沿程变化还是单位面积输沙率的沿程变化，都可以直观反映出河口段的冲淤变化过程。

10.2.2.3　泥沙组成的变化

从资料分析看，泥沙中数粒径的沿程变化与含沙量或输沙率沿程变化的情况有些相似，如图 10-5 所示，悬移质的中数粒径从 S08～S04 站沿程增大，至 S04 站达到最大，26 h 均值为 0.021 3 mm，自 S04 站以下开始变细，拦门沙坎顶的 S03 站为 0.016 0 mm，拦门沙顶外滨海的 S01 站更细，只有 0.007 8 mm。若将涨潮阶段和落潮阶段分别计算，则落潮阶段悬移质的中数粒径要比涨潮阶段的要大。

河床质中数粒径的沿程变化与悬移质的基本相同，只是河床质中数粒径的最大值出现在拦门沙顶的 S03 站。

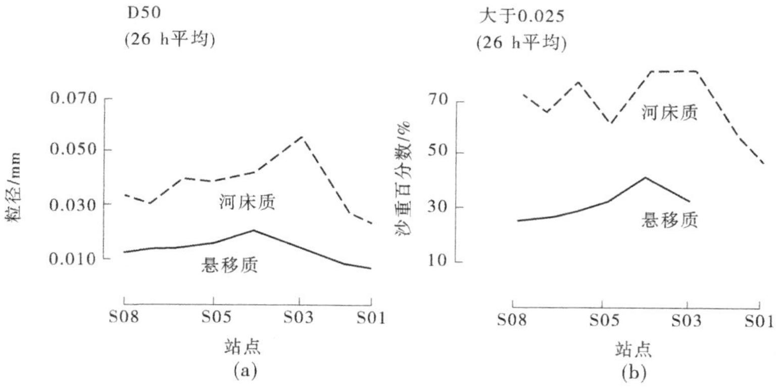

图 10-5 河床质与悬移质泥沙组成沿程变化

10.2.2.4 拦门沙外滨海水沙变化

黄河口外潮流为不规则半日潮流，潮流椭圆长轴大致与岸线平行。S02、S01 两站在河口拦门沙前缘急坡的中部和坡角附近，两站的水文要素基本以海洋水文要素为主。S02 站位于拦门沙顶前缘急坡的中部，该处水下地形变化幅度较大，因海底摩擦的加大，潮汐、潮流在该处产生较大变形。该处最大涨潮流速和最大落潮流速分别发生在最高潮位以前和最高潮位以后，即发生在高低潮之间接近高潮时刻的一侧，最大涨潮流速和最大落潮流速分别为 1.41 m/s 和 1.59 m/s，平均涨潮流速和落潮流速分别为 0.53 m/s 和 0.74 m/s，落潮流速大于涨潮流速；涨落潮平均流向相差 190°左右，基本表现为往复流性质。平均落潮含沙量（2.6 kg/m^3）小于平均涨潮含沙量（7.3 kg/m^3），涨潮单位面积输沙率（3.87 kg/m^2·s）大于落潮单位面积输沙率（1.89 kg/m^2·s）。该站与拦门沙顶测站相比有两个显著特点，一是含沙量锐减，平均含沙量从 24.7 kg/m^3 锐减至 4.8 kg/m^3，仅相当于拦门沙顶处的 1/5；二是悬移质、底质平均粒径均小于拦门沙坎顶处，平均粒径为拦门沙顶处的 1/2 左右。这两个特点说明了泥沙大量落淤在拦门沙前缘急坡以上部分。底质中大于 0.025 mm 的粗沙含量从拦门沙顶的 83.6%减至 58.9%，说明了粗沙主要落淤在拦门沙处。

S01 站位于拦门沙以外前缘急坡的坡角附近，该处流速、流向、含沙量变化趋势与 S02 站大体一致。但该处与 S02 站有两个不同点，一是涨潮流速大于落潮流速，海洋水文特性更加明显（在黄河口滨海区，因水深变浅，底摩擦增大，潮波发生变形，前波变陡，涨潮历时要小于落潮历时，因此涨潮流速大于落潮流速）；二是泥沙的中数粒径更加细化，说明了离拦门沙越远粗沙越少。

分析拦门沙以外滨海两个测站的底层含沙量过程发现，26 h 出现三次高含沙水流，高含沙水流大都发生在最大涨潮、落潮流速出现前后，高含沙水流流动方向大致与底层最大流速方向一致，实测的最大含沙量达 159 kg/m^3，高出垂线平均含沙量的几十倍。

从含盐度的变化可以看出黄河口盐水楔入侵的范围，盐度随潮汐涨落而变化，涨潮时外海高盐度海水侵入,盐度值增加;落潮时,黄河淡水下泄与海水混合,盐度值减小。从实测资料分析盐度的沿程变化,高潮时盐水楔可越过拦门沙坎顶向上入侵,而低潮时盐水楔则在拦门沙顶以下,这是黄河径流比较大的情况。黄河径流很小(几十个流量)或河口断流时,虽然没有盐度的实测资料,但实地查勘表明,盐水楔入侵的范围要大的多,近几年都接近清 8 出汊点附近。

10.3　拦门沙区冲淤变化分析

由于河口拦门沙区是黄河入海泥沙落淤最剧烈的地区,因此拦门沙区水下地形演变复杂,并且受入海水沙条件及海区海洋动力因素影响较大,而且拦门沙区水下地形在汛前、汛期入海水沙集中期和汛后分别表现出不同特点。由于近几年施测的拦门沙区水下地形基本都是在汛后入海水沙较小时进行的,因此本书分析研究的拦门沙区水下地形变化情况基本都是汛后入海水沙较小时的演变情况。

10.3.1　清 8 出汊前清水沟老河口拦门沙区附近冲淤变化

1996 年清 8 出汊前几年,是河口水沙较枯年份,没有出现大的洪峰过程,河口淤积延伸减缓,河口拦门沙的生长发育及演变范围没有出现剧烈变化。

河口拦门沙区及其以外的前缘急坡区,是黄河入海泥沙的主要淤积区域,几百平方千米范围内的泥沙落淤量可以占到利津来沙量的 30%左右。这里需要说明的是:1992 年汛期,黄河入海口门在清 10 以下向南有较大的摆动,测区范围没有覆盖 1992 年整个入海口门附近海域,淤积量较实际淤积量偏小许多,如果扣除这期间的计算结果和 1990 年 11 月至 1991 年 10 月来沙特小年份的计算结果,河口拦门沙区及其以外的前缘急坡区泥沙淤积量占利津来沙量的 32%。

实测资料的分析结果还表明:河口附近的冲淤变化受入海泥沙的多少影响较大,并且在来沙特别小的年份,河口附近不但没有淤积,反而还出现冲刷现象,如 1990 年 11 月至—1991 年 11 月,利津来沙量只有 2.66 亿 t,河口附近滨海区总体没有淤积,还冲刷了 0.33 亿 t。这在一定程度上反映了河口拦门沙的发育受入海泥沙影响的程度。

但河口拦门沙的存在是河口的固有现象,河口拦门沙不会因入海沙量的减少而消失,只会随入海水沙的增加或减少而进行充分发育或者不充分发育,其大小和范围也随入海水沙的多少而增大或减小,一般来说河口水沙条件充沛时,河口拦门沙发育充分,范围大;河口水沙较少时,河口拦门沙将停止发育,河口附近的淤积或者冲刷存在着因河口水沙条件决定的冲淤平衡界限。

图 10-6 是河口附近 1994 年 11 月至 1995 年 11 月入海泥沙淤积分布,可直观反映出河口拦门沙附近海区的冲淤变化特征,进一步说明了黄河入海泥沙的主要淤积部位位于河口拦门沙区及其以外的前缘急坡区,在主要淤积区内存在一最大淤积中心,淤积强度沿淤积中心向四周依次递减,而且在河口附近,泥沙的横向淤积范围超过纵向淤积范围,说明了入海泥沙横向输送强度超过了纵向输送强度,这种现象与河口附近海洋动力条件密切相关,因为决定河口附近潮流性质的 M_2 分潮的潮流椭圆长轴平行于河口海岸,增加了

向河口两侧输沙的能力。

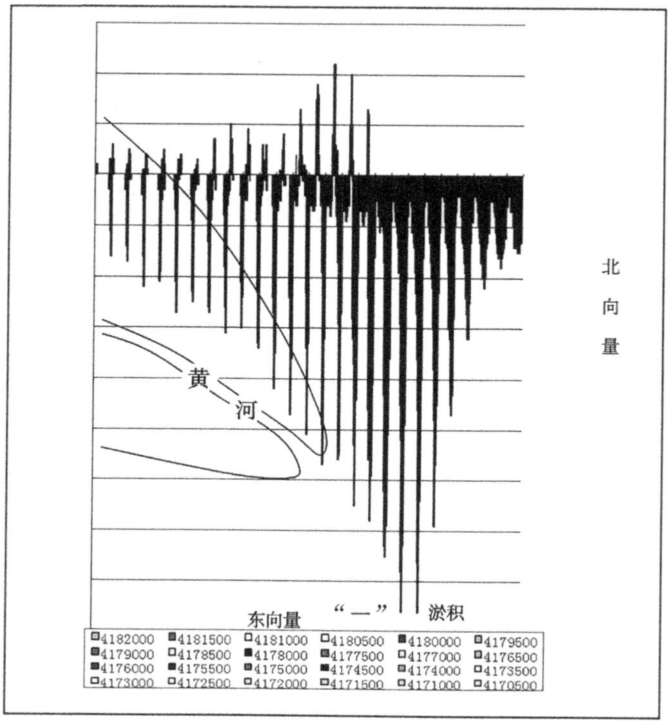

图 10-6　河口附近 1994 年 11 月至 1995 年 11 月入海泥沙淤积分布

10.3.2　清 8 出汊后新河口拦门沙区演变分析

1996 年河口实施清 8 出汊工程，入海河道改走清 8 汊河，清水沟老河口不再行水，因此河口形成新的淤积区域，新河口也发育生成了新的拦门沙区。

10.3.2.1　清 8 汊河河口冲淤分布

1996 年清 8 出汊后，河口段除出汊当年汛期出现一次较大水沙过程外，其余年份均是枯水枯沙年份，特别是 1997 年、2000 年，河口来水分别为 18.61 亿 m^3 和 48.59 亿 m^3，河口来沙分别为 0.16 亿 t 和 0.22 亿 t，为历史上水沙特枯年份，因此河口在出汊当年淤积延伸剧烈外，其余几年没有发生大的变化。

如图 10-7 所示为清 8 出汊后 1996—1999 年入海泥沙淤泥分布。

河口的最大淤积部位位于河口外侧 1~2 km 处，也就是河口拦门沙区及其以外的滨海前缘急坡区，中心淤积厚度达 8~9 m，但范围非常小，图 10-7 显示出入海泥沙的主要淤积区范围可达河口以外纵向 15 km 左右，在河口以外横向的主要淤积区范围还要大，为 20 km 左右，整个淤积区面积为 300 km^2 左右，这是在近几年河口水沙较少条件下的河口附近冲淤情况；如果河口水沙充沛，河口附近的淤积范围及淤积强度都要大的多。另据实测资料统计，清 8 出汊后，1996 年和 1998 年是入海水沙在近几年中相对较多的年份，河口淤积延伸和入海泥沙主要淤积区都较大，这 2 年河口分别延伸了 9 km 和 3 km，入海泥沙的主要淤积区范围都达 300 km^2 左右，其余年份入海水沙非常小，河口基本没有淤积延伸，入海泥沙的主要淤积区范围也较小，不足 100 km^2，如 1999 年汛后至 2001 年汛前河口只在几十平方千米范围内发生淤积，其余范围则发生冲刷，这也在一定程度上说明了入海泥沙在河口的淤积区范围和淤积强度都与入海水沙关系密切。

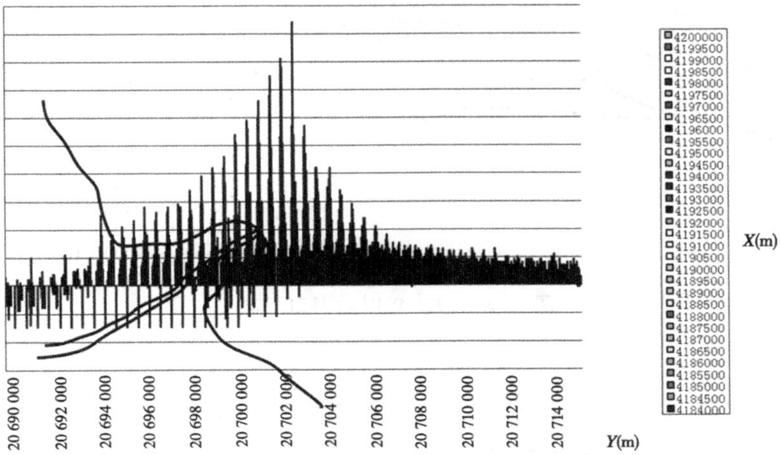

图 10-7 清 8 出汊后 1996—1999 年入海泥沙淤积分布图

根据 1996—2001 年汛前河口拦门沙区观测资料统计，河口拦门沙及其附近海区的主要淤积区范围内，入海泥沙的淤积量可以占到利津来沙量的 40%左右，但在利津来沙特别小的年份，河口拦门沙区除局部淤积外，大部分范围还发生轻微冲刷，如 1999 年汛后至 2001 年汛前，拦门沙附近海区只有局部淤积 0.3 亿 m^3，其余大部分区域发生冲刷，冲刷量超过 1.0 亿 m^3；虽然冲刷量超过淤积量，但在拦门沙局部还是发生淤积。

10.3.2.2 清 8 出汊后河口拦门沙区变化情况

1996 年清 8 出汊以后，由于出汊点以下开挖人工引河以及出汊以后河口一直没有发生较大洪水，河口河势及入海口门单一稳定，河口河势如图 10-8 所示。河口河势及入海口门的稳定决定了河口拦门沙在河口横向的稳定性，图 10-9 是 1999 年 10 月至 2001 年 6 月间河口拦门沙平面位置的变化情况，图中 1 m 等深线以内的点划线包围的部分即为河口拦门沙的大体位置，可以看出该期间河口拦门沙横向没有发育，只是纵向稍微发生变化，这与这段时间河口来沙极少有很大关系，这段时间利津来沙仅为 0.35 亿 t，水量也只有 79.39 亿 m^3。

图 10-10 反映了 1996 年清 8 出汊后河口拦门沙的纵向变化情况，可以看出，1996 年清 8 出汊新河口门形成拦门沙后，河口拦门沙纵向变化的范围也不是很大，除 1998 年与 1997 年相比河口拦门沙随河口的延伸向外生长发育外，1999 年与 1998 年相比，基本没有变化，而 2001 年汛前与 1999 年汛后相比，还有所后退。

河口拦门沙的纵向及横向变化，说明了黄河口拦门沙在较小的水沙条件下，生长发育缓慢，范围也小，但河口的固有特性又决定了河口拦门沙的必然存在，河口拦门沙的存在特别是对黄河这样的多沙河流来说，如果不采取一定的治理措施，将会影响河口流路的稳定。

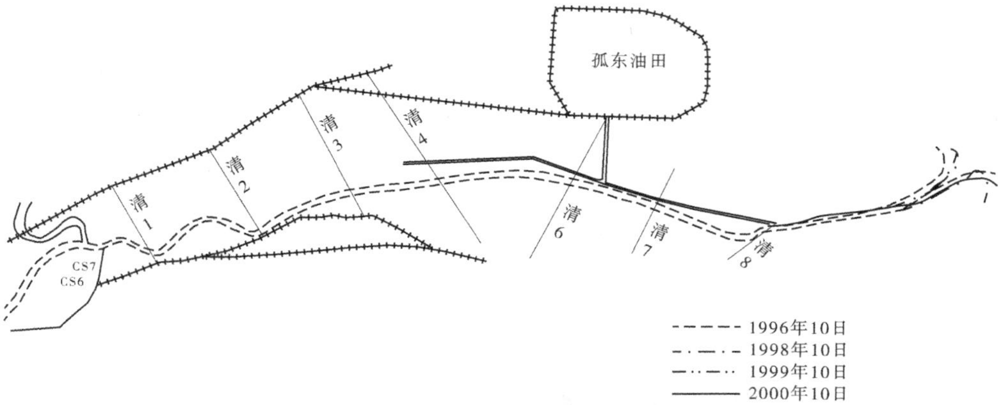

图 10-8　1996 年以后河口河势

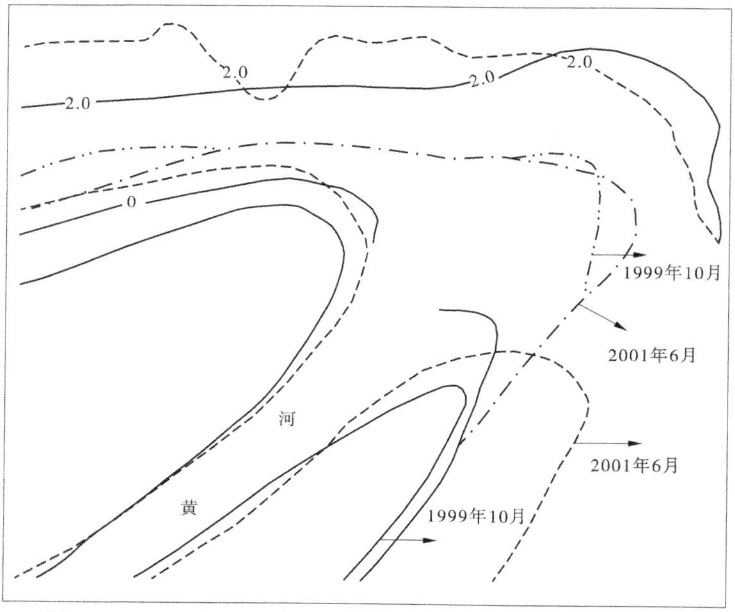

图 10-9　1999 年 10 月与 2001 年 6 月间河口拦门沙区平面变化

10.3.3　调水调沙后河口拦门沙区冲淤变化

2002 年 7 月黄河水利委员会进行了一次小浪底水库调水调沙试验，用 26 亿 m^3/s 的水量和持续的大致恒定流量，使下游河道发生普遍冲刷，输送了几千万立方米的泥沙进入渤海，河口拦门沙区出现了一些新的冲淤变化特征。由于调水调沙以前没有进行河口拦门沙区地形测验，因此将 2001 年 6 月进行的河口拦门沙区地形测验作为调水调沙运用前的测验成果。

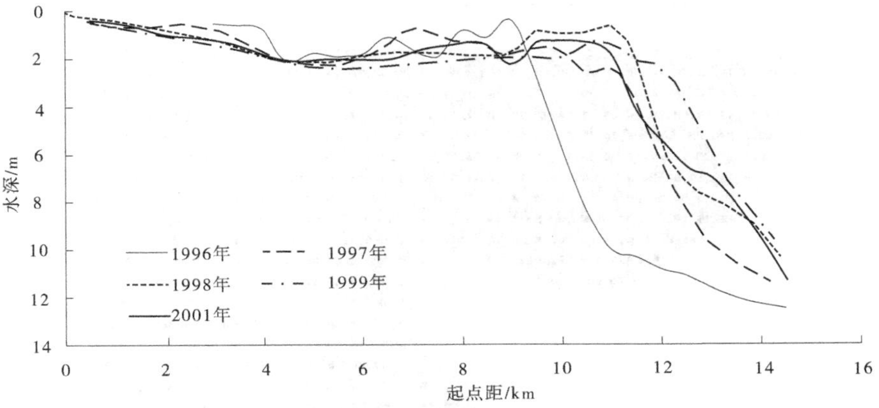

图 10-10　1996 年以后河口拦门沙区纵剖面

10.3.3.1　两次河口拦门沙区地形测验期间河口水文状况

自 2001 年 6 月进行的河口拦门沙区地形测验结束到 2002 年调水调沙进行的河口拦门沙区地形测验结束时间间隔 409 d(2001 年 6 月 19 日至 2002 年 8 月 2 日)。

可以看出,调水调沙期间河口来水量占两次测验期间利津来水量的 43.7%,而进入河口的沙量主要集中于调水调沙期间。

10.3.3.2　河口拦门沙区冲淤变化分析

前面已经分析,河口拦门沙及其以外的前缘急坡区,是黄河入海泥沙的主要淤积区域,表 11-3 统计了 2001 年 6 月与 2002 年调水调沙结束后两次河口拦门沙区的观测结果比较,范围为河口两侧各 10 km,河口纵向 15 km 左右,基本包括了河口入海泥沙的主要淤积区域。期间河口拦门沙区淤积量为 0.328 万 m^3,其中 0~5 m 等深线范围淤积 0.193 万 m^3,占测验范围淤积量的 59.1%,为最主要的淤积区域。

10.3.3.3　河口拦门沙区冲淤分布

河口拦门沙区的最主要淤积区域为河口外一定海域 0~5 m 等深线范围内,并且主要集中于河口两侧一定区域,入海泥沙的这种淤积分布形态可以从图 10-11 中反映出来,图中显示河口拦门沙区淤积厚度超过 0.5 m 的范围为 40 km^2,其中淤积厚度超过 1 m 的为 11.1 km^2,而淤积厚度超过 2 m 的仅为 2.1 km^2,该部分虽然面积仅占主要淤积区面积(40 km^2)的 5%,但淤积量可以占到主要淤积区淤积量的 14.3%。

图 10-11 中还显示出,在河口以外有 4 个最大淤积厚度中心,中心淤积厚度超过 2.5 m,这 4 个最大淤积厚度中心分别位于调水调沙期间及其以前河口两侧和调水调沙以后河口两侧,与河口河势变化相对应,这在一定程度上说明了入海泥沙有向河口两侧输送的趋势。

10.3.3.4　河口拦门沙区地形变化

两次实测的河口拦门沙区地形结果比较表明,河口拦门沙区水下地形特别是在拦门沙坎顶以外的前缘急坡区有变陡趋势,并且拦门沙坎顶逐渐向海延伸,这从实测的断面比较图(见图 10-12)可以反映出来。

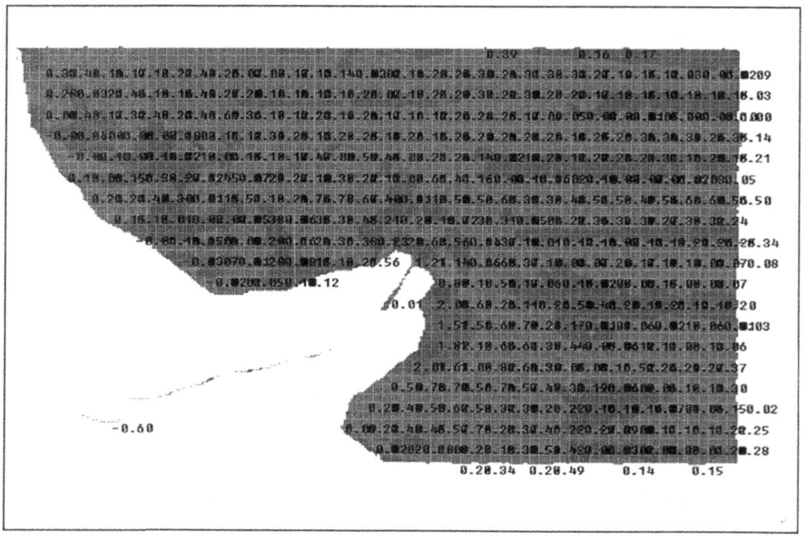

图 10-11　河口入海泥沙淤积分布

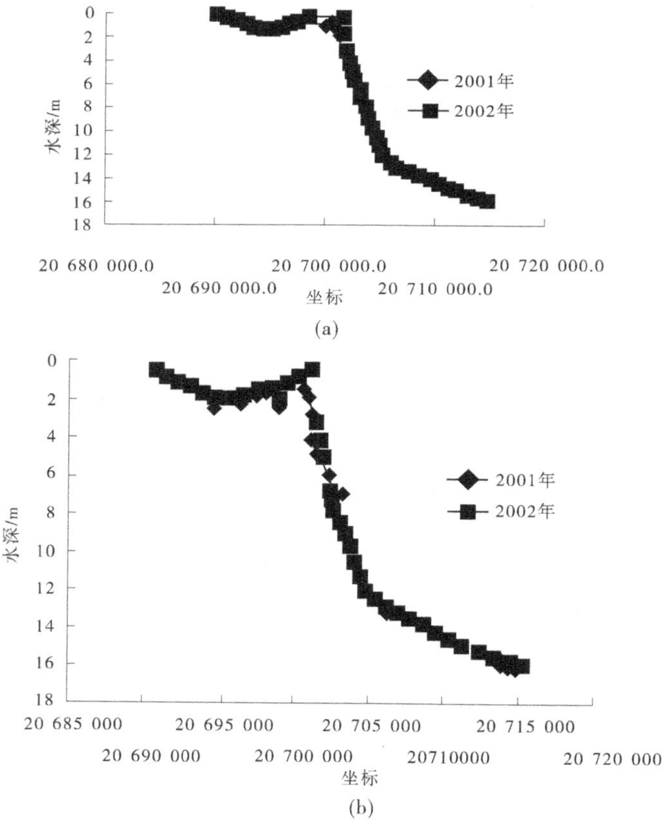

图 10-12　河口附近断面比较

10.4　拦门沙区演变分析

1996 年河口实施清 8 出汊工程，入海河道改走清 8 汊河，清水沟老河口不再行水，因此河口形成新的淤积区域，新河口也发育生成了新的拦门沙区，由于拦门沙的测验资料有限，因此本书只利用 1996 年、2001 年、2002 年和 2004 年的测验资料进行分析。

10.4.1　黄河汊河流路拦门沙形态的变化

1996 年清 8 出汊后，河口段除出汊当年汛期出现一次较大水沙过程外，其余年份均是枯水枯沙年份，特别是 1997 年、2000 年，利津站来水量分别为 18.61 亿 m^3 和 48.59 亿 m^3，利津站来沙量分别为 0.16 亿 t 和 0.22 亿 t，为历史上水沙特枯年份，因此河口在出汊当年淤积延伸剧烈外，在 2002 年之前没有发生大的变化，2002 年以后由于调水调沙，改变了黄河河口的水沙组合，口门延伸较快。

1996—2001 年汊河流路口门淤积分布如图 10-13 所示，1996—2001 年，由于口门为刚刚形成的行水口门，其附近较大范围地形有利于拦门的形成，因此形成了 130 km^2 的淤积区，由于黄河来水来沙较少，在普遍淤积后没有充足的沙源对其进行进一步淤积，因此在口门区形成了横向 24 km、纵向厚度 5 km 的庞大的淤积体，但淤积重点不突出，拦门沙的特征不是很明显，拦门沙形成位置在口门外 2 km 处，中心最大淤积厚度超过 5 m。

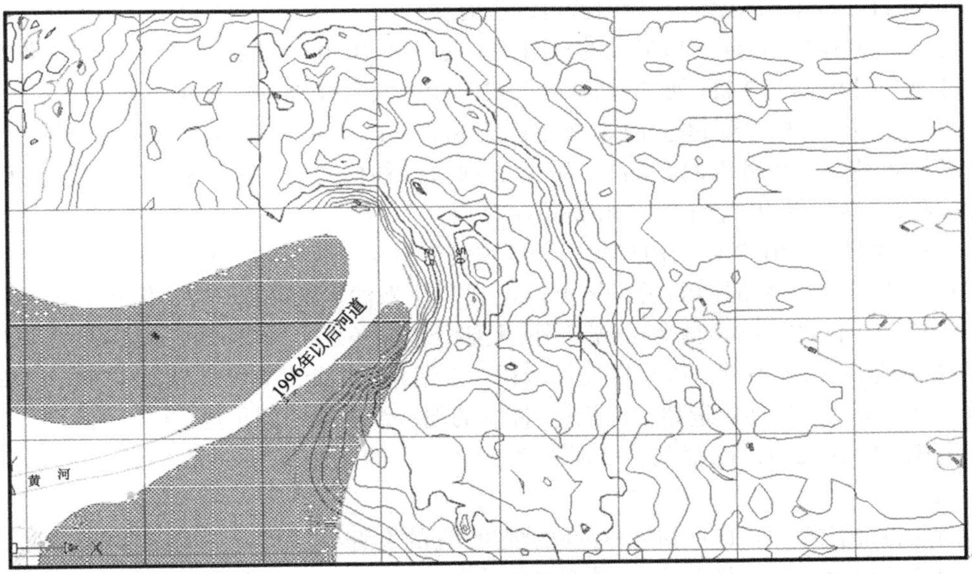

图 10-13　1996—2001 年汊河流路口门淤积分布

2001—2002 年拦门沙分布如图 10-14 所示，由于黄河来水持续偏少，拦门沙区淤积不明显，拦门沙变化不大，只在口门外南侧 3 km 左右形成一个淤积厚度为 5 m 的淤积体，在口门北侧 1.5 km 处产生一个淤积厚度为 2.5 m 的淤积体，口门的其余区域淤积厚度 1 m 左右。

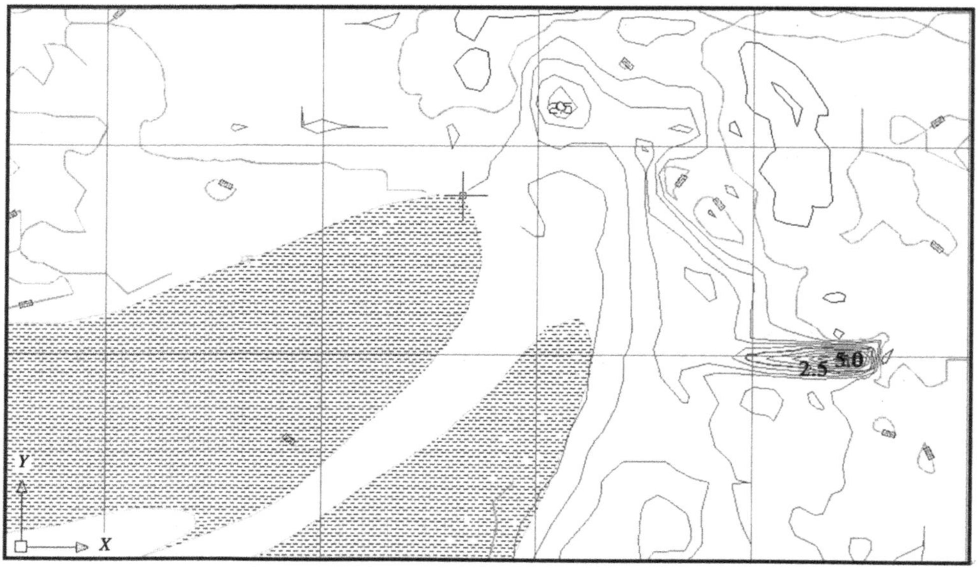

图 10-14　2001—2002 年汉河流路口门淤积分布

2002 年以后，黄河调水调沙，使口门淤积延伸，沙源较充足，拦门沙明显发育，如图 10-15 所示，形成了横向宽度 24 km、纵向厚度 5.5 km 的拦门沙，在口门偏北 2 km 处形成厚度为 11.5 m 的淤积体，其拦门沙范围也有所扩大。

1996—2004 年，黄河河口形成的拦门沙形态见图 10-16，该段时间河口的最大淤积部位位于河口外侧偏北 2 km 处，也就是河口拦门沙区及其以外的滨海前缘急坡区，中心淤积厚度达 12 m，淤积厚度超过 10 m 的范围为 8.2 km^2，图中还显示出入海泥沙的主要淤积区范围可达河口以外纵向 8 km 左右，比在河口以外横向的主要淤积区范围还要大，为 10 km 左右，整个淤积区面积为 130 km^2 左右。

根据 1996—2001 年汛前河口拦门沙区观测资料统计，河口拦门沙及其附近海区的主要淤积区范围内，入海泥沙的淤积量可以占到利津来沙量的 40%左右，但在利津来沙特别小的年份，河口拦门沙区除局部淤积外，大部分范围还发生轻微冲刷，如 1999 年汛后至 2001 年汛前，拦门沙附近海区只有局部淤积 0.3 亿 m^3，其余大部分区域发生冲刷，冲刷量超过 1.0 亿 m^3；虽然冲刷量超过淤积量，冲刷的泥沙没有运送到很远，在拦门沙局部还是发生淤积；2002—2004 年，拦门沙区淤积 2.23 亿 m^3 的泥沙，约 2.68 亿 t，占整个来沙总量的 56.1%。

因此，拦门沙是河口口门必然存在的现象，它的发育必须具备三个条件，第一是以口门外合适的地形条件为基础，第二是充足的沙源供给，第三是合适的水量将泥沙输送到口门附近。

10.4.2　黄河汉河流路拦门沙纵向剖面变化

图 10-17 反映了 1996 年清 8 出汉后河口拦门沙的纵向变化情况，可以看出，1996 年清 8 出汉新河口门形成拦门沙后，河口拦门沙纵向变化的范围也不是很大，除 1998 年与

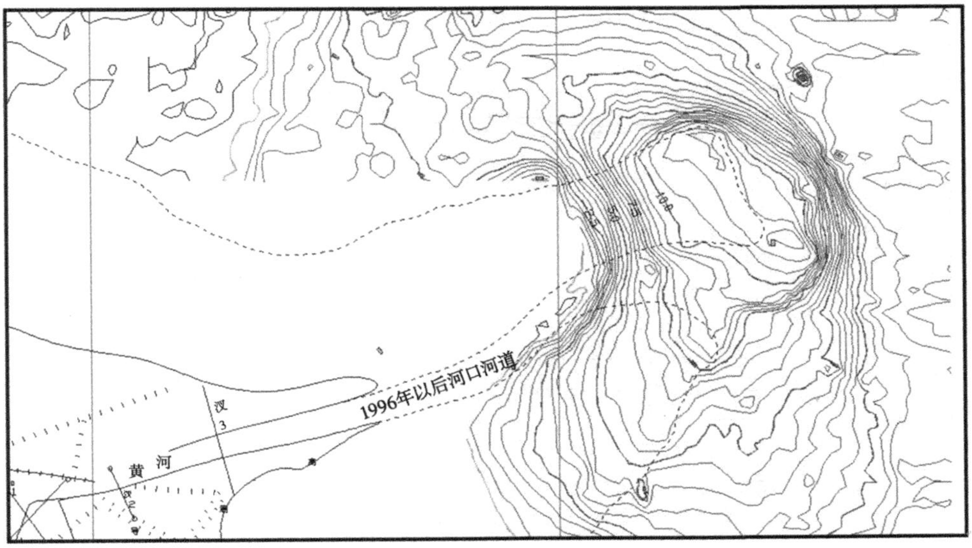

图 10-15　2002—2004 年汊河流路口门淤积分布

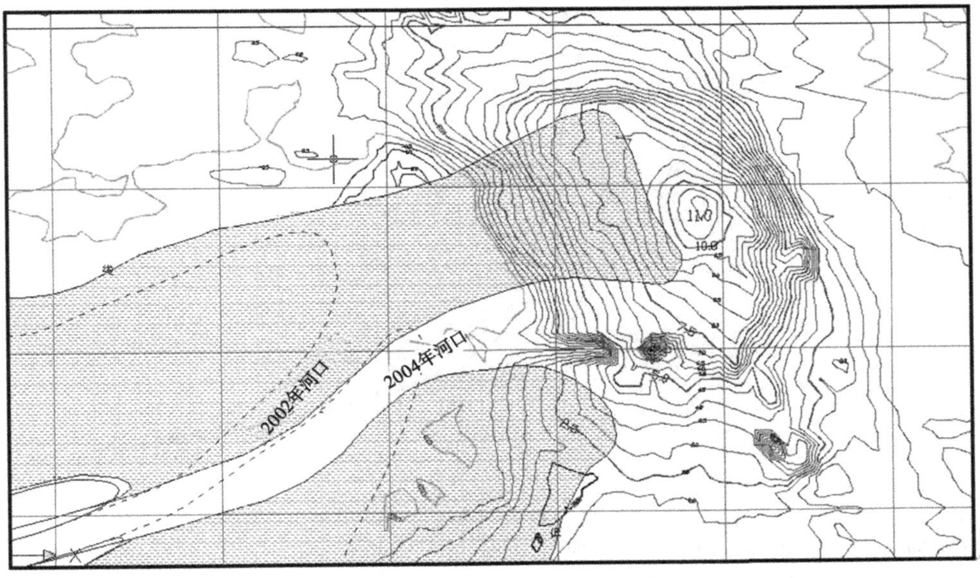

图 10-16　清 8 出汊后 1996—2004 年入海泥沙淤积分布

1997 年相比河口拦门沙随河口的延伸向外生长发育外，1999 年与 1998 年相比，基本没有变化，而 2001 年汛前与 1999 年汛后相比，还有所后退；2001—2004 年拦门沙剖面图如图 10-18 所示，2001—2002 年的剖面线在该图中除 4 m 水深以内有轻微的淤积外，其余区域变化很小，由于 2002 年、2003 年和 2004 年连续三年的调水调沙，拦门沙发生较大变化，其一是拦门坎向外延伸 5.7 km 左右，其二为拦门沙前沿变陡，纵比降由 1.76‰变为 4.1‰。

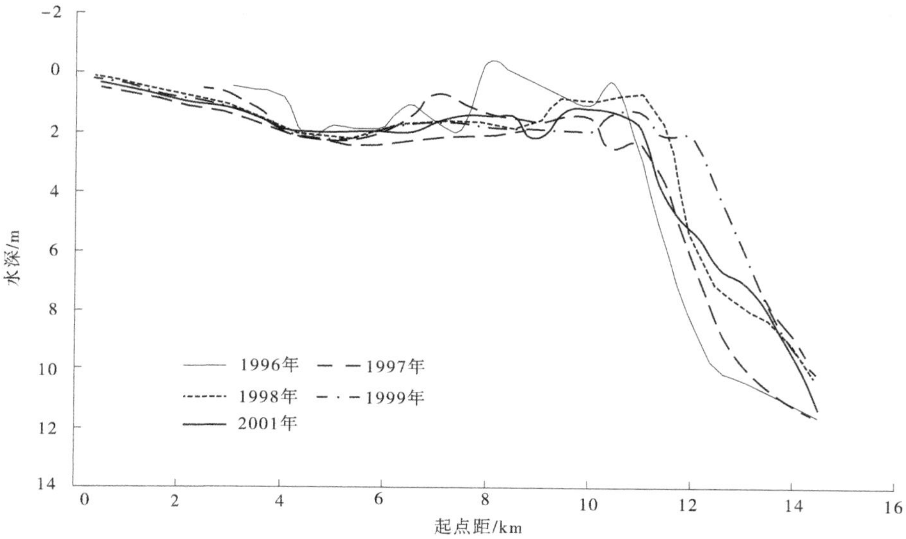

图 10-17　1996—2001 年拦门沙剖面

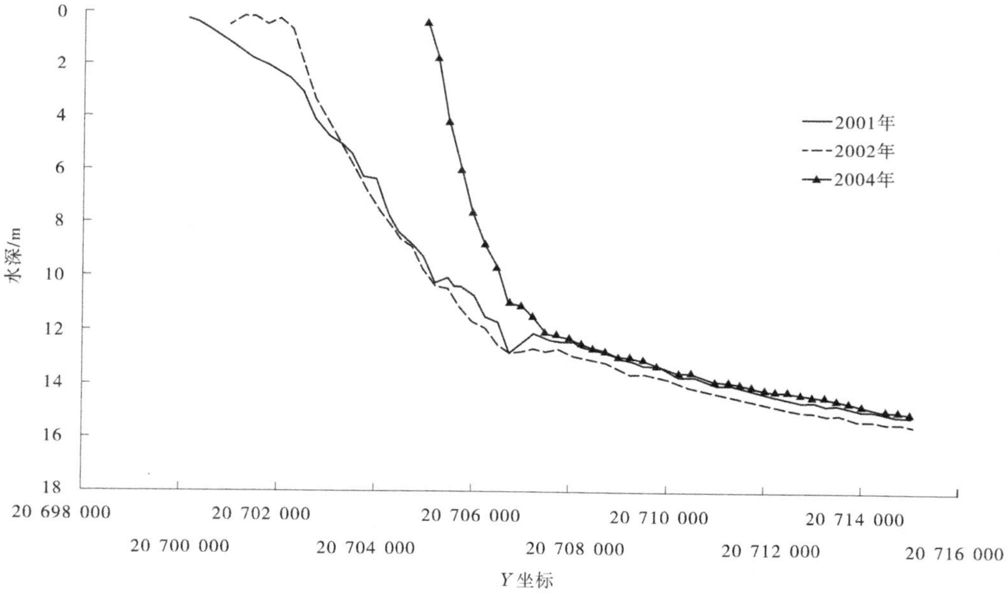

图 10-18　2001—2004 年拦门沙剖面

河口拦门沙的纵向及横向变化，说明了河口在较小的水沙条件下，生长发育缓慢，范围也小，但河口的固有特性又决定了河口拦门沙存在的必然性，河口拦门沙的存在特别是对黄河这样的多沙河流来说，如果不采取一定的治理措施，将会影响河口流路的稳定。